こういうことだったのか

線形代数学

―線形代数学の基礎理論の
イメージがしっかり持てる―

保福 一郎

東京図書出版

こういうことだったのか
線形代数学

– 線形代数学の 基礎理論のイメージがしっかり持てる –

はじめに

線形代数学は理工系分野はもとより，社会科学等の分野においても多岐にわたり適用されている．実際，実験的あるいは調査的なデータに対し行列を用いた様々な解析法が提案されている．連立方程式の解法においても行列を用いた様々な解法が導かれ，コンピュータを用いた連立方程式の解法の基礎も「掃き出し法」として線形代数学で扱われる．それゆえ線形代数学を一度学んだ方は，この科目はいわば「データを扱う実学である」というイメージを持たれているかもしれない．理工系大学の第 1 学年で線形代数を履修させる大学が多いのもその様な背景を配慮してのことであろう．しかし，本来線形代数学は，**「線形空間」という空間上で代数的な構造を構築する学問**であり，理論から波及した様々な重要な定理が導き出され，固有値問題，最適化問題，統計処理の問題等，多くの科学技術の分野で頻繁に応用されているのである．それでは誰もが線形代数学を学んでおけばこれらの応用分野に適用することができるのか．その答えはむろん「No」である．線形代数学に限らず数学を道具として適用するにはその分野の「根本の理解」が少なからず必要であるからである．では，根本を理解するにはどうすればよいのか．そのためにはまず，**与えられた単元（ベクトル・行列・行列式・一次変換・固有値・対角化）の相互的な関連性を整理すること**が必要不可欠である．先に述べたように線形代数学は「線形空間」という空間上で代数的な構造を構築する学問である．よって，まず線形空間を理解し，それぞれの単元がその空間の中でどの様に関連づけられているのかを理解することが必要なのである．この関連づけが理解できれば間違いなく線形代数学という学問自体がもつ「基本的な輪郭」を把握することができる．線形代数学に限らず数学を他の分野に応用するには，この「学問自体がもつ基本的な輪郭の把握」が必要不可欠であり，これらの力は単に計算を積み重ねていけば身につくものではない．

本書は，この様な背景の下,「線形代数学の基礎理論の構築」に焦点をあて，線形空間が，各単元とどの様に関連しているのかということを，読者がイメージを持てるように，できる限り解りやすく，かつ簡潔に記した解説本である．与えられた定義・定理等の内容では，要点が解るような解説の仕方（講義のイメージを思っている）を導入し，読者の方々が，その単元のイメージを持って理解できる様に工夫している．また，本書を読み進むにあたっての基礎知識は必要なく（必要な基礎知識は第 1 章にて解説している），第 1 章から順に読んでいただければ線形代数学の基礎の積み上げができる内容になっている．よって本書は次の様なことを考えている方にとって最適な本になると考える．

- 一度線形代数学を学んだけれども計算方法だけの How to 知識だけでなく，ちゃんとした理由を知りたい．
- 線形代数学の基礎の理論を最初から理解したい．

また，理系の大学院にいく学生にとっても，一度線形代数の基礎的な理論をしっかりと整理する意味で本書を利用して頂き，読者自身の線形代数に対するイメージの構築ができあがればと心より願っている．

目 次

第1章　序　章

1.1　集合について

定義 1.1. (集合) ある一定の条件を満足するものの集まりを**集合**という.

特性 1.1. (集合の表現法)

(1) 集合は A, $B, \cdots$ と表し，集合を構成しているものをその集合の**要素**あるいは**元**と呼ぶ．もし a が集合 A の元であれば，$a \in A$ あるいは $A \ni a$ と表す.

(2) 集合の表現法は，例えば 5 で割り切れる 20 以下の自然数の集合を A とすれば,

$$A = \{n \mid n = 5k, \quad k = 1, 2, 3, 4\} \text{ または } A = \{5, 10, 15, 20\}$$

と表される.

定義 1.2. (集合間での定義)

(1) 2 つの集合 A, B について，A を構成する要素と B を構成する要素が完全に一致するとき，2 つの集合 A と B は等しいといい，$A = B$ と表わす.

(2) 集合 B の要素が全て集合 A に属するとき,「B は A に含まれる」といい，$B \subseteq A$ または，$B \subset A$ と記し，B を A の部分集合と呼ぶ．特に，$B \neq A$ であるとき，$B \subset A$ と表し，B は A の真部分集合と呼ばれる（図 1.1(a) 参照）.

(3) A と B に共通な要素全体の集合を $A \cap B$（A かつ B と呼ぶ）で表す（図 1.1(b) 参照）.

(4) A または B のいずれかに属する要素全体の集合を $A \cup B$（A または B と呼ぶ）で表す（図 1.1(c) 参照）.

(5) 対象となる全ての要素全体の集合を U とする．このとき，その部分集合 A が与えられたとき，U に属するが，A には属さない要素からなる集合を A の補集合と呼び $\overline{A}$ で表す（図 1.1(d) 参照）.

(6) 要素が存在しない集合を空集合と呼び ϕ で表す．ϕ は，任意の集合の部分集合である．

(7) A の部分集合全体の集合を A のベキ集合と呼び，2^A と記す．

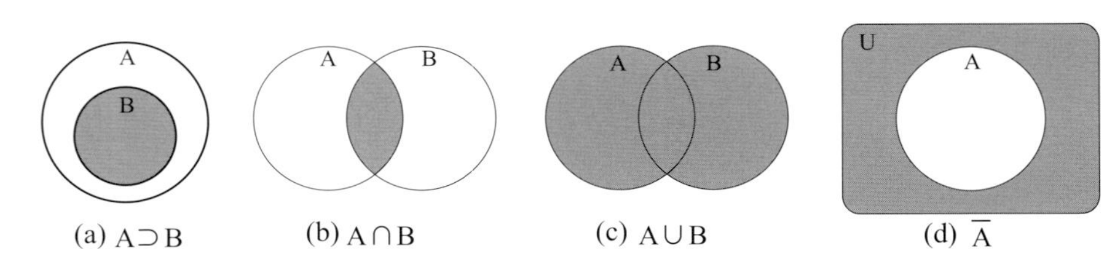

(a) A⊃B　(b) A∩B　(c) A∪B　(d) $\overline{\mathrm{A}}$

図 1.1: ベン図を用いた表現

法則 1.1. (ド・モルガンの法則) $U \supset A, U \supset B$ とする．集合 A と B の間で次の法則が成立する．

(1) $\overline{A \cup B} = \overline{A} \cap \overline{B}$.

(2) $\overline{A \cap B} = \overline{A} \cup \overline{B}$.

定義 1.3. (集合の個数) 集合 A の要素の個数を $n(A)$ で表す．

法則 1.2. 集合 A と B の要素について次の法則が成立する．

(1) $A \cap B = \phi$ のとき，$n(A \cup B) = n(A) + n(B)$.

(2) $A \cap B \neq \phi$ のとき，$n(A \cup B) = n(A) + n(B) - n(A \cap B)$.

問題 1.1. $U = \{1,2,3,4,5,6\}$, $A = \{1,3,6\}$, $B = \{1,2,3,4\}$ とする．次の集合を求めよ．

(1) $\overline{A \cap B}$.　(2) $\overline{A \cup B}$.　(3) $\overline{A} \cup \overline{B}$.　(4) $A \cup \overline{A}$.　(5) $\overline{A} \cap B$.　(6) $\overline{A} \cap \overline{B}$.

解答. 右の図により，それぞれ対応する集合の要素を求める．

(1) $\overline{A \cap B} = \{2,4,5,6\}$.　(2) $\overline{A \cup B} = \{5\}$.

(3) $\overline{A} \cup \overline{B} = \{2,4,5,6\}$.　(4) $A \cup \overline{A} = U$.

(5) $\overline{A} \cap B = \{2,4\}$.　(6) $\overline{A} \cap \overline{B} = \{5\}$.

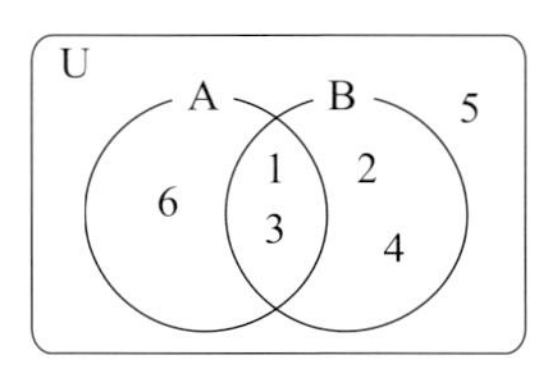

(解答終)

定理 1.1. 3つの集合 $P,\ Q,\ R$ の間で次の関係式が成立する.

(1) **(結合法則)**

(a) $(P \cap Q) \cap R = P \cap (Q \cap R)$.

(b) $(P \cup Q) \cup R = P \cup (Q \cup R)$.

(2) **(分配法則)**

(a) $P \cup (Q \cap R) = (P \cup Q) \cap (P \cup R)$.

(b) $P \cap (Q \cup R) = (P \cap Q) \cup (P \cap R)$.

問題 1.2. 定理 1.1 が成立することをベン図を用いて示せ.

解答. (1) 略. (2) (a),(b) の両辺の集合の関係をベン図でそれぞれ表現すれば次の様になる.

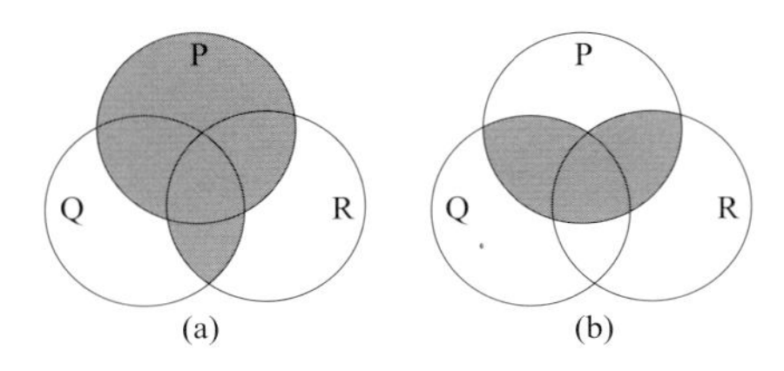

(解答終)

問題 1.3. $A = \{a, b, c\}$ のベキ集合 2^A を求めよ. また, 2^A の要素の個数 $n(2^A)$ を求めよ.（ヒント:二項展開 $(a+b)^n = \sum_{k=0}^{n} {}_nC_k a^k b^{n-k}$ を用いよ）

解答. $2^A = \big\{\phi, \{a\}, \{b\}, \{c\}, \{a,b\}, \{a,c\}, \{b,c\}, \{a,b,c\}\big\}$. また, $\{a,b,c\}$ から1つをとる組み合わせは ${}_3C_1$ 個, 2つとる組み合わせは ${}_3C_2$ 個, 3つとる組み合わせは ${}_3C_3$ 個であり, ϕ は1つも取らないという意味で ${}_3C_0$ 個. よって全ての部分集合の数 $n(2^A)$ は,

$$n(2^A) = {}_3C_0 + {}_3C_1 + {}_3C_2 + {}_3C_3 = \sum_{k=0}^{3} {}_nC_k 1^k 1^{n-k} = (1+1)^3 = 8 = 2^{n(A)}.$$

(解答終)

定義 1.4. (直積) 集合 $a \in A$, $b \in B$ の元を一対として (a,b) と表した集合全体を A と B の直積と呼び, 次の様に記す.

$$A \times B = \{(a,b) \mid a \in A, \quad b \in B\}. \tag{1.1}$$

－ 定義 1.4 (直積) の補足 －

その 1 式(1.1)の $A\times B \ni (a,b)$ ついて，a と b の順番もそれぞれ属する元の集合の順番により決定される．したがって集合 A と B の間では，一般的に $A\times B \neq B\times A$ である（問題 1.4 参照）．

(解説終)

問題 1.4. $A=\{a,b,c\}$, $B=\{1,2\}$ に対し，次の直積集合を求めよ．

(1) $A\times A$.　(2) $B\times B$.　(3) $A\times B$.　(4) $B\times A$.

解答.

(1) $A\times A=\{(a,a),(a,b),(a,c),(b,a),(b,b),(b,c),(c,a),(c,b),(c,c)\}$.

(2) $B\times B=\{(1,1),(1,2),(2,1),(2,2)\}$.

(3) $A\times B=\{(a,1),(a,2),(b,1),(b,2),(c,1),(c,2)\}$.

(4) $B\times A=\{(1,a),(1,b),(1,c),(2,a),(2,b),(2,c)\}$.

(解答終)

直積は次に示す様に，n 個の集合に対しても定義することができる．

定義 1.5. **(n 個の集合の直積)** n 個の集合 A_1, $A_2,\cdots,A_n$ の直積 $A_1\times A_2\times\cdots\times A_n$ は，

$$A_1\times A_2\times\cdots\times A_n=\{(a_1,a_2,\cdots,a_n)\mid a_i\in A_i,\ 1\leq i\leq n\}$$

で表される．

問題 1.5. $A_1=\{a,b\}$, $A_2=\{1,2,3\}$, $A_3=\{\alpha,\beta\}$ に対して $A_1\times A_2\times A_3$ を記せ．

解答.

$$\begin{aligned}A\times B\times C \;=\; &\big\{(a,1,\alpha),(a,1,\beta),(a,2,\alpha),(a,2,\beta),(a,3,\alpha),(a,3,\beta),\\ &(b,1,\alpha),(b,1,\beta),(b,2,\alpha),(b,2,\beta),(b,3,\alpha),(b,3,\beta)\big\}.\end{aligned}$$

(解答終)

例題 1.1. **(n 次元の実数の集合)** 一次元の実数の集合は $\mathbf{R}$ で表されるため，二次元の実数の集合は

$$\mathbf{R}\times\mathbf{R}=\mathbf{R}^2=\big\{(a,b)|\ a,b\in\mathbf{R}\big\},$$

n 次元の実数の集合は

$$\mathbf{R}\times\mathbf{R}\times\cdots\times\mathbf{R}=\mathbf{R}^n=\big\{(a_1,a_2,\cdots,a_n)|\ a_i\in\mathbf{R},1\leq i\leq n\big\}$$

で表すことができる．

1.2　命題・公理・定義・定理・補題・系について

本書の中には，**公理・定義・定理・補題・系**という用語がよくでてくる．そこでこれらの用語の簡単な解説を与える．一番の基となる用語は**命題 (Proposition)** である．命題とは簡単に言うと真か偽のどちらかが決まっている陳述のこと である．命題の簡単な例を与える．

例題 1.2. (命題である例)

(1) $x^2 - x - 2 = 0$ の解は $x = -1, 2$ である．

(2) 三角形の面積は「底辺 $\times$ 高さ」である．

例題 1.2(1) は正しい（真と呼ぶ）が例題 1.2(2) は間違っている（偽と呼ぶ）．この様に真，偽が明確な陳述を命題という．それに対し次の例は「命題でない例」である．

例題 1.3. (命題でない例)

(1) この講義の出席率はあまり良くない．

(2) 大学生はよく勉強する．

例題 1.3 では，陳述が真か偽か判断できないあいまいなものになっている．よって命題ではない．

以下，公理 (Axiom)・定義 (Definition)・ 定理 (Theorem)・補題 (Lemma)・系 (Corollary) についての解説を与える．

公理 他の命題から導かれなくても自明の真理として前提にとることができる命題を言う．

定義 ある概念の内容やある言葉の意味を他と区別できるように明確に限定する取り決め．

定理 公理や定義をもとにして証明された命題を言う．

補題 ある定理を導く証明の段階で，必要となる補助の定理を補題と言う．

系 ある定理から容易に導ける他の定理を，元の定理の系と呼ぶ．

定義 1.6. **(必要・十分条件)** 命題 P と Q との間で

$$P \Rightarrow Q \quad (P \text{ ならば } Q \text{ と呼ぶ})$$

の関係が成立するとき，P は Q であるための**十分条件**といい，Q は P であるための**必要条件**という．また，$P \Rightarrow Q$ 及び $Q \Rightarrow P$ の両方が成立するとき，P は Q であるための**必要十分条件**といい，Q は P であるための**必要十分条件**という．

－ 定義 1.6 (必要・十分条件) の補足 －

その 1 命題 P を「車を運転している」として，Q を「運転免許を持っている」とすれば，当然 $P \Rightarrow Q$（車を運転しているならば，運転免許を持っている）が成立する．ここで Q の「運転免許を持っている」ということを示すには P の「車を運転している」ということを示せば**十分**であり，また P の「車を運転している」を示すには少なくとも Q の「運転免許を持っている」ということが**必要**なのである．この様な意味により必要・十分条件の関係が作られている．

その 2 $P \Rightarrow Q$ 及び $Q \Rightarrow P$ が成立するとき，P と Q は**同値である**と言い，$P \Leftrightarrow Q$ と表す．

その 3 論理において，$P \Rightarrow Q$ を証明するかわりに，「Q でない $\Rightarrow$ P でない」(**対偶と呼ぶ**）を証明してもよいことが知られている．

その 4 $P \Rightarrow Q$ の否定命題は「P であるのに Q でない」となる．よってこの否定命題が偽であれば，逆に $P \Rightarrow Q$ が真であることになる．この様に「P であるのに Q でない」と，結論を否定して矛盾（命題の偽）を引き起こし，$P \Rightarrow Q$ が真であることを示す証明法を**背理法**と呼ぶ．

1.3 写像について

定義 1.7. **(写像)** A, B を 2 つの空でない集合とする．このとき，A の各元に対して B の元を 1 つ対応させる規則 f を集合 A から集合 B への**写像**といい，$f : A \to B$ と表す．ここで次の用語を定義する．

(1) A を写像 f の**始域**（**定義域**）といい，B を f の**終域**という．

(2) 写像 f の元 $a \in A$ に対応する元 $b \in B$ を a の**像**として $b = f(a)$ と表し，$f : a \mapsto b$ と表現する．

(3) A の全ての元の f による像全体を $f(A)$ で表し A の**像**，あるいは f の**値域**と呼ぶ．

(4) 2 つの写像 $f : A \to B$，$g : A \to B$ が（写像として）**等しい**とは，任意の元 $a \in A$ に対して，常に $f(a) = g(a)$ が成立する場合を言い，$f = g$ と表す．

図 1.2 は定義 1.7 で示した内容を図示化したものである．

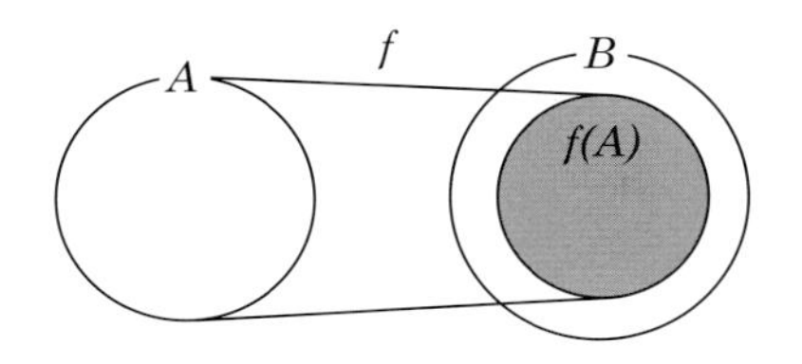

図 1.2: 写像のイメージ

― 定義 1.7 (写像) の補足 ―

その 1 (1) の A の始域と定義域についてであるが，一般の写像 f では始域に対し部分集合を定義して定義域を定め，f の値域が定まるが，定義 1.7 の写像 f は，始域と定義域が一致した写像（全域写像と呼ぶ）としているため，A が定義域となる．

(解説終)

次に写像 $f : A \to B$ の種類として次の 3 つの説明を与える．

定義 1.8. (写像の種類) 写像 $f : A \to B$ において単射・全射・全単射を次の様に定義する．

単　射　$a, a' \in A$ に対し，$a \neq a'$ ならば $f(a) \neq f(a')$ が成立する．

全　射　任意の $b \in B$ に対し $f(a) = b$ となる $a \in A$ が存在する．

全単射　写像 $f : A \to B$ が単射であり，かつ全射である．

― 定義 1.8 (写像の種類) の補足 ―

その 1 写像 f が単射であることを証明するために対偶「$f(a) = f(a')$ ならば $a = a'$」を証明することも多い．

その 2 単射，全射，全単射のイメージを図 1.3 に記す．

(解説終)

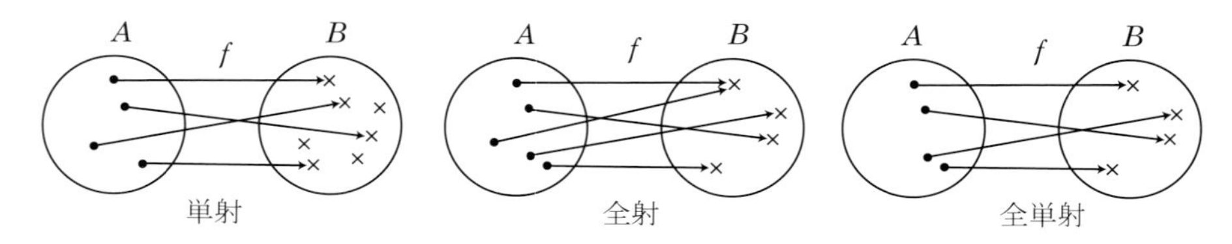

図 1.3: 単射・全射・全単射のイメージ

次に合成写像について解説する．

定義 1.9. (合成写像) 2 つの写像 $f : A \to B$, $g : B \to C$ について $a \in A$ の元を写像 $f(a)$ によって B の元に対応させ，さらに $g\bigl(f(a)\bigr)$ によって C に対応させる写像，即ち，

$$f : a \mapsto f(a), \quad g : f(a) \mapsto g\bigl(f(a)\bigr)$$

を考えると，集合 A から集合 C への写像が定義される．この写像を**合成写像**と呼び，$g \circ f$ で表す．即ち

$$g \circ f : A \to C, \quad g \circ f : a \mapsto g\bigl(f(a)\bigr)$$

となる．

― 定義 1.9 (合成写像) の補足 ―

その 1 写像 f, g において，一般的に $f \circ g \neq g \circ f$ であることを問題 1.6 を解いて確かめよ（むろん，$f \circ g = g \circ f$ となる写像も存在する．であるから「一般的」という言葉が入るのである）．

(解説終)

問題 1.6. $\mathbf{R}$ を実数全体の集合とする．このとき $f : \mathbf{R} \to \mathbf{R}$, $g : \mathbf{R} \to \mathbf{R}$ とし，

$$f(x) = x^2 + 1, \quad g(x) = 3x + 2$$

とする．このとき，$f \circ g \neq g \circ f$ となることを示せ．

解答. $(f \circ g)(x)$, $(g \circ f)(x)$ を求めると，それぞれ次の様になる．

$$\begin{aligned}(f \circ g)(x) &= f\bigl(g(x)\bigr) = (3x+2)^2 + 1 = 9x^2 + 12x + 5, \\ (g \circ f)(x) &= g\bigl(f(x)\bigr) = 3(x^2+1) + 2 = 3x^2 + 5.\end{aligned}$$

よって $f \circ g \neq g \circ f$ である．

(解答終)

問題 1.7. 写像 $f: A \to B,\ g: B \to C,\ h: C \to D$ の合成写像において次の等式が成立することを示せ.

$$h \circ (g \circ f) = (h \circ g) \circ f.$$

証明. $a \in A$ に対し

$$\bigl(h \circ (g \circ f)\bigr)(a) = h\bigl((g \circ f)(a)\bigr) = h\Bigl(g\bigl(f(a)\bigr)\Bigr).$$

一方

$$\bigl((h \circ g) \circ f\bigr)(a) = (h \circ g)\bigl(f(a)\bigr) = h\Bigl(g\bigl(f(a)\bigr)\Bigr).$$

よって, $h \circ (g \circ f) = (h \circ g) \circ f$ が成立する.

(証明終)

第2章　ベクトル

2.1　ベクトルについて

定義 2.1. (ベクトル)

(1)「向き」と「大きさ」の両方をもつ量を**ベクトル**と呼ぶ．また空間の点Aから点Bに対して向きをもつ線分（有向線分）をベクトル $\overrightarrow{\mathrm{AB}}$ と表す．

(2) (1)に対し，始点がBで終点がAであるベクトル $\overrightarrow{\mathrm{BA}}$ を $\overrightarrow{\mathrm{AB}}$ の**逆ベクトル**と呼び，$\overrightarrow{\mathrm{BA}} = -\overrightarrow{\mathrm{AB}}$ と表す．

(3) 始点と終点が一致するベクトルを $\overrightarrow{0}$ と表し，**零ベクトル**と呼ぶ．

− 定義 2.1 (ベクトル) の補足 −

その1 (1)で定義したベクトル $\overrightarrow{\mathrm{AB}}$ を**矢線ベクトル**，**幾何ベクトル**とも言う．

その2 ベクトルは向きと大きさをもった量であるため，三次元直交座標系 $\mathrm{O}-\mathrm{XYZ}$ には無数の同じベクトルが存在する．そこで，これらの同じベクトルを1つのベクトルとして表すために，次の定義に示す**位置ベクトル**という概念が導入されるのである．

その3 (2)の逆ベクトルの表現 $-\overrightarrow{\mathrm{AB}}$ の「$-$」はマイナスの意味ではなく，単に記号としての表現である．

(解説終)

定義 2.2. (位置ベクトル・大きさ) ベクトルについて次の2つの定義を与える．

(1) **(位置ベクトル)** 三次元直交座標系 $\mathrm{O}-\mathrm{XYZ}$ において，原点Oを始点として終点を点 $\mathrm{A}(x_1, y_1, z_1)$ としたベクトル $\overrightarrow{\mathrm{OA}}$ を**位置ベクトル**という．位置ベクトルは次の様に表現され，$\overrightarrow{\mathrm{OA}}$ の**成分表示**と呼ばれる（図2.1参照）．

$$\overrightarrow{\mathrm{OA}} = \begin{pmatrix} x_1 \\ y_1 \\ z_1 \end{pmatrix}. \tag{2.1}$$

またベクトル $\overrightarrow{\mathrm{OA}} = (x_1, y_1, z_1)$ と（座標の様に）表すこともある．本書では，座標の様に用いる表現はせず，式 (2.1) の様に成分を縦に記した表現を扱う．

(2) **(ベクトルの大きさ)** $\overrightarrow{\mathrm{OA}}$ の大きさを線分 OA の長さとして $||\overrightarrow{\mathrm{OA}}||$ で表す．$||\overrightarrow{\mathrm{OA}}||$ は，三平方（ピタゴラス）の定理を適用して次の様に求めることができる．

$$||\overrightarrow{\mathrm{OA}}|| = \sqrt{x_1^2 + y_1^2 + z_1^2}.$$

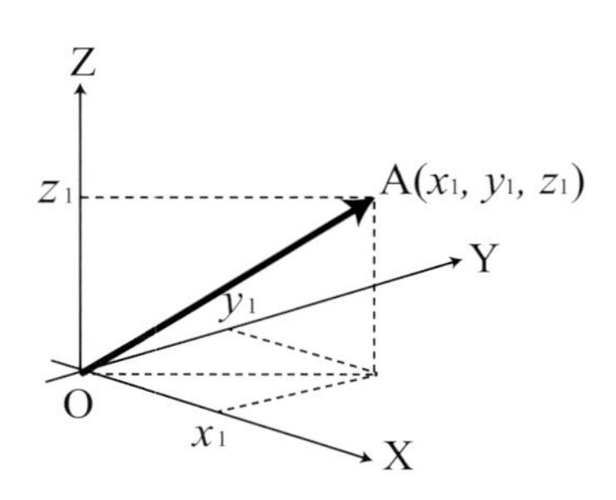

図 2.1: ベクトルの成分表示

― 定義 2.2 (2)(ベクトルの大きさ) の補足 ―

その 1 ベクトル $\overrightarrow{\mathrm{OA}}$ の大きさを表す表現として $||\overrightarrow{\mathrm{OA}}||$ を用いているが，これは実数 a の大きさを表す絶対値 $|a|$ と区別するためのものであり，正式には l_2-ノルムと呼ばれる．

(解説終)

2.2　ベクトルの演算

定義 2.3. (ベクトルの和・スカラー倍) ベクトルの演算の定義として次の 2 つを与える．

(1) **(ベクトルの和)** 2 つのベクトル $\overrightarrow{\mathrm{AB}}$, $\overrightarrow{\mathrm{AC}}$ の和 $\overrightarrow{\mathrm{AB}} + \overrightarrow{\mathrm{AC}}$ を，始点を A として終点をそれぞれ B, C とした 2 つのベクトルで作られる平行四辺形の向きをもった対角線で定義する（図 2.2 参照：$\overrightarrow{\mathrm{AD}} = \overrightarrow{\mathrm{AB}} + \overrightarrow{\mathrm{AC}}$）．

(2) **(ベクトルのスカラー倍)** ベクトル $\overrightarrow{\mathrm{AB}}$ と実数 k（スカラーと呼ぶ）に対し，$k\overrightarrow{\mathrm{AB}}$ をベクトル $\overrightarrow{\mathrm{AB}}$ のスカラー倍と呼び次の様に表す（図 2.3 参照）．

(a) $k \geq 0$ であれば $k\overrightarrow{\mathrm{AB}}$ はベクトル $\overrightarrow{\mathrm{AB}}$ と同じ向きで大きさが $||\overrightarrow{\mathrm{AB}}||$ の k 倍を表す.

(b) $k < 0$ であれば $k\overrightarrow{\mathrm{AB}}$ はベクトル $\overrightarrow{\mathrm{AB}}$ と反対の向きで大きさが $||\overrightarrow{\mathrm{AB}}||$ の $|k|$ 倍を表す.

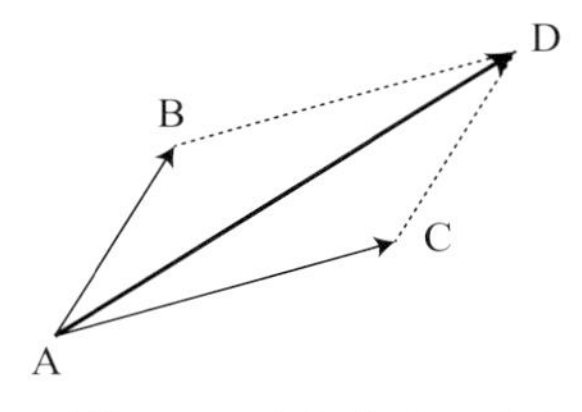

図 2.2: ベクトルの和

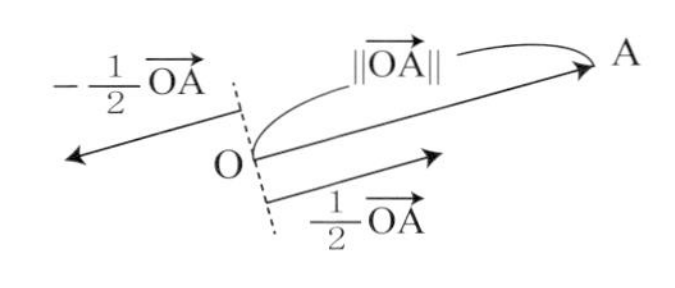

図 2.3: ベクトルのスカラー倍

特性 2.1. ベクトル $\overrightarrow{a}$ に対し，定義 2.3(2) より

$$0\overrightarrow{a} = \overrightarrow{0}, \quad k\overrightarrow{0} = \overrightarrow{0}$$

を導くことができる．また定義 2.1(2) と定義 2.3(2) より

$$-\overrightarrow{a} = (-1)\overrightarrow{a}, \quad -(k\overrightarrow{a}) = (-k)\overrightarrow{a}$$

を導くことができる（特性 2.1 の補足参照）.

ー 特性 2.1 の補足 ー

その 1「$-\overrightarrow{a}$」,「$-(k\overrightarrow{a})$」のそれぞれの「$-$」は，$\overrightarrow{a}$, $k\overrightarrow{a}$ の逆ベクトルの記号を表すが，定義 2.3(2) により，これら 2 つのベクトルは，それぞれ $\overrightarrow{a}$ の (-1) 倍，$\overrightarrow{a}$ の $(-k)$ 倍と表現してもよいことを言っており，これは逆ベクトルの記号「$-$」をマイナスとして扱っても問題ないことを示している.

(解説終)

定理 2.1. (ベクトルの演算) ベクトルの和とスカラー倍に関し次のことが成立する.

(1) **(和について)**

(a) $\overrightarrow{a} + \overrightarrow{b} = \overrightarrow{b} + \overrightarrow{a}$.

(b) $(\overrightarrow{a} + \overrightarrow{b}) + \overrightarrow{c} = \overrightarrow{a} + (\overrightarrow{b} + \overrightarrow{c})$.

(c) $\overrightarrow{0} + \overrightarrow{a} = \overrightarrow{a} + \overrightarrow{0} = \overrightarrow{a}$.

(d) $\overrightarrow{a} + (-\overrightarrow{a}) = (-\overrightarrow{a}) + \overrightarrow{a} = \overrightarrow{0}$.

(2) **(スカラー倍について)** (k, s はスカラー)

(a) $k(\overrightarrow{a} + \overrightarrow{b}) = k\overrightarrow{a} + k\overrightarrow{b}$.

(b) $(k+s)\overrightarrow{a} = k\overrightarrow{a} + s\overrightarrow{a}$.

(c) $k(s\overrightarrow{a}) = (ks)\overrightarrow{a}$.

(d) $1\overrightarrow{a} = \overrightarrow{a}$.

− 定理 2.1 (ベクトルの演算) の補足 −

その 1 定理 2.1 は，第 5 章で学ぶ線形空間の重要な性質である．ベクトルの定義から導かれた定理 2.1 の性質が成立するイメージを図で描くなりして持つことが重要である．

(解説終)

定理 2.1 のベクトルの演算が成立しているため，2 つのベクトルの成分同士で次の計算法が成立する．

◇ ベクトルの成分間の計算

$$\overrightarrow{a} = \begin{pmatrix} a_1 \\ a_2 \\ a_3 \end{pmatrix}, \quad \overrightarrow{b} = \begin{pmatrix} b_1 \\ b_2 \\ b_3 \end{pmatrix}$$

とする．ここで k, s をそれぞれスカラーとすると，ベクトルの成分間で次の計算法が成立する．

(1) $k\overrightarrow{a} = k\begin{pmatrix} a_1 \\ a_2 \\ a_3 \end{pmatrix} = \begin{pmatrix} ka_1 \\ ka_2 \\ ka_3 \end{pmatrix}$.

(2) $\overrightarrow{a} + \overrightarrow{b} = \begin{pmatrix} a_1 \\ a_2 \\ a_3 \end{pmatrix} + \begin{pmatrix} b_1 \\ b_2 \\ b_3 \end{pmatrix} = \begin{pmatrix} a_1 + b_1 \\ a_2 + b_2 \\ a_3 + b_3 \end{pmatrix}$.

(3) $k\overrightarrow{a} + s\overrightarrow{b} = k\begin{pmatrix} a_1 \\ a_2 \\ a_3 \end{pmatrix} + s\begin{pmatrix} b_1 \\ b_2 \\ b_3 \end{pmatrix} = \begin{pmatrix} ka_1 \\ ka_2 \\ ka_3 \end{pmatrix} + \begin{pmatrix} sb_1 \\ sb_2 \\ sb_3 \end{pmatrix} = \begin{pmatrix} ka_1 + sb_1 \\ ka_2 + sb_2 \\ ka_3 + sb_3 \end{pmatrix}$.

注意 2.1. $\overrightarrow{a}+(-\overrightarrow{b})$ を形式的に $\overrightarrow{a}-\overrightarrow{b}$ と表現する．

－ 注意 2.1 の補足 －

その 1 $\overrightarrow{a}$ と，$\overrightarrow{b}$ の逆ベクトル $-\overrightarrow{b}$ との和として**ベクトル同士の引き算**が定義されることになる．

その 2 注意 2.1 は，ベクトル表現法の定義を表しているが，このことは当然ではないかと思っている読者も多いと思う．しかし，第 5 章で学ぶ線形空間で，このベクトルの表現法の意味が分かるはずである．

(解説終)

問題 2.1. 左下の図において $\overrightarrow{a}-\overrightarrow{b}$ を図示せよ．

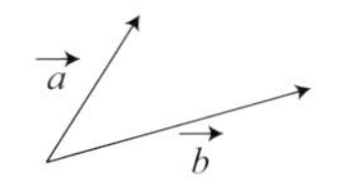

解答. $\overrightarrow{a}-\overrightarrow{b}=\overrightarrow{a}+(-\overrightarrow{b})$ であるため，右図の様に $\overrightarrow{b}$ の逆ベクトル $(-\overrightarrow{b})$ を作図し，$\overrightarrow{a}$ と $(-\overrightarrow{b})$ で作られる平行四辺形を作れば向きを持つ対角線として $\overrightarrow{a}-\overrightarrow{b}$ が定まる．あとは，$\overrightarrow{a}-\overrightarrow{b}$ を平行移動すればもう 1 つの $\overrightarrow{a}-\overrightarrow{b}$ が求まるのである．

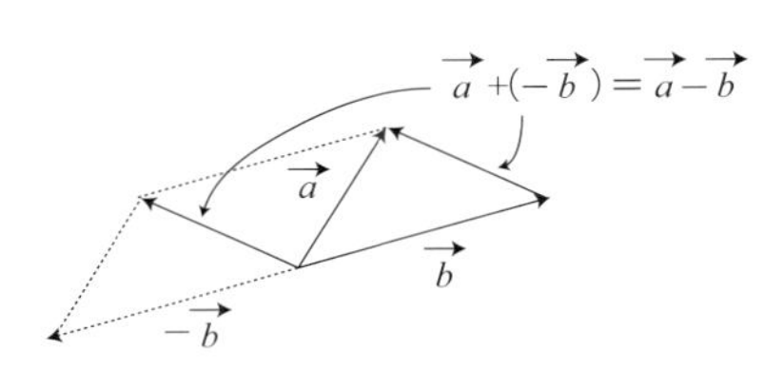

(解答終)

2.2.1 ベクトルの基本ベクトル表示

ベクトルの和及びスカラー倍を用い，新たなベクトル表示法が定義できる．ここで三次元の直交座標系 O − XYZ で原点 O を始点として，X 軸，Y 軸，Z 軸上にそれぞれ大きさ 1 のベクトル（大きさ 1 のベクトルを**単位ベクトル**と呼ぶ）$\overrightarrow{e_1}, \overrightarrow{e_2}, \overrightarrow{e_3}$ を次の様に定義し，これらを**基本ベクトル**と呼ぶ．

$$\overrightarrow{e_1}=\begin{pmatrix}1\\0\\0\end{pmatrix},\quad \overrightarrow{e_2}=\begin{pmatrix}0\\1\\0\end{pmatrix},\quad \overrightarrow{e_3}=\begin{pmatrix}0\\0\\1\end{pmatrix}. \tag{2.2}$$

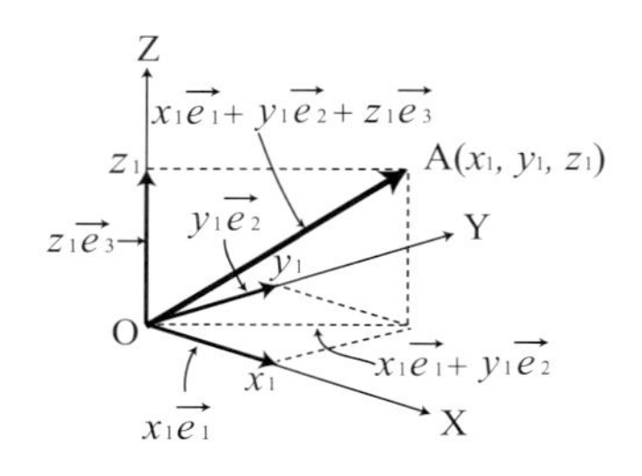

図 2.4: ベクトルの基本ベクトル表示

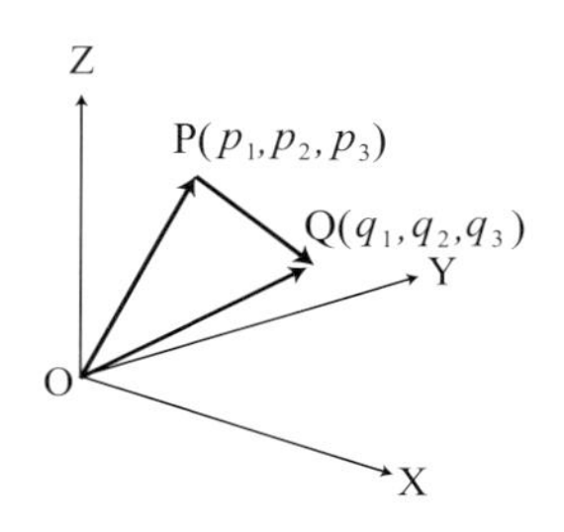

図 2.5: 問題 2.2 の図

定義 2.4. (基本ベクトル表示) ベクトルの和及びスカラー倍の性質と，基本ベクトル $\overrightarrow{e_1}, \overrightarrow{e_2}, \overrightarrow{e_3}$ から，ベクトル $\overrightarrow{\mathrm{OA}}$ の成分表示が $\overrightarrow{\mathrm{OA}} = \begin{pmatrix} x_1 \\ y_1 \\ z_1 \end{pmatrix}$ であるベクトルの新たな表現として

$$\overrightarrow{\mathrm{OA}} = x_1\overrightarrow{e_1} + y_1\overrightarrow{e_2} + z_1\overrightarrow{e_3}$$

と表すことができる（図 2.4 参照）．これをベクトル $\overrightarrow{\mathrm{OA}}$ の**基本ベクトル表示**と呼ぶ.

問題 2.2. (重要) 2 点 P, Q の座標をそれぞれ $\mathrm{P}(p_1, p_2, p_3)$, $\mathrm{Q}(q_1, q_2, q_3)$ とする．このとき $\overrightarrow{\mathrm{PQ}}$ の成分表示，及び基本ベクトル表示を求めよ.

解答. 図 2.5 に示す様に $\overrightarrow{\mathrm{OP}} + \overrightarrow{\mathrm{PQ}} = \overrightarrow{\mathrm{OQ}}$ となる．よって $\overrightarrow{\mathrm{PQ}} = \overrightarrow{\mathrm{OQ}} - \overrightarrow{\mathrm{OP}}$ となり，ベクトル $\overrightarrow{\mathrm{PQ}}$ の成分表示は $\overrightarrow{\mathrm{PQ}} = \begin{pmatrix} q_1 - p_1 \\ q_2 - p_2 \\ q_3 - p_3 \end{pmatrix}$ と表すことができ，$\overrightarrow{\mathrm{PQ}}$ の基本ベクトル表示は，$\overrightarrow{\mathrm{PQ}} = (q_1 - p_1)\overrightarrow{e_1} + (q_2 - p_2)\overrightarrow{e_2} + (q_3 - p_3)\overrightarrow{e_3}$ となる.

(解答終)

2.3 内積

定義 2.5. (内積) $\overrightarrow{0}$ でない 2 つのベクトル $\overrightarrow{a}$, $\overrightarrow{b}$ と，2 つのベクトルのなす角を θ ($0^\circ \leq \theta \leq 180^\circ$) としたとき，

$$\overrightarrow{a} \bullet \overrightarrow{b} = ||\overrightarrow{a}||\ ||\overrightarrow{b}|| \cos\theta \tag{2.3}$$

を $\overrightarrow{a}$, $\overrightarrow{b}$ の**内積**と呼ぶ.

ー 定義 2.5 (内積) の補足 ー

その 1 内積の定義より，$\overrightarrow{a} \bullet \overrightarrow{b} = \overrightarrow{b} \bullet \overrightarrow{a}$ である．またここで説明する内積は，矢線ベクトルに限定した内積の定義であり，詳しい内積の解説は，第 5 章の線形空間にて行う．

その 2 内積 $\overrightarrow{a} \bullet \overrightarrow{b}$ の値である $\|\overrightarrow{a}\|\,\|\overrightarrow{b}\|\cos\theta$ の幾何的意味は，ベクトル $\overrightarrow{a}$ を $\overrightarrow{b}$ の方向へ射影した場合の長さ $\|\overrightarrow{a}\|\cos\theta$ と $\|\overrightarrow{b}\|$ の長さを単に掛け合わせたものとなる（図 2.6 参照）．また，逆にベクトル $\overrightarrow{b}$ を $\overrightarrow{a}$ の方向へ射影した場合の長さ $\|\overrightarrow{b}\|\cos\theta$ と $\|\overrightarrow{a}\|$ の長さを単に掛け合わせたものと見ることもできる．

(解説終)

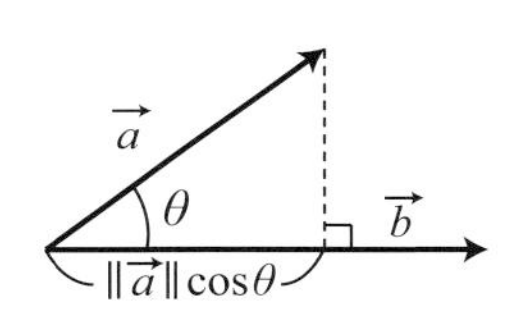

図 2.6: 内積の幾何的意味

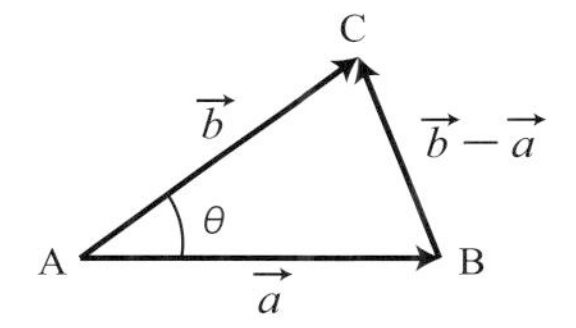

図 2.7: 余弦定理による内積計算

定理 2.2. (内積の性質) 内積の性質として次の (1)〜(3) を与える．ただし

$\overrightarrow{a} = \begin{pmatrix} a_1 \\ a_2 \\ a_3 \end{pmatrix}$, $\overrightarrow{b} = \begin{pmatrix} b_1 \\ b_2 \\ b_3 \end{pmatrix}$ とする．

(1) $\overrightarrow{a} \bullet \overrightarrow{a} = \|\overrightarrow{a}\|^2$.

(2) $\overrightarrow{a} \neq \overrightarrow{0}$, $\overrightarrow{b} \neq \overrightarrow{0}$ のとき，$\overrightarrow{a} \perp \overrightarrow{b} \Leftrightarrow \overrightarrow{a} \bullet \overrightarrow{b} = 0$.

(注：$\perp$ は $\overrightarrow{a}$ と $\overrightarrow{b}$ が垂直であるという意味)

(3) $\overrightarrow{a} \bullet \overrightarrow{b} = a_1b_1 + a_2b_2 + a_3b_3$.

証明.

(1) 内積の定義より，$\overrightarrow{a} \bullet \overrightarrow{a} = \|\overrightarrow{a}\|\,\|\overrightarrow{a}\|\cos 0^\circ = \|\overrightarrow{a}\|^2$.

(2) $(\Rightarrow)$ を示す．
$\overrightarrow{a} \perp \overrightarrow{b}$ ならば 2 つのベクトルのなす角は 90° であり $\cos 90^\circ = 0$ である．よって内積の定義により $\overrightarrow{a} \bullet \overrightarrow{b} = 0$.

$(\Leftarrow)$ を示す．
$\overrightarrow{a} \bullet \overrightarrow{b} = 0$ であり，$\overrightarrow{a} \neq \overrightarrow{0}$，$\overrightarrow{b} \neq \overrightarrow{0}$ である．よって $\overrightarrow{a} \bullet \overrightarrow{b} = 0$ となるのは，$\overrightarrow{a}$ と $\overrightarrow{b}$ のなす角を θ とすれば内積の定義から $\cos\theta = 0$ のときしかない．よって $\theta = 90^\circ$ となり，$\overrightarrow{a} \perp \overrightarrow{b}$ となる．

(3) 図 2.7 の △ABC における余弦定理により，

$$||\overrightarrow{\mathrm{BC}}||^2 = ||\overrightarrow{\mathrm{AB}}||^2 + ||\overrightarrow{\mathrm{AC}}||^2 - 2||\overrightarrow{\mathrm{AB}}||\ ||\overrightarrow{\mathrm{AC}}|| \cos\theta \tag{2.4}$$

となる．ここで $\overrightarrow{\mathrm{AB}} = \overrightarrow{a}, \overrightarrow{\mathrm{AC}} = \overrightarrow{b}$（この場合，始点 A が原点となる）とすれば $\overrightarrow{\mathrm{BC}} = \overrightarrow{b} - \overrightarrow{a}$（問題 2.2 参照，P. 16）となる．よって式 (2.4) の各項をベクトルの成分を用いて表せば

$$(b_1 - a_1)^2 + (b_2 - a_2)^2 + (b_3 - a_3)^2 = (a_1^2 + a_2^2 + a_3^2) + (b_1^2 + b_2^2 + b_3^2) - 2(\overrightarrow{a} \bullet \overrightarrow{b})$$

という関係式が成立する．この関係式を整理すれば

$$\overrightarrow{a} \bullet \overrightarrow{b} = a_1 b_1 + a_2 b_2 + a_3 b_3$$

となる．

(証明終)

− 定理 2.2 (内積の性質)(3) の補足 −

その 1 △ABC の 3 つの辺をそれぞれ a, b, c とすると，余弦定理と呼ばれる次の関係式が成立する．

$$\begin{aligned} a^2 &= b^2 + c^2 - 2bc\ \cos A, \\ b^2 &= a^2 + c^2 - 2ac\ \cos B, \\ c^2 &= a^2 + b^2 - 2ab\ \cos C. \end{aligned}$$

(解説終)

第3章　行　列

3.1　行列

定義 3.1. (行列) 次の様に $m \times n$ 個の実数を次の様に配列で表したものを m 行 n 列の行列 $\mathbf{A}$ という.

$$\mathbf{A} = \begin{pmatrix} a_{11} & a_{12} & \cdots & a_{1n} \\ a_{21} & a_{22} & \cdots & a_{2n} \\ \vdots & \vdots & \vdots & \vdots \\ a_{m1} & a_{m2} & \cdots & a_{mn} \end{pmatrix}.$$

－ 定義 3.1 (行列) の補足 －

その 1 行列 $\mathbf{A}$ の横を行，縦を列と呼ぶ.

その 2 上から i 番目の行を第 i 行，左から j 番目の列を第 j 列と呼び，行列に記されている各値を行列 $\mathbf{A}$ の**成分**と呼ぶ.

その 3 行数が m 個，列数が n 個ある行列の型を $m \times n$ 型，$[m \times n]$ 型等で表す.

その 4 第 i 行かつ第 j 列にある成分を (i, j) 成分と呼び，a_{ij} や $a[i, j]$ 等で表す.

その 5 本書に書かれている行列の成分は全て実数であるとする.

その 6 $[m \times n]$ 型の行列 $\mathbf{A}$ を成分の集まりという意味で（集合のように）
$\mathbf{A} = \{a_{ij}\}$ $(i = 1, \cdots, m \ : j = 1, \cdots, n)$ と表すこともある.

(解説終)

定義 3.2. (行列の演算) 行列の型が共に $[m \times n]$ 型の行列 $\mathbf{A}, \mathbf{B}$ に対し，行列の相等，行列の和，及び行列 $\mathbf{A}$ のスカラー倍を次の様に定義する.

$$(3.1) \qquad \mathbf{A} = \begin{pmatrix} a_{11} & a_{12} & \cdots & a_{1n} \\ a_{21} & a_{22} & \cdots & a_{2n} \\ \vdots & \vdots & \vdots & \vdots \\ a_{m1} & a_{m2} & \cdots & a_{mn} \end{pmatrix}, \quad \mathbf{B} = \begin{pmatrix} b_{11} & b_{12} & \cdots & b_{1n} \\ b_{21} & b_{22} & \cdots & b_{2n} \\ \vdots & \vdots & \vdots & \vdots \\ b_{m1} & b_{m2} & \cdots & b_{mn} \end{pmatrix}.$$

(1) **(行列の相等)**

$$\mathbf{A}=\mathbf{B}\Longleftrightarrow a_{ij}=b_{ij}\quad (i=1,2,\cdots,m\ :\ j=1,2,\cdots,n).$$

(2) **(行列の和)**

$$\mathbf{A}+\mathbf{B}=\begin{pmatrix} a_{11}+b_{11} & a_{12}+b_{12} & \cdots & a_{1n}+b_{1n} \\ a_{21}+b_{21} & a_{22}+b_{22} & \cdots & a_{2n}+b_{2n} \\ \vdots & \vdots & \vdots & \vdots \\ a_{m1}+b_{m1} & a_{m2}+b_{m2} & \cdots & a_{mn}+b_{mn} \end{pmatrix}.$$

(3) **(行列のスカラー倍)** スカラー λ に対し，

$$\lambda\mathbf{A}=\begin{pmatrix} \lambda a_{11} & \lambda a_{12} & \cdots & \lambda a_{1n} \\ \lambda a_{21} & \lambda a_{22} & \cdots & \lambda a_{2n} \\ \vdots & \vdots & \vdots & \vdots \\ \lambda a_{m1} & \lambda a_{m2} & \cdots & \lambda a_{mn} \end{pmatrix}.$$

定義 3.2 で行列の和（行列の型は同じ）とスカラー倍について定義したが，この定義を基に次の定理が成立することは明らかである．

定理 3.1. 3 つの行列 $\mathbf{A}$, $\mathbf{B}$, $\mathbf{C}$ は全て同じ型の行列とする．このとき，行列の和及びスカラー倍に対し次のことが成立する．

(1) **(行列の和に対する性質)**

(a) $(\mathbf{A}+\mathbf{B})+\mathbf{C}=\mathbf{A}+(\mathbf{B}+\mathbf{C})$.

(b) $\mathbf{A}+\mathbf{B}=\mathbf{B}+\mathbf{A}$.

(2) **(スカラー倍に対する性質)** スカラー λ_1, λ_2 に対し，

(a) $(\lambda_1+\lambda_2)\mathbf{A}=\lambda_1\mathbf{A}+\lambda_2\mathbf{A}$.

(b) $\lambda_1(\mathbf{A}+\mathbf{B})=\lambda_1\mathbf{A}+\lambda_1\mathbf{B}$.

(c) $(\lambda_1\lambda_2)\mathbf{A}=\lambda_1(\lambda_2\mathbf{A})$.

ここで次の定義及び特性を与える．

定義 3.3.

(1) **(零行列)** 全ての成分が 0 から成る行列を零行列と呼び，$\mathbf{0}$ で表す．

(2) $\mathbf{A}+\mathbf{X}=\mathbf{X}+\mathbf{A}=\mathbf{0}$ を満たす行列 $\mathbf{X}$ を $\mathbf{X}=-\mathbf{A}$ と記す．

－ 定義 3.3(2) の補足 －

その 1 (2) の「$-\mathbf{A}$」の「－」は，実数の世界のマイナスとは区別するが，実数の世界のマイナスと同じ様な機能を行列の演算でも持たせるため，この定義が必要となる．この定義から次の性質を導出することができる．

(解説終)

特性 3.1. 次の等式が成立する．

$$-\mathbf{A}=(-1)\mathbf{A}.$$

証明. 仮定より，$\mathbf{A}+\left(-\mathbf{A}\right)=\left(-\mathbf{A}\right)+\mathbf{A}=\mathbf{0}$ である．よって行列 $\mathbf{A}$ を

$$\mathbf{A}=\begin{pmatrix} a_{11} & a_{12} & \cdots & a_{1n} \\ a_{21} & a_{22} & \cdots & a_{2n} \\ \vdots & \vdots & \vdots & \vdots \\ a_{m1} & a_{m2} & \cdots & a_{mn} \end{pmatrix}$$

とすれば，和の定義より，

$$\begin{aligned} -\mathbf{A} &= \begin{pmatrix} -a_{11} & -a_{12} & \cdots & -a_{1n} \\ -a_{21} & -a_{22} & \cdots & -a_{2n} \\ \vdots & \vdots & \vdots & \vdots \\ -a_{m1} & -a_{m2} & \cdots & -a_{mn} \end{pmatrix} \\ &= (-1)\begin{pmatrix} a_{11} & a_{12} & \cdots & a_{1n} \\ a_{21} & a_{22} & \cdots & a_{2n} \\ \vdots & \vdots & \vdots & \vdots \\ a_{m1} & a_{m2} & \cdots & a_{mn} \end{pmatrix} = (-1)\mathbf{A} \end{aligned} \tag{3.2}$$

となる．

(証明終)

－ 特性 3.1 の補足 －

その 1 式 (3.2) の最後の式は，行列のスカラー倍の定義による．

その 2 特性 3.1 の記号「－」を実数と同じ呼び名で マイナスと呼ぶことにする．

(解説終)

ここで，次の注意を与える．

注意 3.1. 同じ型の行列 $\mathbf{A}$, $\mathbf{B}$ において次の表現を導入する．

$$\mathbf{A}-\mathbf{B}=\mathbf{A}+\left(-\mathbf{B}\right).$$

− 注意 3.1 の補足 −

その 1 注意 3.1 の記号の導入は次の系 3.1 に示す行列の演算が性質として成立することにつながる．つまり，行列の和及びスカラー倍の演算から，行列の「引き算」が実数の場合の「引き算」のイメージと同じように扱えることを保証するのである．

(解説終)

系 3.1. 式 (3.1)（P. 19）の同じ型の行列 $\mathbf{A}$, $\mathbf{B}$ に対し，次の等式が成立する．

$$\mathbf{A}-\mathbf{B}=\begin{pmatrix} a_{11}-b_{11} & a_{12}-b_{12} & \cdots & a_{1n}-b_{1n} \\ a_{21}-b_{21} & a_{22}-b_{22} & \cdots & a_{2n}-b_{2n} \\ \vdots & \vdots & \vdots & \vdots \\ a_{m1}-b_{m1} & a_{m2}-b_{m2} & \cdots & a_{mn}-b_{mn} \end{pmatrix}.$$

証明.

$$\begin{aligned}\mathbf{A}-\mathbf{B}&=\mathbf{A}+(-\mathbf{B})=\mathbf{A}+(-1)\mathbf{B} \\ &=\begin{pmatrix} a_{11} & a_{12} & \cdots & a_{1n} \\ a_{21} & a_{22} & \cdots & a_{2n} \\ \vdots & \vdots & \vdots & \vdots \\ a_{m1} & a_{m2} & \cdots & a_{mn} \end{pmatrix}+\begin{pmatrix} (-1)b_{11} & (-1)b_{12} & \cdots & (-1)b_{1n} \\ (-1)b_{21} & (-1)b_{22} & \cdots & (-1)b_{2n} \\ \vdots & \vdots & \vdots & \vdots \\ (-1)b_{m1} & (-1)b_{m2} & \cdots & (-1)b_{mn} \end{pmatrix} \\ &=\begin{pmatrix} a_{11}-b_{11} & a_{12}-b_{12} & \cdots & a_{1n}-b_{1n} \\ a_{21}-b_{21} & a_{22}-b_{22} & \cdots & a_{2n}-b_{2n} \\ \vdots & \vdots & \vdots & \vdots \\ a_{m1}-b_{m1} & a_{m2}-b_{m2} & \cdots & a_{mn}-b_{mn} \end{pmatrix}.\end{aligned}$$

(証明終)

次に行列の積についての定義を与える．

定義 3.4. (行列の積) $[l\times m]$ 型の行列 $\mathbf{A}$ と $[m\times n]$ 型の行列 $\mathbf{B}$ の積 $\mathbf{AB}$ (=$\mathbf{C}$ とおく) を次の様に定義する．

$$\mathbf{A}=\begin{pmatrix} a_{11} & a_{12} & \cdots & a_{1m} \\ a_{21} & a_{22} & \cdots & a_{2m} \\ \vdots & \vdots & \vdots & \vdots \\ a_{l1} & a_{l2} & \cdots & a_{lm} \end{pmatrix}, \quad \mathbf{B}=\begin{pmatrix} b_{11} & b_{12} & \cdots & b_{1n} \\ b_{21} & b_{22} & \cdots & b_{2n} \\ \vdots & \vdots & \vdots & \vdots \\ b_{m1} & b_{m2} & \cdots & b_{mn} \end{pmatrix}$$ に対し，

$$\mathbf{AB}=\mathbf{C}=\begin{pmatrix} c_{11} & c_{12} & \cdots & c_{1n} \\ c_{21} & c_{22} & \cdots & c_{2n} \\ \vdots & \vdots & \vdots & \vdots \\ c_{l1} & c_{l2} & \cdots & c_{ln} \end{pmatrix}.$$

$$\text{ここで,}\quad c_{ij} = a_{i1}b_{1j}+a_{i2}b_{2j}+\cdots+a_{im}b_{mj} = \sum_{k=1}^{m} a_{ik}b_{kj} \quad (i=1,2,\cdots,l\ :\ j=1,2,\cdots,n).$$

− 定義 3.4 (行列の積) の補足 −

その 1 行列の積についてのイメージを式 (3.3) に示す．大事なのは，**A** の第 i 行の成分と **B** の第 j 列の成分同士での演算の定義であり，その演算結果は **C** の (i,j) 成分に書かれることである．

$$\begin{array}{c} \\ \\ i\text{ 行} \\ \\ \\ \end{array}\begin{pmatrix} a_{11} & a_{12} & \cdots & a_{1m} \\ \vdots & \vdots & \vdots & \vdots \\ a_{i1} & a_{i2} & \cdots & a_{im} \\ \vdots & \vdots & \vdots & \vdots \\ a_{l1} & a_{l2} & \cdots & a_{lm} \end{pmatrix} \overset{\qquad\qquad j\text{ 列}}{\begin{pmatrix} b_{11} & \cdots & b_{1j} & \cdots & b_{1n} \\ b_{21} & \cdots & b_{2j} & \cdots & b_{2n} \\ \vdots & \vdots & \vdots & \vdots & \vdots \\ b_{m1} & \cdots & b_{mj} & \cdots & b_{mn} \end{pmatrix}}$$

$$(3.3)\qquad = \begin{pmatrix} c_{11} & \cdots & c_{1j} & \cdots & c_{1n} \\ \vdots & \vdots & \vdots & \vdots & \vdots \\ c_{i1} & \cdots & \underline{c_{ij}} & \cdots & c_{in} \\ \vdots & \vdots & \vdots & \vdots & \vdots \\ c_{l1} & \cdots & c_{lj} & \cdots & c_{ln} \end{pmatrix}.$$

その 2 $[l \times m]$ 型の **A** の列の数 m と $[m \times n]$ 型の **B** の行の数 m が一致しないと積 **AB** が定義されないことが解る．

その 3 **A** が $[l \times m]$ 型，**B** が $[m \times n]$ 型の行列で **AB** を計算する場合，積の定義より **C** の型は $[l \times n]$ 型となる（式 (3.3) 参照）．

(解説終)

行列の積について次の性質があげられる．

定理 3.2. 行列の和・積の演算が定義できる 3 つの行列 **A**, **B**, **C** で次のことが成立する．

(1) (行列の積に対する性質)

(a) $(\mathbf{AB})\mathbf{C} = \mathbf{A}(\mathbf{BC})$.

(b) $\mathbf{A}(\mathbf{B}+\mathbf{C}) = \mathbf{AB}+\mathbf{AC}$.

(c) $(\mathbf{A}+\mathbf{B})\mathbf{C} = \mathbf{AC}+\mathbf{BC}$.

(2) (スカラー倍 λ に関する性質)

$(\lambda\mathbf{A})\mathbf{B} = \mathbf{A}(\lambda\mathbf{B}) = \lambda(\mathbf{AB})$.

注意 3.2. 2つの行列 $\mathbf{A}, \mathbf{B}$ の積を考える場合，実数の積と比べて次の様な相違点があげられる.

(1) 行列 $\mathbf{A}, \mathbf{B}$ において一般的に $\mathbf{AB} \neq \mathbf{BA}$ である.

(2) $\mathbf{A} \neq \mathbf{0}, \mathbf{B} \neq \mathbf{0}$ でも $\mathbf{AB} = \mathbf{0}$ となる場合が存在する.

－ 注意 3.2 の補足 －

その 1 (1) は「行列の積の交換法則が成立しない」ことを表している．むろん，行列の形によっては $\mathbf{AB} = \mathbf{BA}$ が成立する場合もあるという意味において「一般的に」という言葉を使う（問題 3.2 参照，P. 25）.

その 2 任意の行列 $\mathbf{A}, \mathbf{B}$ に対し,「$\mathbf{A}=\mathbf{0}$ または $\mathbf{B}=\mathbf{0}$ ならば $\mathbf{AB} = \mathbf{0}$」である.

(解説終)

定義 3.5. (転置行列) $[m \times n]$ 型の行列 $\mathbf{A} = \{a_{ij}\}$ において，行と列を入れ替えた $[n \times m]$ 型行列を $\mathbf{A}$ の**転置行列**と呼び，${}^{t}\mathbf{A}$ で表す．即ち，

$$\mathbf{A} = \begin{pmatrix} a_{11} & a_{12} & \cdots & a_{1n} \\ a_{21} & a_{22} & \cdots & a_{2n} \\ \vdots & \vdots & \vdots & \vdots \\ a_{m1} & a_{m2} & \cdots & a_{mn} \end{pmatrix}, \quad {}^{t}\mathbf{A} = \begin{pmatrix} a_{11} & a_{21} & \cdots & a_{m1} \\ a_{12} & a_{22} & \cdots & a_{m2} \\ \vdots & \vdots & \vdots & \vdots \\ a_{1n} & a_{2n} & \cdots & a_{mn} \end{pmatrix}.$$

問題 3.1. 次の行列の計算をせよ.

(1) $4\begin{pmatrix} -2 & 2 \\ 2 & 0 \end{pmatrix} - 3\begin{pmatrix} -4 & -1 \\ -6 & 5 \end{pmatrix} + 5\begin{pmatrix} 1 & -3 \\ -3 & 2 \end{pmatrix}$.

(2) $\begin{pmatrix} 1 & 0 & -3 \\ -3 & 1 & 2 \end{pmatrix}\begin{pmatrix} 5 & 3 \\ 0 & 3 \\ -1 & 4 \end{pmatrix}$.

(3) $\begin{pmatrix} 1 \\ 4 \end{pmatrix} \begin{pmatrix} -1 & 2 \end{pmatrix}$.

(4) $\begin{pmatrix} 3 & 2 \end{pmatrix} \begin{pmatrix} 2 \\ 4 \end{pmatrix}$.

解答. (1) $\begin{pmatrix} 9 & -4 \\ 11 & -5 \end{pmatrix}$. (2) $\begin{pmatrix} 8 & -9 \\ -17 & 2 \end{pmatrix}$. (3) $\begin{pmatrix} -1 & 2 \\ -4 & 8 \end{pmatrix}$. (4) (14).

(解答終)

問題 3.2. $\mathbf{A} = \begin{pmatrix} 1 & -2 \\ 2 & 3 \end{pmatrix}$, $\mathbf{B} = \begin{pmatrix} 1 & 2 \\ -1 & 2 \end{pmatrix}$ とする．次の問いに答えよ．

(1) $\mathbf{AB} \neq \mathbf{BA}$ となることを確かめよ．

(2) ${}^{\mathrm{t}}(\mathbf{AB}) = {}^{\mathrm{t}}\mathbf{B}\ {}^{\mathrm{t}}\mathbf{A}$ が成立するか調べよ．

解答.

(1) $\mathbf{AB} = \begin{pmatrix} 3 & -2 \\ -1 & 10 \end{pmatrix}$, $\mathbf{BA} = \begin{pmatrix} 5 & 4 \\ 3 & 8 \end{pmatrix}$. よって，$\mathbf{AB} \neq \mathbf{BA}$.

(2) ${}^{\mathrm{t}}(\mathbf{AB}) = \begin{pmatrix} 3 & -1 \\ -2 & 10 \end{pmatrix}$, ${}^{\mathrm{t}}\mathbf{B}\ {}^{\mathrm{t}}\mathbf{A} = \begin{pmatrix} 3 & -1 \\ -2 & 10 \end{pmatrix}$. よって ${}^{\mathrm{t}}(\mathbf{AB}) = {}^{\mathrm{t}}\mathbf{B}\ {}^{\mathrm{t}}\mathbf{A}$.

(解答終)

– 問題 3.2(2) の補足 –

その 1 ${}^{\mathrm{t}}(\mathbf{AB}) = {}^{\mathrm{t}}\mathbf{B}\ {}^{\mathrm{t}}\mathbf{A}$ は，全ての行列に対し成立する（定理 3.3 参照）．

(解説終)

定理 3.3. (転置行列の性質) 行列の積が定義された 2 つの行列 $\mathbf{A}$, $\mathbf{B}$ において，${}^{\mathrm{t}}(\mathbf{AB}) = {}^{\mathrm{t}}\mathbf{B}\ {}^{\mathrm{t}}\mathbf{A}$ が成立する．

証明. $[l \times m]$ 型の行列 $\mathbf{A}$ と $[m \times n]$ 型の行列 $\mathbf{B}$ をそれぞれ次の様におく．

$$\mathbf{A} = \begin{pmatrix} a_{11} & a_{12} & \cdots & a_{1m} \\ a_{21} & a_{22} & \cdots & a_{2m} \\ \vdots & \vdots & \vdots & \vdots \\ a_{l1} & a_{l2} & \cdots & a_{lm} \end{pmatrix}, \quad \mathbf{B} = \begin{pmatrix} b_{11} & b_{12} & \cdots & b_{1n} \\ b_{21} & b_{22} & \cdots & b_{2n} \\ \vdots & \vdots & \vdots & \vdots \\ b_{m1} & b_{m2} & \cdots & b_{mn} \end{pmatrix}.$$

ここで，${}^{\mathrm{t}}(\mathbf{AB})$ の (i, j) 成分は，$\mathbf{AB}$ の (j, i) 成分であるため，その値は

$$a_{j1}b_{1i} + a_{j2}b_{2i} + \cdots + a_{jm}b_{mi} = \sum_{k=1}^{m} a_{jk}b_{ki} \tag{3.4}$$

となる．一方，${}^{\mathrm{t}}\mathbf{B}\,{}^{\mathrm{t}}\mathbf{A}$ の (i,j) 成分は，

$$\begin{aligned} & b_{1i}a_{j1} + b_{2i}a_{j2} + \cdots + b_{mi}a_{jm} \\ = \ & a_{j1}b_{1i} + a_{j2}b_{2i} + \cdots + a_{jm}b_{mi} = \sum_{k=1}^{m} a_{jk}b_{ki}. \end{aligned} \tag{3.5}$$

よって，式 (3.4),(3.5) よりそれぞれの行列の (i,j) 成分の値は等しい．したがって ${}^{\mathrm{t}}(\mathbf{AB}) = {}^{\mathrm{t}}\mathbf{B}\,{}^{\mathrm{t}}\mathbf{A}$ が成立する．

(証明終)

3.2 正方行列に関する諸性質

本節では正方行列に関する様々な性質について解説する．まず初めに次の定義を与える．

定義 3.6. (正方行列・単位行列)

(1) **(正方行列)** 行数と列数がともに n である $[n \times n]$ 型の行列を $\boldsymbol{n}$ **次正方行列**と呼ぶ.

(2) **(単位行列)** n 次正方行列の中で，対角成分だけが 1 でその他の成分がすべて 0 である行列を $\boldsymbol{n}$ **次単位行列**と呼び $\mathbf{E}_n$ で表す（式 3.6 参照）.

$$\mathbf{E}_n = \begin{pmatrix} 1 & 0 & \cdots & 0 \\ 0 & 1 & \cdots & 0 \\ \vdots & \vdots & \ddots & \vdots \\ 0 & 0 & \cdots & 1 \end{pmatrix}. \tag{3.6}$$

－ 定義 3.6 (正方行列・単位行列) の補足 －

その 1 n 次正方行列 $\mathbf{A}$ の成分 $a[i,i]$ $(i = 1, 2, \cdots, n)$ のことを行列 $\mathbf{A}$ の**対角成分**と呼ぶ.

(解説終)

定理 3.4. n 次単位行列 $\mathbf{E}_n$ と n 次正方行列 $\mathbf{A}$ において次の等式が成立する．

$$\mathbf{AE}_n = \mathbf{E}_n\mathbf{A} = \mathbf{A}.$$

— 定理 3.4 の補足 —

その 1 $\mathbf{E}_n$ の性質として定理 3.4 は極めて重要である．この定理より，単位行列は実数の乗算の世界の 1 に相当することが解る．

(解説終)

問題 3.3. 行列 $\mathbf{A} = \begin{pmatrix} -1 & 3 & 2 \\ 2 & 8 & 3 \\ -3 & -2 & 1 \end{pmatrix}$ において定理 3.4 が成立することを確かめよ．

解答.

$$\mathbf{AE}_3 = \begin{pmatrix} -1 & 3 & 2 \\ 2 & 8 & 3 \\ -3 & -2 & 1 \end{pmatrix}\begin{pmatrix} 1 & 0 & 0 \\ 0 & 1 & 0 \\ 0 & 0 & 1 \end{pmatrix} = \begin{pmatrix} -1 & 3 & 2 \\ 2 & 8 & 3 \\ -3 & -2 & 1 \end{pmatrix},$$

$$\mathbf{E}_3\mathbf{A} = \begin{pmatrix} 1 & 0 & 0 \\ 0 & 1 & 0 \\ 0 & 0 & 1 \end{pmatrix}\begin{pmatrix} -1 & 3 & 2 \\ 2 & 8 & 3 \\ -3 & -2 & 1 \end{pmatrix} = \begin{pmatrix} -1 & 3 & 2 \\ 2 & 8 & 3 \\ -3 & -2 & 1 \end{pmatrix}.$$

よって $\mathbf{AE}_3 = \mathbf{E}_3\mathbf{A} = \mathbf{A}$.

(解答終)

注意 3.3. 今後，n 次単位行列を便宜上，単に $\mathbf{E}$ と記すことにする．

ここで，逆行列，正則行列についての定義を与える．

定義 3.7. (逆行列・正則行列)

(1) **(逆行列)** n 次正方行列 $\mathbf{A}$ に対し，次の式を満足する n 次正方行列 $\mathbf{X}$ が存在する場合，$\mathbf{X}$ を $\mathbf{A}$ の逆行列と呼び，$\mathbf{A}^{-1}$ で表す．

$$\mathbf{AX} = \mathbf{XA} = \mathbf{E}. \tag{3.7}$$

(2) **(正則行列)** 逆行列の存在する行列 $\mathbf{A}$ を正則行列と呼ぶ．

— 定義 3.7 (逆行列・正則行列) の補足 —

その 1 $\mathbf{A}^{-1}$ の「-1」をインバースと呼ぶ．

その 2 $\mathbf{A}^{-1}$ は，実数の世界で言えば，いわば実数 a の逆数 $1/a$ に対応する．行列 $\mathbf{A}$ の逆数は定義できないため，$\mathbf{A}^{-1}$ という表記になるのである．すなわち，$\mathbf{AA}^{-1} = \mathbf{A}^{-1}\mathbf{A} = \mathbf{E}$ となる．

(解説終)

例題 3.1. (重要) $\mathbf{A} = \begin{pmatrix} a & b \\ c & d \end{pmatrix}$ において次の問に答えよ.

(1) $\mathbf{A}$ の逆行列を求めよ.

(2) $\mathbf{A}^{-1}$ が存在する（$\mathbf{A}$ が正則行列である）条件を求めよ.

解答.

(1) 求める逆行列を $\mathbf{X} = \begin{pmatrix} x & y \\ z & w \end{pmatrix}$ とおくと，式 (3.7) より，

$\mathbf{AX} = \mathbf{XA} = \mathbf{E}$ を満足する．よって $\mathbf{AX} = \mathbf{E}$ より，

$$\begin{pmatrix} a & b \\ c & d \end{pmatrix}\begin{pmatrix} x & y \\ z & w \end{pmatrix} = \begin{pmatrix} 1 & 0 \\ 0 & 1 \end{pmatrix} \Rightarrow \begin{cases} ax + bz = 1 \cdots (1), \\ ay + bw = 0 \cdots (2), \\ cx + dz = 0 \cdots (3), \\ cy + dw = 1 \cdots (4). \end{cases}$$

ここで，$(1) \times d - (3) \times b$ を計算すると，$(ad - bc)x = d$ となる．よって，$ad-bc \neq 0$ の場合のみ x が存在して，$x = \dfrac{d}{ad - bc}$ となる．また，$(1)\times c-(3)\times a$ より，$(bc - ad)z = c$ となる．よってこれも $ad - bc \neq 0$ の場合のみ解が存在して $z = \dfrac{c}{bc - ad} = -\dfrac{c}{ad - bc}$ となる．同様な方法で (2)，(4) についても方程式を解いていけば，これも $ad - bc \neq 0$ のとき，$y = \dfrac{-b}{ad - bc}$, $w = \dfrac{a}{ad - bc}$ となる．よって

$$\mathbf{X} = \begin{pmatrix} \frac{d}{ad-bc} & -\frac{b}{ad-bc} \\ -\frac{c}{ad-bc} & \frac{a}{ad-bc} \end{pmatrix} = \frac{1}{ad - bc}\begin{pmatrix} d & -b \\ -c & a \end{pmatrix}.$$

ここで導出された $\mathbf{X}$ が式 (3.7) の $\mathbf{XA}=\mathbf{E}$ を満足するかを調べなければいけない．$\mathbf{XA}$ を計算すると

$$\begin{aligned} &\left\{\frac{1}{ad - bc}\begin{pmatrix} d & -b \\ -c & a \end{pmatrix}\right\}\begin{pmatrix} a & b \\ c & d \end{pmatrix} \\ &= \frac{1}{ad - bc}\begin{pmatrix} da - bc & db - bd \\ -ca + ac & -cb + ad \end{pmatrix} = \begin{pmatrix} 1 & 0 \\ 0 & 1 \end{pmatrix}. \end{aligned}$$

よって $\mathbf{XA} = \mathbf{E}$ が成立するため，$\mathbf{A}$ の逆行列 $\mathbf{A}^{-1}$ は，

$$\mathbf{A}^{-1} = \frac{1}{ad - bc}\begin{pmatrix} d & -b \\ -c & a \end{pmatrix} \tag{3.8}$$

となる．

(2) (1) の解で述べた様に行列 $\mathbf{A}$ の成分間で $ad-bc \neq 0$ であれば $\mathbf{A}$ の逆行列は存在する．よって，$\mathbf{A}$ の逆行列が存在する条件は $ad-bc \neq 0$ となる．

(解答終)

－ 例題 3.1 (重要) の補足 －

その 1 例題 3.1 により式 (3.7) を満足する二次正方行列 $\mathbf{A}$ の逆行列 $\mathbf{A}^{-1}$ の存在条件と成分の値は求めることができたが，果たして逆行列の定義式 (3.7) を満足する逆行列 $\mathbf{A}^{-1}$ が他に存在しないのかという問題がある．そこで逆行列について次の定理が与えられる．

(解説終)

定理 3.5. (逆行列の唯一性) 行列 $\mathbf{A}$ が正則行列であるとする．このとき，$\mathbf{A}$ の逆行列 $\mathbf{A}^{-1}$ はただ 1 つ存在する．

証明. 行列 $\mathbf{A}$ の逆行列が 2 つ存在する（$\mathbf{X}, \mathbf{Y}$ と記す）とすると，

$$\mathbf{AX}=\mathbf{XA}=\mathbf{E}, \qquad \mathbf{AY}=\mathbf{YA}=\mathbf{E}$$

を満足する．すると，$\mathbf{X}=\mathbf{XE}=\mathbf{X}\big(\mathbf{AY}\big)=\big(\mathbf{XA}\big)\mathbf{Y}=\mathbf{EY}=\mathbf{Y}$．よって $\mathbf{X}=\mathbf{Y}$ となり，正則な行列 $\mathbf{A}$ の逆行列はただ 1 つであることが解る．

(証明終)

例題 3.2. $\mathbf{A}=\begin{pmatrix} -2 & 3 \\ 1 & 1 \end{pmatrix}$, $\mathbf{B}=\begin{pmatrix} 2 & 1 \\ 3 & 1 \end{pmatrix}$ とする．次の各問に答えよ．

(1) $\mathbf{AX}$=$\mathbf{B}$ を満足する行列 $\mathbf{X}$ を求めよ．

(2) $\mathbf{YA}$=$\mathbf{B}$ を満足する行列 $\mathbf{Y}$ を求めよ．

解答.

(1) $\mathbf{A}$ は正則行列であり，$\mathbf{A}^{-1}=\dfrac{1}{-2-3}\begin{pmatrix} 1 & -3 \\ -1 & -2 \end{pmatrix}=-\dfrac{1}{5}\begin{pmatrix} 1 & -3 \\ -1 & -2 \end{pmatrix}$

となる．よって $\mathbf{AX}=\mathbf{B}$ の両辺のそれぞれ左側から $\mathbf{A}^{-1}$ をかけると，$\mathbf{A}^{-1}\big(\mathbf{AX}\big)=\mathbf{A}^{-1}\mathbf{B}$ となり，左辺の $\mathbf{A}^{-1}\big(\mathbf{AX}\big)$ は，

$$\mathbf{A}^{-1}(\mathbf{AX})=(\mathbf{A}^{-1}\mathbf{A})\mathbf{X}=\mathbf{EX}=\mathbf{X}$$

となる．よって，

$$\mathbf{X}=\mathbf{A}^{-1}\mathbf{B}=-\frac{1}{5}\begin{pmatrix} 1 & -3 \\ -1 & -2 \end{pmatrix}\begin{pmatrix} 2 & 1 \\ 3 & 1 \end{pmatrix}=-\frac{1}{5}\begin{pmatrix} -7 & -2 \\ -8 & -3 \end{pmatrix}=\frac{1}{5}\begin{pmatrix} 7 & 2 \\ 8 & 3 \end{pmatrix}$$

となる．

(2) (1) の解と同様の手法で解けばよい．$\mathbf{A}^{-1} = -\dfrac{1}{5}\begin{pmatrix} 1 & -3 \\ -1 & -2 \end{pmatrix}$ であるため，

$\mathbf{YA} = \mathbf{B}$ の両辺のそれぞれ右側から $\mathbf{A}^{-1}$ をかけると，$(\mathbf{YA})\mathbf{A}^{-1} = \mathbf{BA}^{-1}$ となり，左辺の $(\mathbf{YA})\mathbf{A}^{-1}$ は，

$$(\mathbf{YA})\mathbf{A}^{-1} = \mathbf{Y}(\mathbf{AA}^{-1}) = \mathbf{YE} = \mathbf{Y}$$

となる．よって求める行列 $\mathbf{Y}$ は次の様になる．

$$\begin{aligned} \mathbf{Y} &= \mathbf{BA}^{-1} = \begin{pmatrix} 2 & 1 \\ 3 & 1 \end{pmatrix}\left(-\frac{1}{5}\right)\begin{pmatrix} 1 & -3 \\ -1 & -2 \end{pmatrix} \\ &= -\frac{1}{5}\begin{pmatrix} 2 & 1 \\ 3 & 1 \end{pmatrix}\begin{pmatrix} 1 & -3 \\ -1 & -2 \end{pmatrix} = -\frac{1}{5}\begin{pmatrix} 1 & -8 \\ 2 & -11 \end{pmatrix}. \end{aligned}$$

(解答終)

例題 3.3. (逆行列の性質) $\mathbf{A}, \mathbf{B}$ をそれぞれ正則な行列とする．このとき次の等式が成立することを証明せよ．

$$(\mathbf{AB})^{-1} = \mathbf{B}^{-1}\mathbf{A}^{-1}.$$

証明. $\mathbf{B}^{-1}\mathbf{A}^{-1}$ が行列 $\mathbf{AB}$ の逆行列であることを示すには，

$$(\mathbf{AB})(\mathbf{B}^{-1}\mathbf{A}^{-1}) = (\mathbf{B}^{-1}\mathbf{A}^{-1})(\mathbf{AB}) = \mathbf{E} \tag{3.9}$$

が示せればよい．ここで

$$\begin{aligned} (\mathbf{AB})(\mathbf{B}^{-1}\mathbf{A}^{-1}) &= \mathbf{A}(\mathbf{BB}^{-1})\mathbf{A}^{-1} = \mathbf{AEA}^{-1} = (\mathbf{AE})\mathbf{A}^{-1} = \mathbf{AA}^{-1} = \mathbf{E}, \\ (\mathbf{B}^{-1}\mathbf{A}^{-1})(\mathbf{AB}) &= \mathbf{B}^{-1}(\mathbf{A}^{-1}\mathbf{A})\mathbf{B} = \mathbf{B}^{-1}\mathbf{EB} = (\mathbf{B}^{-1}\mathbf{E})\mathbf{B} = \mathbf{B}^{-1}\mathbf{B} = \mathbf{E}. \end{aligned}$$

よって式 (3.9) が成立するため $(\mathbf{AB})^{-1} = \mathbf{B}^{-1}\mathbf{A}^{-1}$ となる．

(証明終)

例題 3.4. (連立方程式の解法) 次の連立方程式を行列を用いて解け．

$$\begin{cases} 2x - y = 1, \\ 3x - 2y = 4. \end{cases}$$

解答. 与えられた連立方程式を行列表現すると，

$$\begin{pmatrix} 2 & -1 \\ 3 & -2 \end{pmatrix}\begin{pmatrix} x \\ y \end{pmatrix} = \begin{pmatrix} 1 \\ 4 \end{pmatrix} \tag{3.10}$$

となる．よって，$\begin{pmatrix} 2 & -1 \\ 3 & -2 \end{pmatrix}^{-1} = \dfrac{1}{-4+3}\begin{pmatrix} -2 & 1 \\ -3 & 2 \end{pmatrix}$ を式 (3.10) の左からかけることにより

$$\begin{pmatrix} 2 & -1 \\ 3 & -2 \end{pmatrix}^{-1}\begin{pmatrix} 2 & -1 \\ 3 & -2 \end{pmatrix}\begin{pmatrix} x \\ y \end{pmatrix} = \begin{pmatrix} 2 & -1 \\ 3 & -2 \end{pmatrix}^{-1}\begin{pmatrix} 1 \\ 4 \end{pmatrix}.$$

よって，

$$\begin{pmatrix} x \\ y \end{pmatrix} = -\begin{pmatrix} -2 & 1 \\ -3 & 2 \end{pmatrix}\begin{pmatrix} 1 \\ 4 \end{pmatrix} = \begin{pmatrix} -2 \\ -5 \end{pmatrix}$$

となり，方程式の解は，$x=-2,\ y=-5$ となる．

(解答終)

− 例題 3.4 (連立方程式の解法) の補足 −

その 1 行列を用いて連立方程式を解く場合，$\mathbf{A} = \begin{pmatrix} 2 & -1 \\ 3 & -2 \end{pmatrix}$ として $\mathbf{A}$ を**係数行列**と呼び，$\begin{pmatrix} x \\ y \end{pmatrix}$ を方程式の解を表すベクトルとして $\overrightarrow{x}$，$\begin{pmatrix} 1 \\ 4 \end{pmatrix}$ をベクトルの成分として $\overrightarrow{b}$ と表すことが多い．よって，式 (3.10) の連立方程式の表現は $\mathbf{A}\overrightarrow{x} = \overrightarrow{b}$ となる．今後，方程式の問題を行列を用いて解く場合は，係数行列として $\mathbf{A}$，解ベクトルとして $\overrightarrow{x}$，右辺のベクトルを $\overrightarrow{b}$ と表すことにする．

(解説終)

特性 3.2. 正則な行列 $\mathbf{A}$ の逆行列を求める場合，$\mathbf{AX}=\mathbf{E}$ もしくは $\mathbf{XA}=\mathbf{E}$ のどちらか一方の方程式を満足する $\mathbf{X}$ を求めればよい．

証明. 二次の行列では例題 3.1 にて実際に逆行列を求めて確かめることができたが，一般の行列に対する説明はやや準備を要するため，本書ではアウトラインのみを記す．一般に，$\mathbf{AX}=\mathbf{E}$ が成立すれば行列 $\mathbf{A}$ は正則行列であることが知られている．よって $\mathbf{AX}=\mathbf{XA}=\mathbf{E}$ となり，$\mathbf{X}=\mathbf{A}^{-1}$ が言える．したがって $\mathbf{A}$ の逆行列を求めるには，$\mathbf{AX}=\mathbf{E}$ を満足する $\mathbf{X}$ だけを求めれば，その $\mathbf{X}$ を $\mathbf{X}=\mathbf{A}^{-1}$ と見なすことができるのである．

(証明終)

3.3 連立一次方程式の解法

ここでは，連立一次方程式を行列を用いて解く様々な方法について解説する．行列を用いて連立方程式を解く方法の代表的な手法は次の 3 つである．

(1) 行列の掃き出し法.

(2) 逆行列を用いる法.

(3) クラメルの公式を用いる法.

(2) は (1) の手法を用いて解くものであり，(3) は第 4 章で解説する行列式を扱うものである．そこで，ここではまず (1) の行列の掃き出し法について解説する．行列の掃き出し法は後で述べる行列のランクとも密接に関わってくるため，極めて重要な方法であることを付け加えておく.

3.3.1 行列の掃き出し法

行列の掃き出し法は，主に連立一次方程式をコンピューター上で計算させるための 1 つの手法（ガウスの消去法）の基礎となっている．まず扱う連立一次方程式は，解が唯一存在するケースとして例題 3.4 の連立方程式を取り上げ，行列の掃き出し法を解説する.

[解が唯一存在する連立一次方程式のケース]

例題 3.4 の連立方程式を行列表現すると，次の様になる

$$(3.11)\qquad \begin{cases} 2x - y = 1 \\ 3x - 2y = 4 \end{cases} \Longrightarrow \begin{pmatrix} 2 & -1 \\ 3 & -2 \end{pmatrix}\begin{pmatrix} x \\ y \end{pmatrix} = \begin{pmatrix} 1 \\ 4 \end{pmatrix}.$$

ここで式 (3.11) の「⇒」の右側を次の様に行列表現する.

$$(3.12)\qquad \begin{cases} 2x - y = 1 \cdots (1) \\ 3x - 2y = 4 \cdots (2) \end{cases} \Longrightarrow \left(\begin{array}{cc|c} 2 & -1 & 1 \\ 3 & -2 & 4 \end{array}\right).$$

ここで式 (1) はそのままで，式 (1) の両辺を (−2) 倍した式を式 (2) の左辺と右辺に対応させて加えた式を (3) とし，式 (3.12) の「⇒」の右側と同じ様に行列表現する.

$$\begin{cases} 2x - y = 1 \cdots (1) \\ -x + 0y = 2 \cdots (3) \end{cases} \Longrightarrow \left(\begin{array}{cc|c} 2 & -1 & 1 \\ -1 & 0 & 2 \end{array}\right).$$

式 (3) の両辺に (−1) 倍したものを (4) と置き換え，同様の行列表現を行う.

$$\begin{cases} 2x - y = 1 \cdots (1) \\ x \qquad = -2 \cdots (4) \end{cases} \Longrightarrow \left(\begin{array}{cc|c} 2 & -1 & 1 \\ 1 & 0 & -2 \end{array}\right).$$

式 (4) はそのままで式 (4) の両辺に (-2) 倍した式を式 (1) の左辺と右辺に対応させて加えた式を (5) とし，同様の行列表現を行うと，

$$\begin{cases} 0x \ - \ y \ = \ 5 \ \cdots \ (5) \\ x \qquad\quad = \ -2 \ \cdots \ (4) \end{cases} \Longrightarrow \left(\begin{array}{cc|c} 0 & -1 & 5 \\ 1 & 0 & -2 \end{array} \right).$$

式 (5) の両辺を (-1) 倍した式を (6) とすると，

$$\begin{cases} \qquad\quad y \ = \ -5 \ \cdots \ (6) \\ x \qquad\quad = \ -2 \ \cdots \ (4) \end{cases} \Longrightarrow \left(\begin{array}{cc|c} 0 & 1 & -5 \\ 1 & 0 & -2 \end{array} \right).$$

式 (6) と式 (4) を交換して，

$$\begin{cases} x \qquad\quad = \ -2 \ \cdots \ (4) \\ \qquad\quad y \ = \ -5 \ \cdots \ (6) \end{cases} \Longrightarrow \left(\begin{array}{cc|c} 1 & 0 & -2 \\ 0 & 1 & -5 \end{array} \right). \tag{3.13}$$

式 (3.13) の「⇒」の右側の行列表現が最終的な形となる．即ち与えられた連立方程式

$$\begin{cases} ax \ + \ by \ = \ m, \\ cx \ + \ dy \ = \ n \end{cases} \tag{3.14}$$

に対応した行列表現が

$$\left(\begin{array}{cc|c} a & b & m \\ c & d & n \end{array} \right) \to \cdots \to \cdots \to \left(\begin{array}{cc|c} 1 & 0 & \alpha \\ 0 & 1 & \beta \end{array} \right) = \left(\begin{array}{c|c} \mathbf{E}_2 & \begin{array}{c} \alpha \\ \beta \end{array} \end{array} \right)$$

という形に変形されれば，求める連立方程式の解は，$x = \alpha,\ y = \beta$ となる．ここで，式 (3.14) の連立方程式において，

$$\mathbf{A} = \begin{pmatrix} a & b \\ c & d \end{pmatrix}, \quad \overrightarrow{b} = \begin{pmatrix} m \\ n \end{pmatrix}$$

とすると，係数行列 $\mathbf{A}$（[例題 3.4(連立方程式の解法) の補足:その 1] 参照，P. 31）にベクトル $\overrightarrow{b}$ を交えた行列 $\left(\mathbf{A} \,\middle|\, \overrightarrow{b} \right)$ を **拡大係数行列**と呼ぶ.

例題 3.5. 例題 3.4 の連立方程式による係数行列及び拡大係数行列を求めよ.

解答. 係数行列 $\cdots \begin{pmatrix} 2 & -1 \\ 3 & -2 \end{pmatrix}$，拡大係数行列 $\cdots \left(\begin{array}{cc|c} 2 & -1 & 1 \\ 3 & -2 & 4 \end{array} \right)$.

(解答終)

例題 3.4 の解法の様に，連立方程式を拡大係数行列の変形により解く手法を**掃き出し法**と呼ぶ．例題 3.4 の解法を基にして掃き出し法の特性をあげると次の様になる.

特性 3.3. (掃き出し法の特性) 拡大係数行列に対し掃き出し法を行う場合，次の操作を行うことができる.

(1) ある行を k 倍する.

(2) ある行を k 倍し，他の行の（対応する）成分に加える.

(3) 2 つの行を交換する.

− 特性 3.3 (掃き出し法の特性) の補足 −

その 1 拡大係数行列に対して掃き出し法を行う場合，**行だけを対象にして変形することが重要**である．もし列をいじってしまうと方程式そのものの形が変わってしまう.

その 2 (2) の変形を行う場合，k 倍する側の行の値はそのままの値であり，k 倍されて加えられた側の行の値が変わる.

その 3 係数行列の列にもし 1 があるのであれば，その値を基準として対応した列の成分全てを 0 にしていく．この機能をもつ 1 を**ピボット**と呼び，本書では $\boxed{1}$ と表す．場合により -1 や 2 とかの 1 以外の数値に対し，ピボット機能を持たせて掃き出し法を行う場合もある．その時は $\boxed{-1}$ や $\boxed{2}$ と記す.

その 4 係数行列の列にもしピボット機能としての 1 がなければ，適当な変換を施して 1 を生成した方がよい．対応する行をピボット機能を持たせたい成分で割れば必ず 1 が生成されるが各成分が分数の形になってしまう場合があり，極めて扱いにくくなってしまう.

(解説終)

問題 3.4. 次の連立方程式を行列の掃き出し法を用いて求めよ.

(1) $$\begin{cases} x - 2y = -1, \\ 2x - y = -8. \end{cases}$$

(2) $$\begin{cases} x + 2y + 3z = 3, \\ 3x + 8y + 7z = 15, \\ 5x + 7y + 21z = 24. \end{cases}$$

解答. [特性 3.3(掃き出し法の特性) の補足:その 3] にしたがい，まず係数行列の各列で 1 の値を持つ成分を探す.

(1)

$$\left(\begin{array}{cc|c} \boxed{1} & -2 & -1 \\ 2 & -1 & -8 \end{array}\right) \to \left(\begin{array}{cc|c} 1 & -2 & -1 \\ 0 & 3 & -6 \end{array}\right) \to \left(\begin{array}{cc|c} 1 & -2 & -1 \\ 0 & \boxed{1} & -2 \end{array}\right)$$

第 1 行 $\times(-2)+$第 2 行　　第 2 行 $\times\frac{1}{3}$　　第 2 行 $\times 2+$第 1 行

$$\to \left(\begin{array}{cc|c} 1 & 0 & -5 \\ 0 & 1 & -2 \end{array}\right).$$

よって $x=-5$, $y=-2$ となる.

(2)

$$\left(\begin{array}{ccc|c} \boxed{1} & 2 & 3 & 3 \\ 3 & 8 & 7 & 15 \\ 5 & 7 & 21 & 24 \end{array}\right) \to \left(\begin{array}{ccc|c} 1 & 2 & 3 & 3 \\ 0 & 2 & -2 & 6 \\ 0 & -3 & 6 & 9 \end{array}\right) \to \left(\begin{array}{ccc|c} 1 & 2 & 3 & 3 \\ 0 & \boxed{1} & -1 & 3 \\ 0 & -1 & 2 & 3 \end{array}\right)$$

第 1 行 $\times(-3)+$第 2 行　　第 2 行 $\times\frac{1}{2}$　　第 2 行 $\times(-2)+$第 1 行
第 1 行 $\times(-5)+$第 3 行　　第 3 行 $\times\frac{1}{3}$　　第 2 行 $\times 1+$第 3 行

$$\to \left(\begin{array}{ccc|c} 1 & 0 & 5 & -3 \\ 0 & 1 & -1 & 3 \\ 0 & 0 & \boxed{1} & 6 \end{array}\right) \to \left(\begin{array}{ccc|c} 1 & 0 & 0 & -33 \\ 0 & 1 & 0 & 9 \\ 0 & 0 & 1 & 6 \end{array}\right).$$

第 3 行 $\times(-5)+$第 1 行
第 3 行 $\times 1+$第 2 行

よって $x=-33$, $y=9$, $z=6$ となる.

(解答終)

連立方程式が問題 3.4(2) の様に三元になると与えられた連立方程式によっては，拡大係数行列の掃き出し法のテクニック（ピボットの選択）が必要となる．以下，そのテクニックについて補足する．

ー 三元以上の連立方程式の掃き出し法についてのピボット選択 ー

その 1 係数行列に対する各列で 1 をもつ成分（ピボット）があれば，その成分に対し，対応する列の成分を全て 0 にするように掃き出しを行う．もし 1 がなければ，[特性 3.3(掃き出し法の特性) の補足:その 4，P. 34] を行う．

その 2 [その 1] で考慮した値 1（ピボット）の行に存在する他の成分は対象としないで，[その 1] の操作を行う．

その 3 [その 1]，[その 2] で考慮した値 1（ピボット）の行に存在する他の成分は対象としないで，[その 1] の操作を行う．

その 4 [その 2]，[その 3] の作業を繰り返し，最終的に係数行列が単位行列になるように行の交換を行う．

(解説終)

[三元以上の連立方程式の掃き出し法についてのピボット選択（P. 35）] を参照して次の連立方程式の解を掃き出し法を用いて求めてみる．

例題 3.6. 次の連立方程式を行列の掃き出し法を用いて求めよ．

$$\begin{cases} 2x + 3y + 2z = 7, \\ 3x + 2y - 4z = -8, \\ 4x - 2y + 3z = 19. \end{cases}$$

解答.

$$\left(\begin{array}{ccc|c} 2 & 3 & 2 & 7 \\ 3 & 2 & -4 & -8 \\ 4 & -2 & 3 & 19 \end{array}\right) \to \left(\begin{array}{ccc|c} 2 & 3 & 2 & 7 \\ \boxed{1} & -1 & -6 & -15 \\ 4 & -2 & 3 & 19 \end{array}\right) \to \left(\begin{array}{ccc|c} 0 & 5 & 14 & 37 \\ 1 & -1 & -6 & -15 \\ 0 & 2 & 27 & 79 \end{array}\right)$$

第 1 行 $\times (-1) +$ 第 2 行　　第 2 行 $\times (-2) +$ 第 1 行，第 2 行 $\times (-4) +$ 第 3 行　　第 3 行 $\times (-2) +$ 第 1 行

$$\to \left(\begin{array}{ccc|c} 0 & \boxed{1} & -40 & -121 \\ 1 & -1 & -6 & -15 \\ 0 & 2 & 27 & 79 \end{array}\right) \to \left(\begin{array}{ccc|c} 0 & 1 & -40 & -121 \\ 1 & 0 & -46 & -136 \\ 0 & 0 & 107 & 321 \end{array}\right) \to \left(\begin{array}{ccc|c} 0 & 1 & -40 & -121 \\ 1 & 0 & -46 & -136 \\ 0 & 0 & \boxed{1} & 3 \end{array}\right)$$

第 1 行 $\times 1 +$ 第 2 行，第 1 行 $\times (-2) +$ 第 3 行　　第 3 行 $\times \frac{1}{107}$　　第 3 行 $\times 40 +$ 第 1 行，第 3 行 $\times 46 +$ 第 2 行

$$\to \left(\begin{array}{ccc|c} 0 & 1 & 0 & -1 \\ 1 & 0 & 0 & 2 \\ 0 & 0 & 1 & 3 \end{array}\right) \to \left(\begin{array}{ccc|c} 1 & 0 & 0 & 2 \\ 0 & 1 & 0 & -1 \\ 0 & 0 & 1 & 3 \end{array}\right).$$

第 1 行と第 2 行を交換

よって，$x = 2, \ \ y = -1, \ \ z = 3.$

(解答終)

[解が唯一でない連立一次方程式のケース]

次の連立方程式

$$\begin{cases} 2x - y = 1 \cdots (1), \\ 4x - 2y = 2 \cdots (2) \end{cases} \tag{3.15}$$

の式 (1)，式 (2) は，全く同じ等式 $2x - y = 1$ を表している．未知数は x, y の 2 個であり，x と y の関係式が 1 個しかないため，求める解は媒介変数を 1 つとして無数存在する．例えば $x = t$ (実数) とおけば，$y = 2t - 1$ と表現することができるため，連立方程式の解は，$x = t$, $y = 2t - 1$, (t は実数) となる．この連立方程式に対

し掃き出し法を適用すると,

$$\underset{\text{第 1 行}\times(-1)}{\left(\begin{array}{cc|c} 2 & -1 & 1 \\ 4 & -2 & 2 \end{array}\right)} \to \underset{\text{第 1 行}\times 2+\text{第 2 行}}{\left(\begin{array}{cc|c} -2 & \boxed{1} & -1 \\ 4 & -2 & 2 \end{array}\right)} \to \left(\begin{array}{cc|c} -2 & 1 & -1 \\ 0 & 0 & 0 \end{array}\right)$$

となる．ここで，式 (3.15) の連立方程式の係数行列を $\mathbf{A}$, 拡大係数行列を $\widetilde{\mathbf{A}}$ とおくと，掃き出し法を行う操作により，$\mathbf{A}, \widetilde{\mathbf{A}}$ はそれぞれ次の様に変形される．

$$\mathbf{A} = \begin{pmatrix} 2 & -1 \\ 4 & -2 \end{pmatrix} \Rightarrow \begin{pmatrix} -2 & 1 \\ 0 & 0 \end{pmatrix}, \quad \widetilde{\mathbf{A}} = \left(\begin{array}{cc|c} 2 & -1 & 1 \\ 4 & -2 & 2 \end{array}\right) \Rightarrow \left(\begin{array}{cc|c} -2 & 1 & -1 \\ 0 & 0 & 0 \end{array}\right).$$

したがって行列の掃き出し法を用いる場合，拡大係数行列の変形から $-2x+y=-1$ となり，求める解は，例えば $x=t$ (実数) とおけば $y=2t-1$ となるのである．

ここで行列の階数という極めて重要な定義を与える．

定義 3.8. (行列の階数) 与えられた行列 $\mathbf{A}$ に対して掃き出し法を行い，掃き出しが終了したときに得られる行列の各行について考える．掃き出し法が終了した各行で，少なくとも 1 つでも 0 でない成分を持つ行が存在したら，その行の個数を行列 $\mathbf{A}$ の階数（ランクと呼ぶ）といい，Rank $\mathbf{A}$ と表す．

例題 3.7. 式 (3.15) の連立方程式の係数行列を $\mathbf{A}$, 拡大係数行列を $\widetilde{\mathbf{A}}$ としたとき，それぞれの階数を求めよ．

解答. Rank $\mathbf{A} = 1$, Rank $\widetilde{\mathbf{A}} = 1$.

(解答終)

問題 3.5. 例題 3.6（P. 36）の連立方程式の係数行列を $\mathbf{A}$, 拡大係数行列を $\widetilde{\mathbf{A}}$ としたとき，それぞれの階数を求めよ．

解答. Rank $\mathbf{A} = 3$, Rank $\widetilde{\mathbf{A}} = 3$.

(解答終)

− 定義 3.8 (行列の階数) の補足 −

その 1 行列の行を用いた「掃き出し法」の変形を「行基本変形」と呼ぶこともある．

その 2 与えられた行列の階数は，行基本変形の仕方に関係なく定まることが知られている．

(解説終)

[解が存在しない連立一次方程式のケース]

次の連立方程式,

$$\left\{\begin{array}{ccccl} x & - & 2y & = & 3, \cdots \ (1) \\ x & - & 2y & = & 4 \ \ \cdots \ (2) \end{array}\right. \tag{3.16}$$

を満たす x, y は存在しない．実際 (1)−(2) を行うと，$0=-1$ となり矛盾が生じる．この状況を掃き出し法を用いて表現すると,

$$\underset{\text{第 1 行}\times(-1)+\text{第 2 行}}{\left(\begin{array}{cc|c} \boxed{1} & -2 & 3 \\ 1 & -2 & 4 \end{array}\right)} \to \left(\begin{array}{cc|c} 1 & -2 & 3 \\ 0 & 0 & 1 \end{array}\right)$$

となる．拡大係数行列の掃き出し法で得られた最終の行列の第 2 行は $0x+0y=1$ を表すため，この式は成立しない．即ち式 (3.16) の連立方程式の解が存在しないことを意味する．この意味を数学的に表現すると，式 (3.16) の係数行列を $\mathbf{A}$, 拡大係数行列を $\widetilde{\mathbf{A}}$ とすると $\mathrm{Rank}\ \mathbf{A}=1$，$\mathrm{Rank}\ \widetilde{\mathbf{A}}=2$ より,

$$\mathrm{Rank}\ \mathbf{A} \neq \mathrm{Rank}\ \widetilde{\mathbf{A}}$$

となるのである．よって次の定理を与えることができる．

定理 3.6. (連立方程式の解の存在条件) 与えられた連立方程式の係数行列を $\mathbf{A}$，拡大係数行列を $\widetilde{\mathbf{A}}$ とする．このとき連立方程式の解が存在する条件は，$\mathrm{Rank}\ \mathbf{A}=\mathrm{Rank}\widetilde{\mathbf{A}}$ である．

問題 3.6. 次の連立方程式の解を求めよ．ただし a は定数とする．

$$\left\{\begin{array}{ccccccl} x & + & 2y & + & 3z & = & 2a, \\ 2x & + & 3y & + & 4z & = & 2, \\ 3x & + & 5y & + & 7z & = & a+1. \end{array}\right.$$

解答.

$$\underset{\substack{\text{第 1 行}\times(-2)+\text{第 2 行} \\ \text{第 1 行}\times(-3)+\text{第 3 行}}}{\left(\begin{array}{ccc|c} \boxed{1} & 2 & 3 & 2a \\ 2 & 3 & 4 & 2 \\ 3 & 5 & 7 & a+1 \end{array}\right)} \to \underset{\text{第 2 行}\times(-1)}{\left(\begin{array}{ccc|c} 1 & 2 & 3 & 2a \\ 0 & -1 & -2 & 2-4a \\ 0 & -1 & -2 & 1-5a \end{array}\right)}$$

$$\to \underset{\substack{\text{第 2 行}\times(-2)+\text{第 1 行} \\ \text{第 2 行}\times 1+\text{第 3 行}}}{\left(\begin{array}{ccc|c} 1 & 2 & 3 & 2a \\ 0 & \boxed{1} & 2 & 4a-2 \\ 0 & -1 & -2 & 1-5a \end{array}\right)} \to \left(\begin{array}{ccc|c} 1 & 0 & -1 & -6a+4 \\ 0 & 1 & 2 & 4a-2 \\ 0 & 0 & 0 & -a-1 \end{array}\right).$$

よって，与えられた連立方程式の係数行列を $\mathbf{A}$ とし，拡大係数行列を $\widetilde{\mathbf{A}}$ とすれば，Rank $\mathbf{A} = 2$ より，もし Rank $\widetilde{\mathbf{A}} = 3$ であれば Rank $\mathbf{A} \neq$ Rank $\widetilde{\mathbf{A}}$ となり解が存在せず，Rank $\widetilde{\mathbf{A}} = 2$ であれば，Rank $\mathbf{A} =$ Rank$\widetilde{\mathbf{A}}$ となり解が存在する．したがって方程式の解は

(i) $-a-1 \neq 0$ のとき，即ち $a \neq -1$ のとき，方程式の解は存在しない．

(ii) $-a-1 = 0$ のとき，即ち $a = -1$ のとき，$x - z = 10$，$y + 2z = -6$ より，求める解は $z = t$ (実数) とすれば，$x = t + 10$，$y = -2t - 6$ となる．

(解答終)

3.4 逆行列を用いる方法

本節では，三元以上の連立方程式を逆行列を用いて求める方法について解説する．

与えられた方程式が

$$\begin{cases} a_1x + b_1y + c_1z = l, \\ a_2x + b_2y + c_2z = m, \\ a_3x + b_3y + c_3z = n \end{cases}$$

であるとする．この方程式を行列で表現すれば，

$$\begin{pmatrix} a_1 & b_1 & c_1 \\ a_2 & b_2 & c_2 \\ a_3 & b_3 & c_3 \end{pmatrix} \begin{pmatrix} x \\ y \\ z \end{pmatrix} = \begin{pmatrix} l \\ m \\ n \end{pmatrix} \tag{3.17}$$

となる．よって係数行列を $\mathbf{A}$ とすれば，$\mathbf{A}$ の逆行列 $\mathbf{A}^{-1}$ が存在すれば，$\mathbf{A}^{-1}$ を式 (3.17) の左からかけて

$$\begin{pmatrix} x \\ y \\ z \end{pmatrix} = \mathbf{A}^{-1} \begin{pmatrix} l \\ m \\ n \end{pmatrix}$$

となり，x, y, z の唯一の解を求めることができる．そこで

$$\mathbf{X} = \begin{pmatrix} \alpha_1 & \beta_1 & \gamma_1 \\ \alpha_2 & \beta_2 & \gamma_2 \\ \alpha_3 & \beta_3 & \gamma_3 \end{pmatrix}$$

とし，次の等式 $\mathbf{AX} = \mathbf{E}$ を満たす行列 $\mathbf{X}$ が求まれば，$\mathbf{X} = \mathbf{A}^{-1}$ となる．

$$\begin{pmatrix} a_1 & b_1 & c_1 \\ a_2 & b_2 & c_2 \\ a_3 & b_3 & c_3 \end{pmatrix} \begin{pmatrix} \alpha_1 & \beta_1 & \gamma_1 \\ \alpha_2 & \beta_2 & \gamma_2 \\ \alpha_3 & \beta_3 & \gamma_3 \end{pmatrix} = \begin{pmatrix} 1 & 0 & 0 \\ 0 & 1 & 0 \\ 0 & 0 & 1 \end{pmatrix}. \tag{3.18}$$

式 (3.18) の行列 $\mathbf{X}$ を求めることは，それぞれ次の 3 つの等式を満足する $\mathbf{X}$ の成分を導くことと同じである．

$$
(3.19)\quad \begin{cases}
\begin{pmatrix} a_1 & b_1 & c_1 \\ a_2 & b_2 & c_2 \\ a_3 & b_3 & c_3 \end{pmatrix}\begin{pmatrix} \alpha_1 \\ \alpha_2 \\ \alpha_3 \end{pmatrix} = \begin{pmatrix} 1 \\ 0 \\ 0 \end{pmatrix}, \\
\begin{pmatrix} a_1 & b_1 & c_1 \\ a_2 & b_2 & c_2 \\ a_3 & b_3 & c_3 \end{pmatrix}\begin{pmatrix} \beta_1 \\ \beta_2 \\ \beta_3 \end{pmatrix} = \begin{pmatrix} 0 \\ 1 \\ 0 \end{pmatrix}, \\
\begin{pmatrix} a_1 & b_1 & c_1 \\ a_2 & b_2 & c_2 \\ a_3 & b_3 & c_3 \end{pmatrix}\begin{pmatrix} \gamma_1 \\ \gamma_2 \\ \gamma_3 \end{pmatrix} = \begin{pmatrix} 0 \\ 0 \\ 1 \end{pmatrix}.
\end{cases}
$$

式 (3.19) の各々の未知数 α_1，α_2，α_3，β_1，β_2，β_3，γ_1，γ_2，γ_3 の唯一の解を求めるには，それぞれ共通な係数行列 $\mathbf{A}$ の行基本変形が必要であり，$\mathrm{Rank}\ \mathbf{A} = 3$ とならなければならない．よって $\mathbf{X}$ の各成分をまとめて求める方法として，式 (3.19) の 3 つの式を式 (3.20) の最左項の様に 1 つにまとめて行列 $\mathbf{A}$ に掃き出し法を適用し，式 (3.20) の最右項の様な形にして $\mathbf{X}$ の成分を求めるのである．

$$
(3.20)\quad \left(\begin{array}{ccc|ccc} a_1 & b_1 & c_1 & 1 & 0 & 0 \\ a_2 & b_2 & c_2 & 0 & 1 & 0 \\ a_3 & b_3 & c_3 & 0 & 0 & 1 \end{array}\right) \to \cdots \to \left(\begin{array}{ccc|ccc} 1 & 0 & 0 & \alpha_1 & \beta_1 & \gamma_1 \\ 0 & 1 & 0 & \alpha_2 & \beta_2 & \gamma_2 \\ 0 & 0 & 1 & \alpha_3 & \beta_3 & \gamma_3 \end{array}\right).
$$

問題 3.7. 次の行列の逆行列を掃き出し法を用いて求めよ．

$$
(1)\ \begin{pmatrix} 1 & 0 & 0 \\ 0 & 1 & 1 \\ 0 & -1 & 1 \end{pmatrix}. \qquad (2)\ \begin{pmatrix} 3 & 1 & 1 \\ 1 & 2 & 1 \\ -1 & 3 & 2 \end{pmatrix}.
$$

解答. 次の様な掃き出し法を行うことにより逆行列を求めることができる．

(1)

$$
\left(\begin{array}{ccc|ccc} 1 & 0 & 0 & 1 & 0 & 0 \\ 0 & \boxed{1} & 1 & 0 & 1 & 0 \\ 0 & -1 & 1 & 0 & 0 & 1 \end{array}\right) \to \left(\begin{array}{ccc|ccc} 1 & 0 & 0 & 1 & 0 & 0 \\ 0 & 1 & 1 & 0 & 1 & 0 \\ 0 & 0 & 2 & 0 & 1 & 1 \end{array}\right)
$$

$$
\to \left(\begin{array}{ccc|ccc} 1 & 0 & 0 & 1 & 0 & 0 \\ 0 & 1 & 1 & 0 & 1 & 0 \\ 0 & 0 & \boxed{1} & 0 & \frac{1}{2} & \frac{1}{2} \end{array}\right) \to \left(\begin{array}{ccc|ccc} 1 & 0 & 0 & 1 & 0 & 0 \\ 0 & 1 & 0 & 0 & \frac{1}{2} & -\frac{1}{2} \\ 0 & 0 & 1 & 0 & \frac{1}{2} & \frac{1}{2} \end{array}\right).
$$

よって求める逆行列は,

$$\frac{1}{2}\begin{pmatrix} 2 & 0 & 0 \\ 0 & 1 & -1 \\ 0 & 1 & 1 \end{pmatrix}.$$

(2)

$$\left(\begin{array}{ccc|ccc} 3 & 1 & 1 & 1 & 0 & 0 \\ \boxed{1} & 2 & 1 & 0 & 1 & 0 \\ -1 & 3 & 2 & 0 & 0 & 1 \end{array}\right) \to \left(\begin{array}{ccc|ccc} 0 & -5 & -2 & 1 & -3 & 0 \\ 1 & 2 & 1 & 0 & 1 & 0 \\ 0 & 5 & 3 & 0 & 1 & 1 \end{array}\right)$$

第 1 行 $\times 1 +$ 第 3 行

$$\to \left(\begin{array}{ccc|ccc} 0 & -5 & -2 & 1 & -3 & 0 \\ 1 & 2 & 1 & 0 & 1 & 0 \\ 0 & 0 & \boxed{1} & 1 & -2 & 1 \end{array}\right) \to \left(\begin{array}{ccc|ccc} 0 & -5 & 0 & 3 & -7 & 2 \\ 1 & 2 & 0 & -1 & 3 & -1 \\ 0 & 0 & 1 & 1 & -2 & 1 \end{array}\right)$$

第 1 行 $\times -\frac{1}{5}$

$$\to \left(\begin{array}{ccc|ccc} 0 & \boxed{1} & 0 & -\frac{3}{5} & \frac{7}{5} & -\frac{2}{5} \\ 1 & 2 & 0 & -1 & 3 & -1 \\ 0 & 0 & 1 & 1 & -2 & 1 \end{array}\right) \to \left(\begin{array}{ccc|ccc} 0 & 1 & 0 & -\frac{3}{5} & \frac{7}{5} & -\frac{2}{5} \\ 1 & 0 & 0 & \frac{1}{5} & \frac{1}{5} & -\frac{1}{5} \\ 0 & 0 & 1 & 1 & -2 & 1 \end{array}\right)$$

$$\to \left(\begin{array}{ccc|ccc} 1 & 0 & 0 & \frac{1}{5} & \frac{1}{5} & -\frac{1}{5} \\ 0 & 1 & 0 & -\frac{3}{5} & \frac{7}{5} & -\frac{2}{5} \\ 0 & 0 & 1 & 1 & -2 & 1 \end{array}\right).$$

よって,求める逆行列は,

$$\frac{1}{5}\begin{pmatrix} 1 & 1 & -1 \\ -3 & 7 & -2 \\ 5 & -10 & 5 \end{pmatrix}.$$

問題 3.8. 次の連立方程式を逆行列を用いて解け.

$$\begin{cases} x + y = 2, \\ -x + 2y + z = 1, \\ x + y + z = -1. \end{cases}$$

解答.

$\mathbf{A} = \begin{pmatrix} 1 & 1 & 0 \\ -1 & 2 & 1 \\ 1 & 1 & 1 \end{pmatrix}$ として,$\mathbf{A}$ の逆行列 $\mathbf{A}^{-1}$ を求めると,

$$\left(\begin{array}{ccc|ccc} \boxed{1} & 1 & 0 & 1 & 0 & 0 \\ -1 & 2 & 1 & 0 & 1 & 0 \\ 1 & 1 & 1 & 0 & 0 & 1 \end{array}\right) \to \left(\begin{array}{ccc|ccc} 1 & 1 & 0 & 1 & 0 & 0 \\ 0 & 3 & 1 & 1 & 1 & 0 \\ 0 & 0 & \boxed{1} & -1 & 0 & 1 \end{array}\right)$$

$$\to \left(\begin{array}{ccc|ccc} 1 & 1 & 0 & 1 & 0 & 0 \\ 0 & 3 & 0 & 2 & 1 & -1 \\ 0 & 0 & 1 & -1 & 0 & 1 \end{array}\right) \to \left(\begin{array}{ccc|ccc} 1 & 1 & 0 & 1 & 0 & 0 \\ 0 & \boxed{1} & 0 & \frac{2}{3} & \frac{1}{3} & -\frac{1}{3} \\ 0 & 0 & 1 & -1 & 0 & 1 \end{array}\right)$$

$$\to \left(\begin{array}{ccc|ccc} 1 & 0 & 0 & \frac{1}{3} & -\frac{1}{3} & \frac{1}{3} \\ 0 & 1 & 0 & \frac{2}{3} & \frac{1}{3} & -\frac{1}{3} \\ 0 & 0 & 1 & -1 & 0 & 1 \end{array}\right).$$

よって $\mathbf{A}^{-1} = \dfrac{1}{3}\begin{pmatrix} 1 & -1 & 1 \\ 2 & 1 & -1 \\ -3 & 0 & 3 \end{pmatrix}$. したがって,

$$\begin{pmatrix} x \\ y \\ z \end{pmatrix} = \mathbf{A}^{-1}\begin{pmatrix} 2 \\ 1 \\ -1 \end{pmatrix} = \frac{1}{3}\begin{pmatrix} 1 & -1 & 1 \\ 2 & 1 & -1 \\ -3 & 0 & 3 \end{pmatrix}\begin{pmatrix} 2 \\ 1 \\ -1 \end{pmatrix} = \frac{1}{3}\begin{pmatrix} 0 \\ 6 \\ -9 \end{pmatrix} = \begin{pmatrix} 0 \\ 2 \\ -3 \end{pmatrix}$$

となり, $x = 0,\ y = 2,\ z = -3$ となる.

(解答終)

第4章　行列式

4.1　二次の正方行列の行列式

本章では，まず二次の正方行列の行列式の定義を与え，その後一般の正方行列における行列式の定義を与える．

第3章で述べた様に，二次の正方行列 $\mathbf{A} = \begin{pmatrix} a & b \\ c & d \end{pmatrix}$ において $ad - bc \neq 0$ であれば，$\mathbf{A}$ は逆行列 $\mathbf{A}^{-1}$ をもち（$\mathbf{A}$ は正則行列），

$$\mathbf{A}^{-1} = \frac{1}{ad - bc}\begin{pmatrix} d & -b \\ -c & a \end{pmatrix} \tag{4.1}$$

となる．式 (4.1) の $ad - bc$ の値を $\mathbf{A}$ の**行列式**と呼び，

$$\det \mathbf{A},\ |\mathbf{A}| \text{ あるいは，} \begin{vmatrix} a & b \\ c & d \end{vmatrix}$$

等で表す．次に一般の n 次の正則な正方行列についての行列式を定義する前に置換と呼ばれる概念を説明する．

4.2　置換

次の様な表現（行列ではない）を考える．

$$\begin{pmatrix} 1 & 2 & 3 & 4 \\ 4 & 3 & 1 & 2 \end{pmatrix}. \tag{4.2}$$

式 (4.2) の上段は，単に1から4の数字を順番に記したものであるため $n = 4$ と表し，下段の数値は上段の数値に対応した値を表し，1から4の中で重複するものがないものとする．式 (4.2) の場合では $1 \to 4$, $2 \to 3$, $3 \to 1$, $4 \to 2$ という対応が定まっていることを表す．ここで置換の定義を与える．

定義 4.1. (置換) n 個の自然数からなる集合 $\mathrm{S} = \{1, 2, \cdots, n\}$ から重複することのない集合 $\mathrm{S} = \{1, 2, \cdots, n\}$ への対応を n 文字の**置換**と呼び，σ, τ 等で表す．また例

えば1つの置換をσ_1で表した場合，1からnに対応する値を$\sigma_1(1),\ \sigma_1(2),\cdots,\sigma_1(n)$で表す.

− 定義 4.1 (置換) の補足 −

その 1 置換σ_1の対応を表現すれば,

$$\sigma_1 = \begin{pmatrix} 1 & 2 & \cdots & n \\ \sigma_1(1) & \sigma_1(2) & \cdots & \sigma_1(n) \end{pmatrix}$$

となるが，上段の数字は，別に順番に記す必要はなく，対応する$\sigma_1(i)\ (i=1,2,\cdots,n)$の値が定まっていればよい.

その 2 置換σは，$\sigma : S \to S$の全単射の1つの写像を定義することと同じである.

(解説終)

問題 4.1. 先の$n=4$の例で与えた式(4.2)の置換をσ_1としたとき，$\sigma_1(i)\ (i=1,2,3,4)$を求めよ.

解答. $\sigma_1(1)=4,\ \sigma_1(2)=3,\ \sigma_1(3)=1,\ \sigma_1(4)=2.$

(解答終)

例題 4.1. 次の各問に答えよ.

(1) $n=2$とした場合の置換の表現をすべてあげよ.

(2) $n=3$とした場合の置換の表現をすべてあげよ.

解答.

(1) $n=2$より置換の表現は，$\sigma_1 = \begin{pmatrix} 1 & 2 \\ 1 & 2 \end{pmatrix}\ \sigma_2 = \begin{pmatrix} 1 & 2 \\ 2 & 1 \end{pmatrix}$の計2個である.

(2) $n=3$より置換の表現は，次の6個となる.

$$\sigma_1 = \begin{pmatrix} 1 & 2 & 3 \\ 1 & 2 & 3 \end{pmatrix}, \sigma_2 = \begin{pmatrix} 1 & 2 & 3 \\ 1 & 3 & 2 \end{pmatrix}, \sigma_3 = \begin{pmatrix} 1 & 2 & 3 \\ 2 & 1 & 3 \end{pmatrix},$$

$$\sigma_4 = \begin{pmatrix} 1 & 2 & 3 \\ 2 & 3 & 1 \end{pmatrix}, \sigma_5 = \begin{pmatrix} 1 & 2 & 3 \\ 3 & 1 & 2 \end{pmatrix}, \sigma_6 = \begin{pmatrix} 1 & 2 & 3 \\ 3 & 2 & 1 \end{pmatrix}.$$

(解答終)

4.2.1 置換の種類

置換の中には次の定義 4.2 に示す特徴のある置換がある．以下それぞれの置換について解説する．

定義 4.2. (恒等置換・互換)

(1) **(恒等置換)** 集合 $S = \{1, 2, \cdots, n\}$ に対し，対応する数値を動かさない置換を**恒等置換**と呼び，i_d で表す．即ち，$i_d(i) = i \ \ (i = 1, 2, \cdots n)$ となる．

(2) **(互換)** 集合 $S = \{1, 2, \cdots, n\}$ の 2 つの要素 $i, j \ (i < j)$ に対応する数値だけ交換させる置換を**互換**と呼び τ_{ij} で表す．即ち，

$$\begin{cases} \tau_{ij}(i) = j, \\ \tau_{ij}(j) = i, \\ \tau_{ij}(k) = k \ \ (k \neq i, k \neq j). \end{cases} \qquad (1 \leq i < j \leq n)$$

— 定義 4.2(2) (互換) の補足 —

その 1 互換 τ_{ij} の表現は次の様なものとなる．

$$\tau_{ij} = \begin{pmatrix} 1 & 2 & \cdots & i & \cdots & j & \cdots & k & \cdots & n \\ 1 & 2 & \cdots & j & \cdots & i & \cdots & k & \cdots & n \end{pmatrix}.$$

ただし，この場合の k は，$i < j < k$ とした．

(解説終)

次に，様々な置換を繰り返し行う置換の合成について解説する．

定義 4.3. (置換の合成) 集合 $S = \{1, 2, \cdots, n\}$ に対し，2 つの置換を σ, τ とする．このとき，まず σ の置換を行い，さらに τ の置換を行う置換操作を**置換の合成**，または**積**と呼び $\tau \circ \sigma$ で表す．即ち $t \in S$ に対し

$$(\tau \circ \sigma)(t) = \tau\big(\sigma(t)\big).$$

— 定義 4.3 (置換の合成) の補足 —

その 1 σ_1 の置換のあと，σ_2, $\cdots, \sigma_n$ の置換をそれぞれ合成していけば，得られた置換は，$\sigma_n \circ \cdots \circ \sigma_1$ となる．

その 2 $S = \{1, 2, \cdots, n\}$ の 2 つの置換を σ_1, σ_2 とすると，一般的には $\sigma_1 \circ \sigma_2 \neq \sigma_2 \circ \sigma_1$ である．

(解説終)

問題 4.2. $S=\{1,2,3\}$ における 3 つの置換をそれぞれ，$\sigma_1=\begin{pmatrix}1&2&3\\1&3&2\end{pmatrix}$, $\sigma_2=\begin{pmatrix}1&2&3\\3&2&1\end{pmatrix}$, $\sigma_3=\begin{pmatrix}1&2&3\\2&3&1\end{pmatrix}$ とする．このとき次の各問に答えよ．

(1) $\sigma_1\circ\sigma_2\neq\sigma_2\circ\sigma_1$ を確かめよ．

(2) 置換の合成 $\sigma_3\circ\sigma_2\circ\sigma_1$ を求めよ．

(3) 置換の合成 $\sigma_2\circ\tau_{23}\circ\tau_{12}$ を求めよ．

解答.

(1) $(\sigma_1\circ\sigma_2)(1)=\sigma_1\big(\sigma_2(1)\big)=\sigma_1(3)=2,\quad(\sigma_2\circ\sigma_1)(1)=\sigma_2\big(\sigma_1(1)\big)=\sigma_2(1)=3.$
よって 1 に対応する成分を参照するだけで $\sigma_1\circ\sigma_2\neq\sigma_2\circ\sigma_1$ となる．

(2)
$$(\sigma_3\circ\sigma_2\circ\sigma_1)(1)=(\sigma_3\circ\sigma_2)\big(\sigma_1(1)\big)=(\sigma_3\circ\sigma_2)(1)=\sigma_3\big(\sigma_2(1)\big)=\sigma_3(3)=1,$$
$$(\sigma_3\circ\sigma_2\circ\sigma_1)(2)=(\sigma_3\circ\sigma_2)\big(\sigma_1(2)\big)=(\sigma_3\circ\sigma_2)(3)=\sigma_3\big(\sigma_2(3)\big)=\sigma_3(1)=2,$$
$$(\sigma_3\circ\sigma_2\circ\sigma_1)(3)=(\sigma_3\circ\sigma_2)\big(\sigma_1(3)\big)=(\sigma_3\circ\sigma_2)(2)=\sigma_3\big(\sigma_2(2)\big)=\sigma_3(2)=3.$$
よって $\sigma_3\circ\sigma_2\circ\sigma_1=\begin{pmatrix}1&2&3\\1&2&3\end{pmatrix}$.

(3)
$$(\sigma_2\circ\tau_{23}\circ\tau_{12})(1)=(\sigma_2\circ\tau_{23})\big(\tau_{12}(1)\big)=(\sigma_2\circ\tau_{23})(2)=\sigma_2\big(\tau_{23}(2)\big)$$
$$=\sigma_2(3)=1,$$
$$(\sigma_2\circ\tau_{23}\circ\tau_{12})(2)=(\sigma_2\circ\tau_{23})\big(\tau_{12}(2)\big)=(\sigma_2\circ\tau_{23})(1)=\sigma_2\big(\tau_{23}(1)\big)$$
$$=\sigma_2(1)=3,$$
$$(\sigma_2\circ\tau_{23}\circ\tau_{12})(3)=(\sigma_2\circ\tau_{23})\big(\tau_{12}(3)\big)=(\sigma_2\circ\tau_{23})(3)=\sigma_2\big(\tau_{23}(3)\big)$$
$$=\sigma_2(2)=2.$$
よって $\sigma_2\circ\tau_{23}\circ\tau_{12}=\begin{pmatrix}1&2&3\\1&3&2\end{pmatrix}$.

(解答終)

− 問題 4.2 の補足 −

その 1 問題 4.2(2) の σ_1, σ_2, σ_3 の置換の合成 $\sigma_3\circ\sigma_2\circ\sigma_1=i_d$ となる．この様に，置換の合成を行うことにより置換が恒等置換 i_d になる置換の合成が存在する．

(解説終)

ここで次の定義を与える．

定義 4.4. (逆置換) $S=\{1,2,\cdots,n\}$ の置換 σ に対し，元に戻す置換を**逆置換**と呼び σ^{-1} で表す．即ち $\sigma^{-1}\circ\sigma=\sigma\circ\sigma^{-1}=i_d$ となる．

例題 4.2. $S=\{1,2,3\}$ における置換 σ を $\sigma=\begin{pmatrix}1&2&3\\2&3&1\end{pmatrix}$ とする．

このとき σ^{-1} を求めよ．また，$\sigma\circ\sigma^{-1}=\sigma^{-1}\circ\sigma=i_d$ となることを確かめよ．

解答. $\sigma(1)=2$ であるため，$\sigma^{-1}(2)=1$ となればよい．同様な作業により，$\sigma^{-1}(3)=2$, $\sigma^{-1}(1)=3$ となる．よって，

$\sigma^{-1}=\begin{pmatrix}1&2&3\\3&1&2\end{pmatrix}$ となる．また $\sigma\circ\sigma^{-1}=\sigma^{-1}\circ\sigma=i_d$ となることは明らか．

(解答終)

次の特性が成立することは明らかである．

特性 4.1. 集合 $S=\{1,2,\cdots,n\}$ における互換 τ_{ij} $(i<j)$ において，$\tau_{ij}\circ\tau_{ij}=i_d$ である．

4.2.2 互換の合成

互換についての定理を与える前に，まず次の注意を与える．

注意 4.1. $S=\{1,2,3\}$ の置換の種類は，例題 4.1(2)（P. 44）より $\sigma_1,\sigma_2,\cdots,\sigma_6$ の合計 6 個である．それぞれの置換を互換の合成で表すと次の様になる（σ_4, σ_5 の導き方については例題 4.3 参照，P.48）．

$$\sigma_1=\begin{pmatrix}1&2&3\\1&2&3\end{pmatrix}=i_d,\qquad \sigma_2=\begin{pmatrix}1&2&3\\1&3&2\end{pmatrix}=\tau_{23},$$

$$\sigma_3=\begin{pmatrix}1&2&3\\2&1&3\end{pmatrix}=\tau_{12},\qquad \sigma_4=\begin{pmatrix}1&2&3\\2&3&1\end{pmatrix}=\tau_{13}\circ\tau_{12},$$

$$\sigma_5=\begin{pmatrix}1&2&3\\3&1&2\end{pmatrix}=\tau_{13}\circ\tau_{23},\qquad \sigma_6=\begin{pmatrix}1&2&3\\3&2&1\end{pmatrix}=\tau_{13}.$$

よって $S=\{1,2,3\}$ の置換の種類は，i_d 及び，2 個以下の互換の合成によって表現することができる．

ここで互換の合成に関する次の定理を与える．

定理 4.1. (互換の合成) $S=\{1,2,\cdots,n\}$ の置換 σ は i_d と，$n-1$ 個以下の互換の合成により得られる（互換の型は 1 通りではない）．

証明. $S=\{1,2\}$ とすると，置換の種類は i_d と τ_{12} の 2 通りしかない．また $n=3$ の置換は注意 4.1（P.47）より i_d と 2 個以下の互換により得られる．そこで，$S=\{1,2,\cdots,n\}$ の置換は，i_d と $n-1$ 個以下の互換の合成によって得られると推測することができる．このことを数学的帰納法を用いて証明する．今，$S'=\{1,2,\cdots,n-1\}$ の置換全体の集合 S'_{n-1} に対し，$\sigma'\in S'_{n-1}$ をとると，σ' は，i_d と $n-2$ 個以下の互換の合成で表されていると仮定する．ここで $S=\{1,2,\cdots,n\}$ の置換全体の集合を S_n に対し，$\sigma\in S_n$ をとると，もし $\sigma(n)=n$ であれば σ は，i_d と $n-2$ 個以下の互換の合成で表されることになる．もし $\sigma(n)\neq n$ であるならば，n と $\sigma(n)$ の互換 $\tau_{\sigma(n)n}$ を用いて $\sigma\circ\tau_{\sigma(n)n}$ を行えさえすれば，n 以外の数値 $1,2,\cdots,n-1$ の対応は全て S_{n-1} で示す置換で対応することができる．よって $S=\{1,2,\cdots,n\}$ の置換 σ は，結局 i_d と $n-1$ 個以下の互換の合成により得られることになり，題意が証明された．

(証明終)

例題 4.3. 次の様な $S=\{1,2,3,4\}$ の置換 σ において次の各問に答えよ．

$$\sigma=\begin{pmatrix}1&2&3&4\\4&3&1&2\end{pmatrix}.$$

(1) σ を互換の合成で表せ．

(2) (1) の結果を用い，σ^{-1} を互換の合成で表せ．

(3) (2) の結果と実際の σ^{-1} の結果を確認せよ．

解答.

(1) σ の下段の数値 $(4,3,1,2)$ を $(1,2,3,4)$ にもどす互換を行うと，例えば $(4,3,1,2)\to(1,3,4,2)\to(1,2,4,3)\to(1,2,3,4)$ となる．よって置換 σ を表すには，この流れの逆を行えば得られるから $\sigma=\tau_{14}\circ\tau_{23}\circ\tau_{34}$ となる．

(2) σ^{-1} を求めるには，$\sigma^{-1}\circ\sigma=i_d$ となればよい．ここで，$\sigma=\tau_{14}\circ\tau_{23}\circ\tau_{34}$ より，両辺の左から τ_{14} を作用させれば $\tau_{14}\circ\sigma=\tau_{14}\circ\tau_{14}\circ\tau_{23}\circ\tau_{34}=i_d\circ\tau_{23}\circ\tau_{34}=\tau_{23}\circ\tau_{34}$．さらに両辺の左から τ_{23} を作用させれば $\tau_{23}\circ\tau_{14}\circ\sigma=\tau_{23}\circ\tau_{23}\circ\tau_{34}=i_d\circ\tau_{34}=\tau_{34}$．さらに両辺の左から τ_{34} を作用させれば $\tau_{34}\circ\tau_{23}\circ\tau_{14}\circ\sigma=\tau_{34}\circ\tau_{34}=i_d$ となる．ここで両辺の右から σ^{-1} を作用させれば $\tau_{34}\circ\tau_{23}\circ\tau_{14}=\sigma^{-1}$ となる．

(3) $\sigma^{-1}=\begin{pmatrix}1&2&3&4\\3&4&2&1\end{pmatrix}$ である．それに対し

$\big(\tau_{34}\circ\tau_{23}\circ\tau_{14}\big)(1)=\big(\tau_{34}\circ\tau_{23}\big)\big(\tau_{14}(1)\big)=\big(\tau_{34}\circ\tau_{23}\big)(4)=\tau_{34}\big(\tau_{23}(4)\big)$
$=\tau_{34}(4)=3,$
$\big(\tau_{34}\circ\tau_{23}\circ\tau_{14}\big)(2)=\big(\tau_{34}\circ\tau_{23}\big)\big(\tau_{14}(2)\big)=\big(\tau_{34}\circ\tau_{23}\big)(2)=\tau_{34}\big(\tau_{23}(2)\big)$
$=\tau_{34}(3)=4,$
$\big(\tau_{34}\circ\tau_{23}\circ\tau_{14}\big)(3)=\big(\tau_{34}\circ\tau_{23}\big)\big(\tau_{14}(3)\big)=\big(\tau_{34}\circ\tau_{23}\big)(3)=\tau_{34}\big(\tau_{23}(3)\big)$
$=\tau_{34}(2)=2,$
$\big(\tau_{34}\circ\tau_{23}\circ\tau_{14}\big)(4)=\big(\tau_{34}\circ\tau_{23}\big)\big(\tau_{14}(4)\big)=\big(\tau_{34}\circ\tau_{23}\big)(1)=\tau_{34}\big(\tau_{23}(1)\big)$
$=\tau_{34}(1)=1.$
よって一致する．

(解答終)

ここで次の定理を与える．

定理 4.2. $S=\{1,2,\cdots,n\}$ の置換 σ の合成に使われる互換の数の合計を s とする．このとき，s が偶数であるか，奇数であるかは合成の仕方によらず常に変わらない．

本書では，定理 4.2 の証明は省き，互換の数が偶数であるか，奇数であるかの見つけ方の例を与える．$S=\{1,2,\cdots,n\}$ の置換 σ が

$$\sigma=\begin{pmatrix} 1 & 2 & \cdots & n \\ \sigma(1) & \sigma(2) & \cdots & \sigma(n) \end{pmatrix}$$

であった場合，まず $\sigma(1)$ を固定して $\sigma(1)>\sigma(i)$ $(2\leq i\leq n)$ を満足する i の個数を Count(1) で表す．次に，$\sigma(2)$ を固定して $\sigma(2)>\sigma(j)$ $(3\leq j\leq n)$ を満足する j の個数を Count(2) で表す．以下，この操作を繰り返していき，$\sigma(n-1)>\sigma(n)$ を満足する個数（1 か 0）を Count$(n-1)$ とおき，

$$\text{Count}(1)+\text{Count}(2)+\cdots+\text{Count}(n-1) \tag{4.3}$$

の数が偶数ならば互換の数の合計が偶数，また奇数ならば互換の数の合計が奇数と判断することができる．式 (4.3) で求められた数は互換の回数が最も多い方法であり，隣同士の値の大小で互換するやり方である（例題 4.4 参照）．

例題 4.4. 例題 4.3（P. 48）の置換 σ において，下段の数値 $(4,3,1,2)$ を置換して $(1,2,3,4)$ にもどす置換回数は 3 回であり，定理 4.1（P. 47）を満足するが，式 (4.3) のやり方で置換を行うと，

$$(4,3,1,2)\to(3,4,1,2)\to(3,1,4,2)\to(3,1,2,4)\to(1,3,2,4)\to(1,2,3,4)$$

となり，合計 5 回となる．もちろん定理 4.2 により置換の数は共に奇数回となる．

定理 4.2 により次の定義を与えることができる．

定義 4.5. **(置換の符号)** $S=\{1,2,\cdots,n\}$ の置換 σ の合成に使われる互換の数を s とする．このとき，

$$\operatorname{sgn}(\sigma)=(-1)^s=\begin{cases}-1 & (s\text{ が奇数のとき}),\\ \ \ 1 & (s\text{ が偶数のとき})\end{cases} \tag{4.4}$$

を置換 σ の**符号**と呼ぶ．

例題 4.5. $S=\{1,2,3\}$ としたときの置換をそれぞれ $\sigma_1,\sigma_2,\cdots,\sigma_6$ とする（例題 4.1(2)，P. 44 参照）．この時，$\operatorname{sgn}(\sigma_i)$ $(i=1,2,\cdots,6)$ を求めよ．

解答. 各 σ_i を互換の合成で表現すると，注意 4.1（P. 47）の様になる．よって互換の合成の数を数えると，$\sigma_1\to 0,\quad \sigma_2\to 1,\quad \sigma_3\to 1,\quad \sigma_4\to 2,\quad \sigma_5\to 2,\quad \sigma_6\to 1$ となる．よって，$\operatorname{sgn}(\sigma_1)=1$, $\operatorname{sgn}(\sigma_2)=-1$, $\operatorname{sgn}(\sigma_3)=-1$, $\operatorname{sgn}(\sigma_4)=1$, $\operatorname{sgn}(\sigma_5)=1$, $\operatorname{sgn}(\sigma_6)=-1$ となる．

(解答終)

定理 4.3. $S=\{1,2,\cdots,n\}$ の置換 σ と逆置換 σ^{-1} において $\operatorname{sgn}(\sigma)=\operatorname{sgn}(\sigma^{-1})$ である．

証明. σ における互換の合成を逆順序で合成すれば σ^{-1} となる（例題 4.3(2) 参照，P. 48）．よって互換の合計数は等しくなるため，$\operatorname{sgn}(\sigma)=\operatorname{sgn}(\sigma^{-1})$ となる．

(証明終)

4.3 行列式の定義

ここでは n 次正方行列における行列式の定義を与える．

定義 4.6. **(行列式)** n 次正方行列 $\mathbf{A}=\{a_{ij}\}$ の成分によって得られる $\mathbf{A}$ の行列式を次の様に定義する．

$$\det\ \mathbf{A}=|\mathbf{A}|=\sum_{\sigma\in S_n}\operatorname{sgn}(\sigma)a_{1\sigma(1)}a_{2\sigma(2)}\cdots a_{n\sigma(n)}. \tag{4.5}$$

ただし，S_n は $S=\{1,2,\cdots,n\}$ の置換全体の集合を表し，$\sigma(1),\sigma(2),\cdots,\sigma(n)$ は，S_n の各元の置換 σ において，数値 $1,2,\cdots,n$ に対応したそれぞれの値を表す．

－ 定義 4.6 (行列式) の補足 －

その 1 $S = \{1, 2, \cdots .n\}$ より，S_n の元の個数の総数は $n!$ 個となる．

その 2 三次の正方行列 $\mathbf{A}$ の $|\mathbf{A}|$ を行列式の定義に基づいて求める．まず，$S = \{1, 2, 3\}$ の置換の総数は $3! = 6$ 個あり，その表現は，

$$\sigma_1 = \begin{pmatrix} 1 & 2 & 3 \\ 1 & 2 & 3 \end{pmatrix},\ \sigma_2 = \begin{pmatrix} 1 & 2 & 3 \\ 1 & 3 & 2 \end{pmatrix},\ \sigma_3 = \begin{pmatrix} 1 & 2 & 3 \\ 2 & 1 & 3 \end{pmatrix},$$

$$\sigma_4 = \begin{pmatrix} 1 & 2 & 3 \\ 2 & 3 & 1 \end{pmatrix},\ \sigma_5 = \begin{pmatrix} 1 & 2 & 3 \\ 3 & 1 & 2 \end{pmatrix},\ \sigma_6 = \begin{pmatrix} 1 & 2 & 3 \\ 3 & 2 & 1 \end{pmatrix}$$

となる（例題 4.1(2) 参照，P. 44）．また，例題 4.5（P. 50）により S_3 の置換 $\sigma_1, \sigma_2, \cdots, \sigma_6$ における $\mathrm{sgn}(\sigma_i)$ $(i = 1, 2, \cdots, 6)$ は，

$$\begin{array}{lll} \mathrm{sgn}(\sigma_1) = 1, & \mathrm{sgn}(\sigma_2) = -1, & \mathrm{sgn}(\sigma_3) = -1, \\ \mathrm{sgn}(\sigma_4) = 1, & \mathrm{sgn}(\sigma_5) = 1, & \mathrm{sgn}(\sigma_6) = -1 \end{array}$$

となる．よって行列式の定義に基づき $|\mathbf{A}|$ を求めると，

$$\begin{aligned} |\mathbf{A}| &= \begin{vmatrix} a_{11} & a_{12} & a_{13} \\ a_{21} & a_{22} & a_{23} \\ a_{31} & a_{32} & a_{33} \end{vmatrix} \\ &= \mathrm{sgn}(\sigma_1)a_{1\sigma_1(1)}a_{2\sigma_1(2)}a_{3\sigma_1(3)} + \mathrm{sgn}(\sigma_2)a_{1\sigma_2(1)}a_{2\sigma_2(2)}a_{3\sigma_2(3)} \\ &\quad + \mathrm{sgn}(\sigma_3)a_{1\sigma_3(1)}a_{2\sigma_3(2)}a_{3\sigma_3(3)} + \mathrm{sgn}(\sigma_4)a_{1\sigma_4(1)}a_{2\sigma_4(2)}a_{3\sigma_4(3)} \\ &\quad + \mathrm{sgn}(\sigma_5)a_{1\sigma_5(1)}a_{2\sigma_5(2)}a_{3\sigma_5(3)} + \mathrm{sgn}(\sigma_6)a_{1\sigma_6(1)}a_{2\sigma_6(2)}a_{3\sigma_6(3)} \\ &= a_{11}a_{22}a_{33} - a_{11}a_{23}a_{32} - a_{12}a_{21}a_{33} \\ &\quad + a_{12}a_{23}a_{31} + a_{13}a_{21}a_{32} - a_{13}a_{22}a_{31} \end{aligned}$$

となる．

その 3 [その 2] により行列 $\mathbf{A}$ の行列式は，各行に対応した重複の無い列の成分同士を掛け合わせたものに符号を付加し，加えていく作業となる．

(解説終)

問題 4.3. 次の二次の行列式を定義に基づいて確かめよ．

$$\begin{vmatrix} a_{11} & a_{12} \\ a_{21} & a_{22} \end{vmatrix} = a_{11}a_{22} - a_{12}a_{21}.$$

解答. $\sigma_1 = \begin{pmatrix} 1 & 2 \\ 1 & 2 \end{pmatrix}$, $\sigma_2 = \begin{pmatrix} 1 & 2 \\ 2 & 1 \end{pmatrix}$ とすると,

$$\begin{aligned} |\mathbf{A}| &= \operatorname{sgn}(\sigma_1) a_{1\sigma_1(1)} a_{2\sigma_1(2)} + \operatorname{sgn}(\sigma_2) a_{1\sigma_2(1)} a_{2\sigma_2(2)} \\ &= a_{11}a_{22} - a_{12}a_{21}. \end{aligned}$$

(解答終)

法則 4.1. (サラスの法則) 行列 $\mathbf{A}$ を三次正方行列とした場合，サラスの法則という行列式の計算方法がある．この方法は，図 4.1 に示す様に，左上から右下へ向かう斜線上の成分の積については符号を＋とし，右上から左下へ向かう斜線上の成分の積については符号を－としてこれらを全て加えたものが $\mathbf{A}$ の行列式になるというものである．

$$\det\ \mathbf{A} = \begin{vmatrix} a_{11} & a_{12} & a_{13} \\ a_{21} & a_{22} & a_{23} \\ a_{31} & a_{32} & a_{33} \end{vmatrix}$$

$$= \ a_{11}a_{22}a_{33} + a_{12}a_{23}a_{31} + a_{13}a_{21}a_{32} - a_{13}a_{22}a_{31} - a_{12}a_{21}a_{33} - a_{11}a_{23}a_{32}.$$

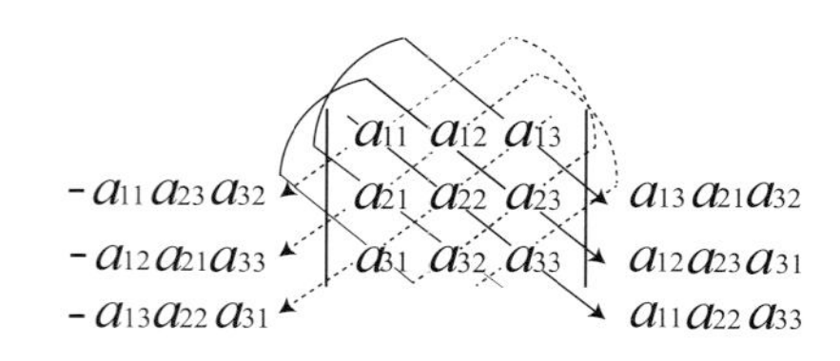

図 4.1: サラスの法則

－ 法則 4.1 (サラスの法則) の補足 －

その 1 サラスの法則は $\mathbf{A}$ が四次以上の正方行列に対しては成立しない．

(解説終)

問題 4.4. 次の行列式をサラスの法則を用いて求めよ．

(1) $\begin{vmatrix} 3 & 1 & -2 \\ 2 & 1 & -3 \\ 2 & -2 & 1 \end{vmatrix}$.　　(2) $\begin{vmatrix} 2 & 1 & 0 \\ 0 & 1 & -2 \\ 0 & 2 & 1 \end{vmatrix}$.

解答.

(1) $3 + (-6) + 8 - (-4) - 2 - 18 = -11.$

(2) $2 + 0 + 0 - 0 - (-8) - 0 = 10.$

(解答終)

4.4 行列式の性質

本節では行列 $\mathbf{A}$ の行列式に関わる様々な性質について述べるが，これらの性質は行列式の定義をしっかりと理解していればある程度イメージをつかめるはずである．また S_n は $S=\{1,2,\cdots,n\}$ の置換全体の集合とする．

[行列式の性質 1] 1 つの行を λ 倍した行列式は元の行列式の λ 倍に等しい．即ち，

$$
\begin{vmatrix} a_{11} & \cdots & a_{1n} \\ \vdots & \vdots & \vdots \\ \lambda a_{i1} & \cdots & \lambda a_{in} \\ \vdots & \vdots & \vdots \\ a_{n1} & \cdots & a_{nn} \end{vmatrix} = \lambda \begin{vmatrix} a_{11} & \cdots & a_{1n} \\ \vdots & \vdots & \vdots \\ a_{i1} & \cdots & a_{in} \\ \vdots & \vdots & \vdots \\ a_{n1} & \cdots & a_{nn} \end{vmatrix}. \tag{4.6}
$$

証明. 式 (4.6) において，

$$
\begin{aligned}
\text{左辺} &= \begin{vmatrix} a_{11} & \cdots & a_{1n} \\ \vdots & \vdots & \vdots \\ \lambda a_{i1} & \cdots & \lambda a_{in} \\ \vdots & \vdots & \vdots \\ a_{n1} & \cdots & a_{nn} \end{vmatrix} \\
&= \sum_{\sigma\in S_n} \operatorname{sgn}(\sigma) a_{1\sigma(1)} \cdots \lambda a_{i\sigma(i)} \cdots a_{n\sigma(n)} \\
&= \lambda \sum_{\sigma\in S_n} \operatorname{sgn}(\sigma) a_{1\sigma(1)} \cdots a_{i\sigma(i)} \cdots a_{n\sigma(n)} = \lambda|\mathbf{A}| = \text{右辺}.
\end{aligned}
$$

(証明終)

[行列式の性質 2] 行列式の第 i 行について次の等式が成立する．

$$
\begin{vmatrix} a_{11} & \cdots & a_{1n} \\ \vdots & \vdots & \vdots \\ a_{i1}+b_{i1} & \cdots & a_{in}+b_{in} \\ \vdots & \vdots & \vdots \\ a_{n1} & \cdots & a_{nn} \end{vmatrix} = \begin{vmatrix} a_{11} & \cdots & a_{1n} \\ \vdots & \vdots & \vdots \\ a_{i1} & \cdots & a_{in} \\ \vdots & \vdots & \vdots \\ a_{n1} & \cdots & a_{nn} \end{vmatrix} + \begin{vmatrix} a_{11} & \cdots & a_{1n} \\ \vdots & \vdots & \vdots \\ b_{i1} & \cdots & b_{in} \\ \vdots & \vdots & \vdots \\ a_{n1} & \cdots & a_{nn} \end{vmatrix}. \tag{4.7}
$$

証明. 式 (4.7) において

$$
\begin{aligned}
\text{左辺} &= \begin{vmatrix} a_{11} & \cdots & a_{1n} \\ \vdots & \vdots & \vdots \\ a_{i1}+b_{i1} & \cdots & a_{in}+b_{in} \\ \vdots & \vdots & \vdots \\ a_{n1} & \cdots & a_{nn} \end{vmatrix} \\
&= \sum_{\sigma \in S_n} \mathrm{sgn}(\sigma) a_{1\sigma(1)} \cdots (a_{i\sigma(i)} + b_{i\sigma(i)}) \cdots a_{n\sigma(n)} \\
&= \sum_{\sigma \in S_n} \mathrm{sgn}(\sigma) a_{1\sigma(1)} \cdots a_{i\sigma(i)} \cdots a_{n\sigma(n)} + \sum_{\sigma \in S_n} \mathrm{sgn}(\sigma) a_{1\sigma(1)} \cdots b_{i\sigma(i)} \cdots a_{n\sigma(n)} \\
&= \text{右辺}.
\end{aligned}
$$

(証明終)

[行列式の性質 3] 行列式の 1 つの行の成分が全て 0 であれば，行列式の値は 0 である．即ち，

$$
\begin{vmatrix} a_{11} & a_{12} & \cdots & a_{1n} \\ \vdots & \vdots & \vdots & \vdots \\ 0 & 0 & \cdots & 0 \\ \vdots & \vdots & \vdots & \vdots \\ a_{n1} & a_{n2} & \cdots & a_{nn} \end{vmatrix} = 0.
$$

証明. 行列式の定義より明らかである.

(証明終)

[行列式の性質 4] 行列式において次の等式が成立する.

$$
\begin{vmatrix} a_{11} & 0 & \cdots & 0 \\ a_{21} & a_{22} & \cdots & a_{2n} \\ \vdots & \vdots & \ddots & \vdots \\ a_{n1} & a_{n2} & \cdots & a_{nn} \end{vmatrix} = a_{11} \begin{vmatrix} a_{22} & \cdots & a_{2n} \\ \vdots & \ddots & \vdots \\ a_{n2} & \cdots & a_{nn} \end{vmatrix}. \tag{4.8}
$$

証明. $S' = \{2, 3, \cdots, n\}$ の置換全体の集合を S'_{n-1} とおくと，行列式の定義より式 (4.8) の左辺は,

$$
\begin{vmatrix} a_{11} & 0 & \cdots & 0 \\ a_{21} & a_{22} & \cdots & a_{2n} \\ \vdots & \vdots & \ddots & \vdots \\ a_{n1} & a_{n2} & \cdots & a_{nn} \end{vmatrix} = \sum_{\sigma' \in S'_{n-1}} \mathrm{sgn}(\sigma') a_{11} a_{2\sigma'(2)} \cdots a_{n\sigma'(n)} \tag{4.9}
$$

となる．なぜなら $S=\{1,2,\cdots,n\}$ の置換全体の集合を S_n とすると，
$\sigma(1)=i,\ (i\neq 1)$ の場合，対応する成分 $a_{1i}=0$ となる．よって行列式を求める $\sum$ の計算に影響を与えないため式 (4.9) が成立する．また，

$$\text{式 (4.9) の右辺} = a_{11}\sum_{\sigma'\in S'_{n-1}}\operatorname{sgn}(\sigma')a_{2\sigma'(2)}\cdots a_{n\sigma'(n)} = a_{11}\begin{vmatrix} a_{22} & \cdots & a_{2n} \\ \vdots & \ddots & \vdots \\ a_{n2} & \cdots & a_{nn} \end{vmatrix}$$

と変形することができるため，行列式の性質 4 が導けたことになる．

(証明終)

[行列式の性質 5] 行列式の第 i 行と第 j 行を入れ替えた行列式は元の行列式の値に $-$ を付けた値となる．即ち，

$$\mathbf{A} = \begin{vmatrix} a_{11} & a_{12} & \cdots & a_{1n} \\ \vdots & \vdots & \vdots & \vdots \\ a_{i1} & a_{i2} & \cdots & a_{in} \\ \vdots & \vdots & \vdots & \vdots \\ a_{j1} & a_{j2} & \cdots & a_{jn} \\ \vdots & \vdots & \vdots & \vdots \\ a_{n1} & a_{n2} & \cdots & a_{nn} \end{vmatrix} = -\begin{vmatrix} a_{11} & a_{12} & \cdots & a_{1n} \\ \vdots & \vdots & \vdots & \vdots \\ a_{j1} & a_{j2} & \cdots & a_{jn} \\ \vdots & \vdots & \vdots & \vdots \\ a_{i1} & a_{i2} & \cdots & a_{in} \\ \vdots & \vdots & \vdots & \vdots \\ a_{n1} & a_{n2} & \cdots & a_{nn} \end{vmatrix}.$$

証明. $S=\{1,2,\cdots,n\}$ の置換全体の集合 S_n に対し，

$$\begin{vmatrix} a_{11} & a_{12} & \cdots & a_{1n} \\ \vdots & \vdots & \vdots & \vdots \\ a_{j1} & a_{j2} & \cdots & a_{jn} \\ \vdots & \vdots & \vdots & \vdots \\ a_{i1} & a_{i2} & \cdots & a_{in} \\ \vdots & \vdots & \vdots & \vdots \\ a_{n1} & a_{n2} & \cdots & a_{nn} \end{vmatrix} = \sum_{\sigma\in S_n}\operatorname{sgn}(\sigma)a_{1\sigma(1)}\cdots a_{j\sigma(i)}\cdots a_{i\sigma(j)}\cdots a_{n\sigma(n)} \tag{4.10}$$

である．ここで S_n の各元 σ に対し，互換 $\tau_{\sigma(i)\sigma(j)}$ を作用させる置換全体の集合を S'_n とすると $S_n=S'_n$ となり，$\sigma\in S_n$ に対し，次の特性をもつ $\sigma'\in S'_n$ が存在する．

$$\sigma(j)=\sigma'(i),\quad \sigma(i)=\sigma'(j),\quad \sigma(k)=\sigma'(k)\quad (k\neq i,j).$$

また，$\mathrm{sgn}(\sigma) = -\mathrm{sgn}(\sigma')$ が成立するため，式 (4.10) の右辺は，

$$\begin{aligned}
&\sum_{\sigma \in S_n} \mathrm{sgn}(\sigma) a_{1\sigma(1)} \cdots a_{j\sigma(i)} \cdots a_{i\sigma(j)} \cdots a_{n\sigma(n)} \\
&\quad = \sum_{\sigma' \in S_n} \mathrm{sgn}(\sigma') a_{1\sigma'(1)} \cdots a_{j\sigma'(i)} \cdots a_{i\sigma'(j)} \cdots a_{n\sigma'(n)} \\
&\quad = \sum_{\sigma \in S_n} \mathrm{sgn}(\sigma') a_{1\sigma(1)} \cdots a_{j\sigma(j)} \cdots a_{i\sigma(i)} \cdots a_{n\sigma(n)} \\
&\quad = \sum_{\sigma \in S_n} -\mathrm{sgn}(\sigma) a_{1\sigma(1)} \cdots a_{j\sigma(j)} \cdots a_{i\sigma(i)} \cdots a_{n\sigma(n)} = -|\mathbf{A}|.
\end{aligned}$$

(証明終)

[行列式の性質 6] 正方行列 $\mathbf{A}$ の 2 つの行が等しいとき，$|\mathbf{A}| = 0$ となる．

証明. 行列 $\mathbf{A}$ の 2 つの等しい行を交換すると，行列式の性質 5 により，$|\mathbf{A}| = -|\mathbf{A}|$ となる．これにより，$2|\mathbf{A}| = 0$ となり，$|\mathbf{A}| = 0$ となる．

(証明終)

[行列式の性質 7] 行列式のある 1 つの行を λ 倍して他の行に加えても行列式の値は変わらない．即ち，

$$\begin{vmatrix} a_{11} & \cdots & a_{1n} \\ \vdots & \vdots & \vdots \\ a_{i1} & \cdots & a_{in} \\ \vdots & \vdots & \vdots \\ a_{j1} + \lambda a_{i1} & \cdots & a_{jn} + \lambda a_{in} \\ \vdots & \vdots & \vdots \\ a_{n1} & \cdots & a_{nn} \end{vmatrix} = \begin{vmatrix} a_{11} & \cdots & a_{1n} \\ \vdots & \vdots & \vdots \\ a_{i1} & \cdots & a_{in} \\ \vdots & \vdots & \vdots \\ a_{j1} & \cdots & a_{jn} \\ \vdots & \vdots & \vdots \\ a_{n1} & \cdots & a_{nn} \end{vmatrix}. \tag{4.11}$$

証明. 行列式の性質 1,2,6 を用いて証明する．式 (4.11) において，

$$左辺 = \begin{vmatrix} a_{11} & a_{12} & \cdots & a_{1n} \\ \vdots & \vdots & \vdots & \vdots \\ a_{i1} & a_{i2} & \cdots & a_{in} \\ \vdots & \vdots & \vdots & \vdots \\ a_{j1} + \lambda a_{i1} & a_{j2} + \lambda a_{j2} & \cdots & a_{jn} + \lambda a_{in} \\ \vdots & \vdots & \vdots & \vdots \\ a_{n1} & a_{n2} & \cdots & a_{nn} \end{vmatrix}$$

$$
= \begin{vmatrix} a_{11} & a_{12} & \cdots & a_{1n} \\ \vdots & \vdots & \vdots & \vdots \\ a_{i1} & a_{i2} & \cdots & a_{in} \\ \vdots & \vdots & \vdots & \vdots \\ a_{j1} & a_{j2} & \cdots & a_{jn} \\ \vdots & \vdots & \vdots & \vdots \\ a_{n1} & a_{n2} & \cdots & a_{nn} \end{vmatrix} + \begin{vmatrix} a_{11} & a_{12} & \cdots & a_{1n} \\ \vdots & \vdots & \vdots & \vdots \\ a_{i1} & a_{i2} & \cdots & a_{in} \\ \vdots & \vdots & \vdots & \vdots \\ \lambda a_{i1} & \lambda a_{i2} & \cdots & \lambda a_{in} \\ \vdots & \vdots & \vdots & \vdots \\ a_{n1} & a_{n2} & \cdots & a_{nn} \end{vmatrix}
$$

$$
= \begin{vmatrix} a_{11} & a_{12} & \cdots & a_{1n} \\ \vdots & \vdots & \vdots & \vdots \\ a_{i1} & a_{i2} & \cdots & a_{in} \\ \vdots & \vdots & \vdots & \vdots \\ a_{j1} & a_{j2} & \cdots & a_{jn} \\ \vdots & \vdots & \vdots & \vdots \\ a_{n1} & a_{n2} & \cdots & a_{nn} \end{vmatrix} + \lambda \begin{vmatrix} a_{11} & a_{12} & \cdots & a_{1n} \\ \vdots & \vdots & \vdots & \vdots \\ a_{i1} & a_{i2} & \cdots & a_{in} \\ \vdots & \vdots & \vdots & \vdots \\ a_{i1} & a_{i2} & \cdots & a_{in} \\ \vdots & \vdots & \vdots & \vdots \\ a_{n1} & a_{n2} & \cdots & a_{nn} \end{vmatrix}
$$

$$
= \begin{vmatrix} a_{11} & a_{12} & \cdots & a_{1n} \\ \vdots & \vdots & \vdots & \vdots \\ a_{i1} & a_{i2} & \cdots & a_{in} \\ \vdots & \vdots & \vdots & \vdots \\ a_{j1} & a_{j2} & \cdots & a_{jn} \\ \vdots & \vdots & \vdots & \vdots \\ a_{n1} & a_{n2} & \cdots & a_{nn} \end{vmatrix} = \text{右辺}.
$$

(証明終)

[行列式の性質 8] 行列 $\mathbf{A}$ とその転置行列 ${}^{\mathrm{t}}\mathbf{A}$ の行列式は変わらない．即ち

$$
|\mathbf{A}| = |{}^{\mathrm{t}}\mathbf{A}|. \tag{4.12}
$$

証明. $\mathbf{A}=\{a_{ij}\}$ における ${}^{\mathrm{t}}\mathbf{A}$ の行列式は，行列式の定義にしたがい，

$$
|{}^{\mathrm{t}}\mathbf{A}| = \begin{vmatrix} a_{11} & a_{21} & \cdots & a_{n1} \\ a_{12} & a_{22} & \cdots & a_{n2} \\ \vdots & \vdots & \ddots & \vdots \\ a_{1n} & a_{2n} & \cdots & a_{nn} \end{vmatrix} = \sum_{\sigma \in S_n} \mathrm{sgn}(\sigma) a_{\sigma(1)1} a_{\sigma(2)2} \cdots a_{\sigma(n)n} \tag{4.13}
$$

となる．ここで，$\sigma(i) = j$ とすると，$i = \sigma^{-1}(j)$ となるから，$a_{\sigma(i)i} = a_{j\sigma^{-1}(j)}$ となる．そこで，$a_{\sigma(1)1}a_{\sigma(2)2}\cdots a_{\sigma(n)n}$ の各 $a_{\sigma(i)i}$ に対応する $a_{j\sigma^{-1}(j)}$ を代入して $j = 1, 2, \cdots, n$ の順になるように積を交換すれば，

$$
a_{\sigma(1)1}a_{\sigma(2)2}\cdots a_{\sigma(n)n} = a_{1\sigma^{-1}(1)}a_{2\sigma^{-1}(2)}\cdots a_{n\sigma^{-1}(n)}
$$

となる．よって式 (4.13) の右辺は，

$$
\begin{aligned}
\text{右辺} &= \sum_{\sigma\in S_n} \mathrm{sgn}(\sigma) a_{1\sigma^{-1}(1)} a_{2\sigma^{-1}(2)} \cdots a_{n\sigma^{-1}(n)} \\
&= \sum_{\sigma^{-1}\in S_n} \mathrm{sgn}(\sigma^{-1}) a_{1\sigma^{-1}(1)} a_{2\sigma^{-1}(2)} \cdots a_{n\sigma^{-1}(n)} \quad (\because \mathrm{sgn}(\sigma) = \mathrm{sgn}(\sigma^{-1}) \text{ より}) \\
&= \sum_{\sigma\in S_n} \mathrm{sgn}(\sigma) a_{1\sigma(1)} a_{2\sigma(2)} \cdots a_{n\sigma(n)} \quad (\sigma^{-1}\text{を新たに}\sigma\text{とおいた}) \\
&= |\mathbf{A}|.
\end{aligned}
$$

(証明終)

－ 行列式の性質 8 の補足 －

その 1 行列式の性質 8 は極めて重要である．なぜならば，行列式の性質 1〜7 は与えられた行列式の行に関する性質であり，この性質 8 を示すことにより，今まで行でしか成立していなかった**行列式の性質が列についても成立すること**が言えるからである．

その 2 行列 $\mathbf{A}$ を三次の正方行列とした場合の性質 8 を確かめる．$S = \{1, 2, 3\}$ のすべての置換を

$$
\sigma_1 = \begin{pmatrix} 1 & 2 & 3 \\ 1 & 2 & 3 \end{pmatrix}, \sigma_2 = \begin{pmatrix} 1 & 2 & 3 \\ 1 & 3 & 2 \end{pmatrix}, \sigma_3 = \begin{pmatrix} 1 & 2 & 3 \\ 2 & 1 & 3 \end{pmatrix},
$$

$$
\sigma_4 = \begin{pmatrix} 1 & 2 & 3 \\ 2 & 3 & 1 \end{pmatrix}, \sigma_5 = \begin{pmatrix} 1 & 2 & 3 \\ 3 & 1 & 2 \end{pmatrix}, \sigma_6 = \begin{pmatrix} 1 & 2 & 3 \\ 3 & 2 & 1 \end{pmatrix}
$$

とすると，

$$
\begin{aligned}
|{}^{\mathrm{t}}\mathbf{A}| &= \begin{vmatrix} a_{11} & a_{21} & a_{31} \\ a_{12} & a_{22} & a_{32} \\ a_{13} & a_{23} & a_{33} \end{vmatrix} = \textstyle\sum_{\sigma\in S_n} \mathrm{sgn}(\sigma) a_{\sigma(1)1} a_{\sigma(2)2} a_{\sigma(3)3} \\
&= \mathrm{sgn}(\sigma_1) a_{\sigma_1(1)1} a_{\sigma_1(2)2} a_{\sigma_1(3)3} + \mathrm{sgn}(\sigma_2) a_{\sigma_2(1)1} a_{\sigma_2(2)2} a_{\sigma_2(3)3} \\
&\quad + \mathrm{sgn}(\sigma_3) a_{\sigma_3(1)1} a_{\sigma_3(2)2} a_{\sigma_3(3)3} + \mathrm{sgn}(\sigma_4) a_{\sigma_4(1)1} a_{\sigma_4(2)2} a_{\sigma_4(3)3} \\
&\quad + \mathrm{sgn}(\sigma_5) a_{\sigma_5(1)1} a_{\sigma_5(2)2} a_{\sigma_5(3)3} + \mathrm{sgn}(\sigma_6) a_{\sigma_6(1)1} a_{\sigma_6(2)2} a_{\sigma_6(3)3} \\
&= \mathrm{sgn}(\sigma_1) a_{1\sigma_1^{-1}(1)} a_{2\sigma_1^{-1}(2)} a_{3\sigma_1^{-1}(3)} + \mathrm{sgn}(\sigma_2) a_{1\sigma_2^{-1}(1)} a_{2\sigma_2^{-1}(2)} a_{3\sigma_2^{-1}(3)} \\
&\quad + \mathrm{sgn}(\sigma_3) a_{1\sigma_3^{-1}(1)} a_{2\sigma_3^{-1}(2)} a_{3\sigma_3^{-1}(3)} + \mathrm{sgn}(\sigma_4) a_{1\sigma_4^{-1}(1)} a_{2\sigma_4^{-1}(2)} a_{3\sigma_4^{-1}(3)} \\
&\quad + \mathrm{sgn}(\sigma_5) a_{1\sigma_5^{-1}(1)} a_{2\sigma_5^{-1}(2)} a_{3\sigma_5^{-1}(3)} + \mathrm{sgn}(\sigma_6) a_{1\sigma_6^{-1}(1)} a_{2\sigma_6^{-1}(2)} a_{3\sigma_6^{-1}(3)} \\
&= \mathrm{sgn}(\sigma_1^{-1}) a_{11} a_{22} a_{33} + \mathrm{sgn}(\sigma_2^{-1}) a_{11} a_{23} a_{32} + \mathrm{sgn}(\sigma_3^{-1}) a_{12} a_{21} a_{33} \\
&\quad + \mathrm{sgn}(\sigma_4^{-1}) a_{13} a_{21} a_{32} + \mathrm{sgn}(\sigma_5^{-1}) a_{12} a_{23} a_{31} + \mathrm{sgn}(\sigma_6^{-1}) a_{13} a_{22} a_{31} \\
&= a_{11} a_{22} a_{33} - a_{11} a_{23} a_{32} - a_{12} a_{21} a_{33} + a_{13} a_{21} a_{32} + a_{12} a_{23} a_{31} - a_{13} a_{22} a_{31}.
\end{aligned}
$$

(解説終)

ここで，行列式に対する次の定理を与える．

定理 4.4. $\mathbf{A}, \mathbf{B}$ を同じ次数 n の正方行列とする．このとき，次の式が成立する．

$$|\mathbf{AB}| = |\mathbf{A}||\mathbf{B}|. \tag{4.14}$$

証明. 証明がやや複雑であるため，解りやすくするために $n = 3$ と限定して証明する．

$$\mathbf{A} = \begin{pmatrix} a_{11} & a_{12} & a_{13} \\ a_{21} & a_{22} & a_{23} \\ a_{31} & a_{32} & a_{33} \end{pmatrix}, \quad \mathbf{B} = \begin{pmatrix} b_{11} & b_{12} & b_{13} \\ b_{21} & b_{22} & b_{23} \\ b_{31} & b_{32} & b_{33} \end{pmatrix}$$

とすれば，

$$\begin{aligned} &\mathbf{AB} \\ &= \begin{pmatrix} a_{11}b_{11} + a_{12}b_{21} + a_{13}b_{31} & a_{11}b_{12} + a_{12}b_{22} + a_{13}b_{32} & a_{11}b_{13} + a_{12}b_{23} + a_{13}b_{33} \\ a_{21}b_{11} + a_{22}b_{21} + a_{23}b_{31} & a_{21}b_{12} + a_{22}b_{22} + a_{23}b_{32} & a_{21}b_{13} + a_{22}b_{23} + a_{23}b_{33} \\ a_{31}b_{11} + a_{32}b_{21} + a_{33}b_{31} & a_{31}b_{12} + a_{32}b_{22} + a_{33}b_{32} & a_{31}b_{13} + a_{32}b_{23} + a_{33}b_{33} \end{pmatrix} \end{aligned}$$

となる．よって，

$$\begin{aligned} |\mathbf{AB}| &= \sum_{\sigma \in S_3} \mathrm{sgn}(\sigma) \Big(\sum_{p=1}^{3} a_{1p} b_{p\sigma(1)}\Big)\Big(\sum_{q=1}^{3} a_{2q} b_{q\sigma(2)}\Big)\Big(\sum_{r=1}^{3} a_{3r} b_{r\sigma(3)}\Big) \\ &= \sum_{\sigma \in S_3} \sum_{p=1}^{3}\sum_{q=1}^{3}\sum_{r=1}^{3} \mathrm{sgn}(\sigma) a_{1p}a_{2q}a_{3r} b_{p\sigma(1)} b_{q\sigma(2)} b_{r\sigma(3)} \\ &= \sum_{p=1}^{3}\sum_{q=1}^{3}\sum_{r=1}^{3} a_{1p}a_{2q}a_{3r} \sum_{\sigma \in S_3} \mathrm{sgn}(\sigma) b_{p\sigma(1)} b_{q\sigma(2)} b_{r\sigma(3)} \qquad (4.15) \end{aligned}$$

となる．ところが行列式の定義より

$$\sum_{\sigma \in S_3} \mathrm{sgn}(\sigma) b_{p\sigma(1)} b_{q\sigma(2)} b_{r\sigma(3)} = \begin{vmatrix} b_{p1} & b_{p2} & b_{p3} \\ b_{q1} & b_{q2} & b_{q3} \\ b_{r1} & b_{r2} & b_{r3} \end{vmatrix} \tag{4.16}$$

であり，式 (4.16) の右辺は，$p \neq q \neq r$ 以外であれば行列式の性質により 0 となる．よって式 (4.15) は，

$$\begin{aligned} |\mathbf{AB}| &= \sum_{p=1}^{3}\sum_{q=1}^{3}\sum_{r=1}^{3} a_{1p}a_{2q}a_{3r} \begin{vmatrix} b_{p1} & b_{p2} & b_{p3} \\ b_{q1} & b_{q2} & b_{q3} \\ b_{r1} & b_{r2} & b_{r3} \end{vmatrix} \\ &= \sum_{\sigma' \in S_3} a_{1\sigma'(1)} a_{2\sigma'(2)} a_{3\sigma'(3)} \Big(\mathrm{sgn}(\sigma')|\mathbf{B}|\Big) \\ &= |\mathbf{B}| \sum_{\sigma' \in S_3} \mathrm{sgn}(\sigma') a_{1\sigma'(1)} a_{2\sigma'(2)} a_{3\sigma'(3)} \\ &= |\mathbf{B}||\mathbf{A}| = |\mathbf{A}||\mathbf{B}|. \end{aligned}$$

(証明終)

4.5　行列式の展開

第 4.4 節で行列式の性質 1〜8 について解説したが，本節では行列式の展開について解説する．行列式の展開は，行列式の計算を工夫する手法の 1 つとして極めて重要である．その前に準備として次の性質と行列の余因子の定義を与える．

[行列式の性質 9] n 次正方行列 $\mathbf{A} = \{a_{ij}\}$ の第 j 列を第 i 成分だけが 1 でその他の成分が全て 0 である単位ベクトル $\overrightarrow{e}_i = {}^{\mathrm{t}}(0, \cdots, 0, 1, 0, \cdots, 0)$（この表現については，第 5 章 [例題 5.1(線形空間の例)(1) の補足:その 2，P. 73] を参照）で置き換えた行列式は次の様になる．

$$
(4.17)\qquad
\begin{vmatrix}
a_{11} & \cdots & a_{1(j-1)} & 0 & a_{1(j+1)} & \cdots & a_{1n} \\
\vdots & \vdots & \vdots & \vdots & \vdots & \vdots & \vdots \\
a_{(i-1)1} & \cdots & a_{(i-1)(j-1)} & 0 & a_{(i-1)(j+1)} & \cdots & a_{(i-1)j} \\
a_{i1} & \cdots & a_{i(j-1)} & 1 & a_{i(j+1)} & \cdots & a_{in} \\
a_{(i+1)1} & \cdots & a_{(i+1)(j-1)} & 0 & a_{(i+1)(j+1)} & \cdots & a_{(i+1)n} \\
\vdots & \vdots & \vdots & \vdots & \vdots & \vdots & \vdots \\
a_{n1} & \cdots & a_{n(j-1)} & 0 & a_{n(j+1)} & \cdots & a_{nn}
\end{vmatrix}
$$

$$
= (-1)^{i+j}
\begin{vmatrix}
a_{11} & \cdots & a_{1(j-1)} & a_{1(j+1)} & \cdots & a_{1n} \\
\vdots & \vdots & \vdots & \vdots & \vdots & \vdots \\
a_{(i-1)1} & \cdots & a_{(i-1)(j-1)} & a_{(i-1)(j+1)} & \cdots & a_{(i-1)n} \\
a_{(i+1)1} & \cdots & a_{(i+1)(j-1)} & a_{(i+1)(j+1)} & \cdots & a_{(i+1)n} \\
\vdots & \vdots & \vdots & \vdots & \vdots & \vdots \\
a_{n1} & \cdots & a_{n(j-1)} & a_{n(j+1)} & \cdots & a_{nn}
\end{vmatrix}.
$$

証明. 式 (4.17) の行列式の第 $(j-1)$ 列と第 j 列を交換すると，行列式の性質 6 により，列を交換した行列式は式 (4.17) の行列式に (-1) をかけたものとなる．今度は，交換した行列式の第 $(j-2)$ 列と第 $(j-1)$ 列をさらに交換すると得られた行列式の符号は，式 (4.17) の行列式に $(-1)^2$ をかけたものとなる．この操作を繰り返し，単位ベクトル $\overrightarrow{e}_i$ が第 1 列に来るように交換すると交換回数は合計 $(j-1)$ 回となるため，得られた行列式の符号は，式 (4.17) の行列式に $(-1)^{j-1}$ をかけたものとなる．次に，列につき $(j-1)$ 回交換した行列式に対し，第 $(i-1)$ 行と第 i 行を交換し，続けて第 $(i-2)$ 行と第 $(i-1)$, $\cdots$ と繰り返し交換の作業を続けていき，第 1 行と第 2 行の交換の作業まで続けていくと，行の交換作業の合計は $(i-1)$ 回

となる．よって式 (4.17) の行列式は，

$$(4.18)\quad (-1)^{(i-1)+(j-1)}\begin{vmatrix} 1 & a_{i1} & \cdots & a_{i(j-1)} & a_{i(j+1)} & \cdots & a_{in} \\ 0 & a_{11} & \cdots & a_{1(j-1)} & a_{1(j+1)} & \cdots & a_{1n} \\ \vdots & \vdots & \vdots & \vdots & \vdots & \vdots & \vdots \\ 0 & a_{(i-1)1} & \cdots & a_{(i-1)(j-1)} & a_{(i-1)(j+1)} & \cdots & a_{(i-1)n} \\ 0 & a_{(i+1)1} & \cdots & a_{(i+1)(j-1)} & a_{(i+1)(j+1)} & \cdots & a_{(i+1)n} \\ \vdots & \vdots & \vdots & \vdots & \vdots & \vdots & \vdots \\ 0 & a_{n1} & \cdots & a_{n(j-1)} & a_{n(j+1)} & \cdots & a_{nn} \end{vmatrix}$$

となる．ここで行列式の性質 4 と性質 8 及び $(-1)^{i+j-2} = (-1)^{i+j}$ を適用することにより式 (4.18) は，

$$(4.19)\quad (-1)^{i+j}\begin{vmatrix} a_{11} & \cdots & a_{1(j-1)} & a_{1(j+1)} & \cdots & a_{1n} \\ \vdots & \vdots & \vdots & \vdots & \vdots & \vdots \\ a_{(i-1)1} & \cdots & a_{(i-1)(j-1)} & a_{(i-1)(j+1)} & \cdots & a_{(i-1)n} \\ a_{(i+1)1} & \cdots & a_{(i+1)(j-1)} & a_{(i+1)(j+1)} & \cdots & a_{(i+1)n} \\ \vdots & \vdots & \vdots & \vdots & \vdots & \vdots \\ a_{n1} & \cdots & a_{n(j-1)} & a_{n(j+1)} & \cdots & a_{nn} \end{vmatrix}$$

となる．

(証明終)

定義 4.7. (余因子の定義) n 次正方行列 $\mathbf{A} = \{a_{ij}\}$ の第 i 行と第 j 列を取り除いた行列の行列式に $(-1)^{i+j}$ をかけたものを，行列 $\mathbf{A}$ の (i, j) **余因子**といい，$\triangle_{ij}$ で表す．

例題 4.6. 次の行列 $\mathbf{A}$ の行列式において，$\triangle_{23}$，$\triangle_{31}$ を求めよ．

$$|\mathbf{A}| = \begin{vmatrix} 3 & 6 & -1 \\ -2 & 5 & 2 \\ -4 & 1 & 3 \end{vmatrix}.$$

解答. $\triangle_{23} = (-1)^{2+3}\begin{vmatrix} 3 & 6 \\ -4 & 1 \end{vmatrix} = -27$，$\triangle_{31} = (-1)^{3+1}\begin{vmatrix} 6 & -1 \\ 5 & 2 \end{vmatrix} = 17.$

(解答終)

[行列式の性質 10] (行列式の余因子展開) n 次正方行列 $\mathbf{A} = \{a_{ij}\}$ において，次の等式が成立する．

(1) (第 j 列に関する余因子展開)

$$|\mathbf{A}| = a_{1j}\triangle_{1j} + a_{2j}\triangle_{2j} + \cdots + a_{nj}\triangle_{nj}.$$

(2) (第 i 行に関する余因子展開)

$$|\mathbf{A}| = a_{i1} \triangle_{i1} + a_{i2} \triangle_{i2} + \cdots + a_{in} \triangle_{in}.$$

証明.

(1) 第 j 列の成分は次の様に分解することができる.

$$\begin{pmatrix} a_{1j} \\ a_{2j} \\ \vdots \\ a_{nj} \end{pmatrix} = a_{1j} \begin{pmatrix} 1 \\ 0 \\ \vdots \\ 0 \end{pmatrix} + a_{2j} \begin{pmatrix} 0 \\ 1 \\ \vdots \\ 0 \end{pmatrix} + \cdots + a_{nj} \begin{pmatrix} 0 \\ 0 \\ \vdots \\ 1 \end{pmatrix}.$$

よって,

$$\begin{aligned}
& \begin{vmatrix} a_{11} & \cdots & a_{1j} & \cdots & a_{1n} \\ a_{21} & \cdots & a_{2j} & \cdots & a_{2n} \\ \vdots & \vdots & \vdots & \vdots & \vdots \\ a_{n1} & \cdots & a_{nj} & \cdots & a_{nn} \end{vmatrix} \\
= & \begin{vmatrix} a_{11} & \cdots & a_{1j} + 0 + \cdots + 0 & \cdots & a_{1n} \\ a_{21} & \cdots & 0 + a_{2j} + \cdots + 0 & \cdots & a_{2n} \\ \vdots & \vdots & \vdots & \vdots & \vdots \\ a_{n1} & \cdots & 0 + 0 + \cdots + a_{nj} & \cdots & a_{nn} \end{vmatrix} \\
= & \ a_{1j} \begin{vmatrix} a_{11} & \cdots & 1 & \cdots & a_{1n} \\ a_{21} & \cdots & 0 & \cdots & a_{2n} \\ \vdots & \vdots & \vdots & \vdots & \vdots \\ a_{n1} & \cdots & 0 & \cdots & a_{nn} \end{vmatrix} + \cdots + a_{nj} \begin{vmatrix} a_{11} & \cdots & 0 & \cdots & a_{1n} \\ a_{21} & \cdots & 0 & \cdots & a_{2n} \\ \vdots & \vdots & \vdots & \vdots & \vdots \\ a_{n1} & \cdots & 1 & \cdots & a_{nn} \end{vmatrix} \\
& \hspace{20em} (\because \text{行列式の性質 } 1, 2, \text{ より}) \\
= & \ a_{1j} \triangle_{1j} + a_{2j} \triangle_{2j} + \cdots + a_{nj} \triangle_{nj} . \quad (\because \text{行列式の性質 } 9 \text{ より})
\end{aligned}$$

(2) 行列式の性質 8 により明らか.

(証明終)

例題 4.7. 次の行列 $\mathbf{A}$ の行列式を第 2 行, 及び第 3 列に関する余因子展開を用いて求めよ.

$$|\mathbf{A}| = \begin{vmatrix} 2 & 1 & -1 \\ 1 & 3 & 2 \\ 2 & 3 & -1 \end{vmatrix}.$$

解答. 第 2 行における余因子展開では,

$$
\begin{aligned}
&|\mathbf{A}| \\
&= \ 1 \times (-1)^{2+1} \begin{vmatrix} 1 & -1 \\ 3 & -1 \end{vmatrix} + 3 \times (-1)^{2+2} \begin{vmatrix} 2 & -1 \\ 2 & -1 \end{vmatrix} + 2 \times (-1)^{2+3} \begin{vmatrix} 2 & 1 \\ 2 & 3 \end{vmatrix} \\
&= \ -(-1+3) + 3 \times (-2+2) - 2 \times (6-2) = (-2) + 0 - 8 = -10.
\end{aligned}
$$

第 3 列における余因子展開では,

$$
\begin{aligned}
&|\mathbf{A}| \\
&= \ (-1) \times (-1)^{1+3} \begin{vmatrix} 1 & 3 \\ 2 & 3 \end{vmatrix} + 2 \times (-1)^{2+3} \begin{vmatrix} 2 & 1 \\ 2 & 3 \end{vmatrix} + (-1) \times (-1)^{3+3} \begin{vmatrix} 2 & 1 \\ 1 & 3 \end{vmatrix} \\
&= \ -(3-6) - 2(6-2) - (6-1) = 3 - 8 - 5 = -10.
\end{aligned}
$$

(解答終)

行列式の性質 1〜10 を用いることにより $\mathbf{A}$ が 4 次以上の行列式でも行もしくは列の変形を行うことにより行列式を求めることが可能となる.

例題 4.8. 次の行列式を行列式の性質を用いて解け.

$$
\begin{vmatrix} 2 & 1 & -1 & 3 \\ 3 & 2 & 1 & 1 \\ -1 & 2 & 2 & 4 \\ 2 & 4 & 3 & 1 \end{vmatrix}.
$$

解答. 性質 7 と性質 10 を用いて

$$
\begin{vmatrix} 2 & \boxed{1} & -1 & 3 \\ 3 & 2 & 1 & 1 \\ -1 & 2 & 2 & 4 \\ 2 & 4 & 3 & 1 \end{vmatrix}
= \begin{vmatrix} 2 & 1 & -1 & 3 \\ -1 & 0 & 3 & -5 \\ -5 & 0 & 4 & -2 \\ -6 & 0 & 7 & -11 \end{vmatrix}
$$

第 1 行 × (−2) + 第 2 行
第 1 行 × (−2) + 第 3 行
第 1 行 × (−4) + 第 4 行

第 2 列の余因子展開

$$
= (-1)^{1+2} \begin{vmatrix} \boxed{-1} & 3 & -5 \\ -5 & 4 & -2 \\ -6 & 7 & -11 \end{vmatrix}
= -\begin{vmatrix} -1 & 0 & 0 \\ -5 & -11 & 23 \\ -6 & -11 & 19 \end{vmatrix}
$$

第 1 列 × 3 + 第 2 列
第 1 列 × (−5) + 第 3 列

第 1 行の余因子展開

$$
= -(-1) \times (-1)^{1+1} \begin{vmatrix} -11 & 23 \\ -11 & 19 \end{vmatrix} = -209 + 253 = 44.
$$

(解答終)

ここで，余因子に関する補題を与えて余因子行列と呼ばれる行列を定義し，行列式を求める新たな手法を解説する．

補題 4.1. n 次正方行列を $\mathbf{A} = \{a_{ij}\}$ とする．このとき，次の等式が成立する．

(1) $j,\ k\ (1 \leq j \leq n, 1 \leq k \leq n)$ において，

$$a_{1j} \triangle_{1k} + a_{2j} \triangle_{2k} + \cdots + a_{nj} \triangle_{nk} = \begin{cases} |\mathbf{A}| & j = k, \\ 0 & j \neq k. \end{cases}$$

(2) $i,\ k\ (1 \leq i \leq n, 1 \leq k \leq n)$ において，

$$a_{i1} \triangle_{k1} + a_{i2} \triangle_{k2} + \cdots + a_{in} \triangle_{kn} = \begin{cases} |\mathbf{A}| & i = k, \\ 0 & i \neq k. \end{cases}$$

証明. (1) の成立を示せば行列式の性質 8 により (2) の成立は明らか．よって (1) の成立だけ証明する．

(i) $j = k$ のとき，行列式の性質 10 そのものであるから成立する．

(ii) $j \neq k$ のとき，$a_{1j} \triangle_{1k} + a_{2j} \triangle_{2k} + \cdots + a_{nj} \triangle_{nk}$ の値は行列 $\mathbf{A}$ の第 k 列を第 j 列で置き換えた次の行列式（この場合は $j < k$ とした）を表している．

$$\begin{vmatrix} a_{11} & \cdots & a_{1j} & \cdots & a_{1j} & \cdots & a_{1n} \\ a_{21} & \cdots & a_{2j} & \cdots & a_{2j} & \cdots & a_{2n} \\ \vdots & \vdots & \vdots & \vdots & \vdots & \vdots & \vdots \\ a_{n1} & \cdots & a_{nj} & \cdots & a_{nj} & \cdots & a_{nn} \end{vmatrix}.$$

第 j 列　　第 k 列

この行列式は，行列式の性質 3 により 0 となる．よって，(1) が成立する．

(証明終)

定義 4.8. (余因子行列) n 次正方行列 $\mathbf{A} = \{a_{ij}\}$ において，(i,j) 成分の余因子 $\triangle_{ij}$ を (i,j) 成分とする行列の転置行列 $\widehat{\mathbf{A}}$ を $\mathbf{A}$ の**余因子行列**と呼び，次の様に表す．

$$\widehat{\mathbf{A}} = \begin{pmatrix} \triangle_{11} & \triangle_{21} & \cdots & \triangle_{n1} \\ \triangle_{12} & \triangle_{22} & \cdots & \triangle_{n2} \\ \vdots & \vdots & \ddots & \vdots \\ \triangle_{1n} & \triangle_{2n} & \cdots & \triangle_{nn} \end{pmatrix}.$$

定理 4.5. n 次正方行列を $\mathbf{A} = \{a_{ij}\}$ とする．このとき，$|\mathbf{A}| \neq 0$ であれば，$\mathbf{A}^{-1}$ は次の様に求めることができる．

$$\mathbf{A}^{-1} = \frac{1}{|\mathbf{A}|}\widehat{\mathbf{A}}. \tag{4.20}$$

証明. $\mathbf{A}\widehat{\mathbf{A}}$ を計算すると，補題 4.1（P. 64）より

$$\begin{aligned}
\mathbf{A}\widehat{\mathbf{A}} &= \begin{pmatrix} a_{11} & \cdots & a_{1n} \\ a_{21} & \cdots & a_{2n} \\ \vdots & \ddots & \vdots \\ a_{n1} & \cdots & a_{nn} \end{pmatrix} \begin{pmatrix} \triangle_{11} & \cdots & \triangle_{n1} \\ \triangle_{12} & \cdots & \triangle_{n2} \\ \vdots & \ddots & \vdots \\ \triangle_{1n} & \cdots & \triangle_{nn} \end{pmatrix} \\
&= \begin{pmatrix} a_{11}\triangle_{11} + \cdots + a_{1n}\triangle_{1n} & \cdots & a_{11}\triangle_{n1} + \cdots + a_{1n}\triangle_{nn} \\ a_{21}\triangle_{11} + \cdots + a_{2n}\triangle_{1n} & \cdots & a_{21}\triangle_{n1} + \cdots + a_{2n}\triangle_{nn} \\ \vdots & \vdots & \vdots \\ a_{n1}\triangle_{11} + \cdots + a_{nn}\triangle_{1n} & \cdots & a_{n1}\triangle_{n1} + \cdots + a_{nn}\triangle_{nn} \end{pmatrix} \\
&= \begin{pmatrix} |\mathbf{A}| & 0 & \cdots & 0 \\ 0 & |\mathbf{A}| & \cdots & 0 \\ \vdots & \vdots & \ddots & \vdots \\ 0 & 0 & \cdots & |\mathbf{A}| \end{pmatrix} = |\mathbf{A}| \begin{pmatrix} 1 & 0 & \cdots & 0 \\ 0 & 1 & \cdots & 0 \\ \vdots & \vdots & \ddots & \vdots \\ 0 & 0 & \cdots & 1 \end{pmatrix} = |\mathbf{A}|\mathbf{E}_n
\end{aligned}$$

となる．同様な手法により $\widehat{\mathbf{A}}\mathbf{A} = |\mathbf{A}|\mathbf{E}_n$ も示せる．よって $|\mathbf{A}| \neq 0$ であれば，

$$\mathbf{A}\Big(\frac{1}{|\mathbf{A}|}\widehat{\mathbf{A}}\Big) = \Big(\frac{1}{|\mathbf{A}|}\widehat{\mathbf{A}}\Big)\mathbf{A} = \mathbf{E}_n$$

となり，$\mathbf{A}^{-1} = \dfrac{1}{|\mathbf{A}|}\widehat{\mathbf{A}}$ となる．

(証明終)

― 定理 4.5 の補足 ―

その 1 $|\mathbf{A}| \neq 0$ であれば $\mathbf{A}^{-1}$ が存在し，唯一であることが証明されている．よって，もし $|\mathbf{A}| = 0$ であれば，$|\mathbf{A}| \neq 0$ のときの $\mathbf{A}^{-1}$ 以外は存在しない訳であるから $\mathbf{A}^{-1}$ が存在しないことになる．よって次の系が成立する．

(解説終)

系 4.1. (行列式と逆行列の関係) 正方行列 $\mathbf{A}$ において次の関係が成立する．

$$\mathbf{A}^{-1}\text{が存在} \Longleftrightarrow |\mathbf{A}| \neq 0.$$

行列式の性質 7（P. 56）による操作は，正方行列の行に関する掃き出し法と同じであり，その操作により行列式の 1 つの行の成分が全て 0 になれば行列式の値は 0 となる（行列式の性質 3, P.54）．よって行列式の値が 0 になることと，与えられた正方行列の掃き出し法による階数とは密接に関係している．よって次の系を与えることができる．

系 4.2. n 次正方行列 $\mathbf{A} = \{a_{ij}\}$ において，次のことが成立する．

$$|\mathbf{A}| = 0 \Longleftrightarrow \text{Rank } \mathbf{A} < n.$$

4.6 クラメルの公式

第 3 章にて行列の掃き出し法を用いて連立方程式を解く方法を解説したが，本節では行列式を用いた連立方程式の解法について解説する．

今，未知数を x_1, $x_2, \cdots, x_n$ とした次の連立方程式を考える．

$$
\left\{
\begin{array}{rcl}
a_{11}x_1 + a_{12}x_2 + \cdots + a_{1n}x_n & = & b_1, \\
a_{21}x_1 + a_{22}x_2 + \cdots + a_{2n}x_n & = & b_2, \\
\vdots & & \vdots \\
a_{n1}x_1 + a_{n2}x_2 + \cdots + a_{nn}x_n & = & b_n.
\end{array}
\right. \tag{4.21}
$$

ここで，

$$
\mathbf{A} = \begin{pmatrix} a_{11} & a_{12} & \cdots & a_{1n} \\ a_{21} & a_{22} & \cdots & a_{2n} \\ \vdots & \vdots & \ddots & \vdots \\ a_{n1} & a_{n2} & \cdots & a_{nn} \end{pmatrix}, \quad \overrightarrow{x} = \begin{pmatrix} x_1 \\ x_2 \\ \vdots \\ x_n \end{pmatrix}, \quad \overrightarrow{b} = \begin{pmatrix} b_1 \\ b_2 \\ \vdots \\ b_n \end{pmatrix} \tag{4.22}
$$

とすれば，式 (4.21) は，$\mathbf{A}\overrightarrow{x} = \overrightarrow{b}$ と表される．このとき，次の定理が成立する．

定理 4.6. (クラメルの公式) 式 (4.21) の連立方程式及び式 (4.22) の $\mathbf{A}$, $\overrightarrow{x}$ 及び $\overrightarrow{b}$ において，$|\mathbf{A}| \neq 0$ のとき，次の (1), (2) が成立する．

(1) 式 (4.21) の連立方程式は，唯一の解をもつ．

(2) (1) の唯一の解である $\overrightarrow{x}$ の各成分 x_i $(i = 1, 2, \cdots, n)$ は次式で与えられる．

$$
x_i = \frac{1}{|\mathbf{A}|} \underbrace{\begin{vmatrix} a_{11} & \cdots & b_1 & \cdots & a_{1n} \\ a_{21} & \cdots & b_2 & \cdots & a_{2n} \\ \vdots & \vdots & \vdots & \vdots & \vdots \\ a_{n1} & \cdots & b_n & \cdots & a_{nn} \end{vmatrix}}_{\text{第 } i \text{ 列}} \quad (1 \leq i \leq n). \tag{4.23}
$$

ここで式 (4.23) の右辺の分子の行列式は，行列 $\mathbf{A}$ の第 i 列ベクトルを $\overrightarrow{b}$ で置き換えたものである．

証明.

(1) $|\mathbf{A}| \neq 0$ より，系 4.1（P. 65）から $\mathbf{A}^{-1}$ が存在する．よって $\mathbf{A}\overrightarrow{x} = \overrightarrow{b}$ の両

辺の左から $\mathbf{A}^{-1}$ をかけることにより

$$\overrightarrow{x} = \begin{pmatrix} x_1 \\ \vdots \\ x_i \\ \vdots \\ x_n \end{pmatrix} = \mathbf{A}^{-1}\overrightarrow{b} = \frac{1}{|\mathbf{A}|}\widehat{\mathbf{A}}\,\overrightarrow{b} = \frac{1}{|\mathbf{A}|}\begin{pmatrix} b_1\triangle_{11} + \cdots + b_n\triangle_{n1} \\ \vdots \\ b_1\triangle_{1i} + \cdots + b_n\triangle_{ni} \\ \vdots \\ b_1\triangle_{1n} + \cdots + b_n\triangle_{nn} \end{pmatrix}$$

となり唯一の解をもつことが解る.

(2) 式 (4.23) の右辺の分子の行列式を第 i 列で余因子展開すると，右辺は，

$$\frac{1}{|\mathbf{A}|}\left(b_1\triangle_{1i} + \cdots + b_n\triangle_{ni}\right)$$

となり，この値は (1) より $\overrightarrow{x}$ の第 i 成分である x_i の値を表している．よって式 (4.23) が成立する.

(証明終)

問題 4.5. 次の連立方程式をクラメルの公式を用いて求めよ.

$$\begin{cases} x - y + z = 2, \\ 2x + y - 3z = -5, \\ -x + 4y + 2z = 13. \end{cases}$$

解答. クラメルの公式により与えられた方程式の解 x, y, z はそれぞれ次式で求めることができる．行列式 $|\mathbf{A}|$ を

$$|\mathbf{A}| = \begin{vmatrix} 1 & -1 & 1 \\ 2 & 1 & -3 \\ -1 & 4 & 2 \end{vmatrix}$$

とすれば,

$$x = \frac{\begin{vmatrix} 2 & -1 & 1 \\ -5 & 1 & -3 \\ 13 & 4 & 2 \end{vmatrix}}{|\mathbf{A}|}, \quad y = \frac{\begin{vmatrix} 1 & 2 & 1 \\ 2 & -5 & -3 \\ -1 & 13 & 2 \end{vmatrix}}{|\mathbf{A}|}, \quad z = \frac{\begin{vmatrix} 1 & -1 & 2 \\ 2 & 1 & -5 \\ -1 & 4 & 13 \end{vmatrix}}{|\mathbf{A}|}$$

でそれぞれ求めることができる．$|\mathbf{A}| = 24$ となるため，x, y, z の値をそれぞれ求めると,

$$x = \frac{24}{24} = 1, \quad y = \frac{48}{24} = 2, \quad z = \frac{72}{24} = 3.$$

よって，$x = 1$, $y = 2$, $z = 3$ が求める方程式の解である.

(解答終)

4.7 外積

第 2 章では，三次元の 2 つのベクトル

$$\overrightarrow{a} = \begin{pmatrix} a_1 \\ a_2 \\ a_3 \end{pmatrix}, \quad \overrightarrow{b} = \begin{pmatrix} b_1 \\ b_2 \\ b_3 \end{pmatrix} \tag{4.24}$$

の内積について定義したが，本節では 2 つのベクトルの**外積**についての定義を与える．外積は本書で紹介する線形空間に直接的に関わる内容ではないが，応用数学分野での「ベクトル解析」を行う上で重要な役割を担うため本節で取り上げる．

定義 4.9. (ベクトルの外積) 式 (4.24) で表された 2 つのベクトル $\overrightarrow{a}$, $\overrightarrow{b}$ において，式 (4.25) で表されるベクトルを $\overrightarrow{a} \times \overrightarrow{b}$ と記し，$\overrightarrow{a}$ と $\overrightarrow{b}$ の**外積**と呼ぶ.

$$\overrightarrow{a} \times \overrightarrow{b} = \begin{vmatrix} \overrightarrow{e_1} & \overrightarrow{e_2} & \overrightarrow{e_3} \\ a_1 & a_2 & a_3 \\ b_1 & b_2 & b_3 \end{vmatrix}. \tag{4.25}$$

注意 4.2. 定義 4.9 で表された $\overrightarrow{a} \times \overrightarrow{b}$ は行列式の形で表されているため，第 1 行での余因子展開により，次の様に展開することができる.

$$\overrightarrow{a} \times \overrightarrow{b} = (a_2b_3 - a_3b_2)\overrightarrow{e_1} - (a_1b_3 - a_3b_1)\overrightarrow{e_2} + (a_1b_2 - a_2b_1)\overrightarrow{e_3}.$$

問題 4.6. $\overrightarrow{a} = 2\overrightarrow{e_1} - 3\overrightarrow{e_2} + \overrightarrow{e_3}$, $\overrightarrow{b} = -2\overrightarrow{e_1} + 2\overrightarrow{e_2} + \overrightarrow{e_3}$ とする．次の問いに答えよ.

(1) $\overrightarrow{a} \times \overrightarrow{b}$ を求めよ.　　(2) $||\overrightarrow{a} \times \overrightarrow{b}||$ を求めよ.

解答.

(1)
$$\overrightarrow{a} \times \overrightarrow{b} = \begin{vmatrix} \overrightarrow{e_1} & \overrightarrow{e_2} & \overrightarrow{e_3} \\ 2 & -3 & 1 \\ -2 & 2 & 1 \end{vmatrix} = (-3-2)\overrightarrow{e_1} - (2+2)\overrightarrow{e_2} + (4-6)\overrightarrow{e_3}$$
$$= -5\overrightarrow{e_1} - 4\overrightarrow{e_2} - 2\overrightarrow{e_3}.$$

(2)
$$||\overrightarrow{a} \times \overrightarrow{b}|| = \sqrt{(-5)^2 + (-4)^2 + (-2)^2} = 3\sqrt{5}.$$

(解答終)

注意 4.2 より，2 つのベクトル $\overrightarrow{a}$, $\overrightarrow{b}$ の外積 $\overrightarrow{a} \times \overrightarrow{b}$ は 1 つのベクトルを表すため，向きと大きさを持つ．次の特性は $\overrightarrow{a} \times \overrightarrow{b}$ により得られたベクトル（外積）の特性を与えたものである.

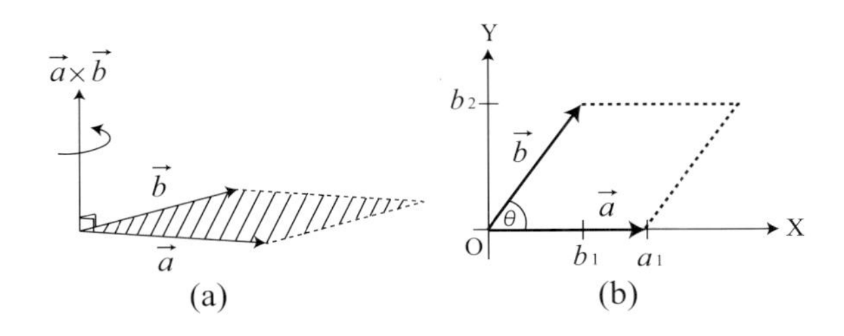

図 4.2: 2 つのベクトルの外積の向きと大きさ

特性 4.2. (外積の特性) 2 つのベクトル $\overrightarrow{a}$, $\overrightarrow{b}$ の外積 $\overrightarrow{a} \times \overrightarrow{b}$ により得られたベクトルは次の特性を持つ.

(1) ベクトル $\overrightarrow{a} \times \overrightarrow{b}$ の向きは，$\overrightarrow{a}$ を 180° 以内の角だけ回転して $\overrightarrow{b}$ に重ねるとき，この回転で右ねじの軸が進む方向であり，$\overrightarrow{a}$ と $\overrightarrow{b}$ に垂直となる.

(2) ベクトル $\overrightarrow{a} \times \overrightarrow{b}$ の大きさ $||\overrightarrow{a} \times \overrightarrow{b}||$ は，$\overrightarrow{a}$ と $\overrightarrow{b}$ で作られる平行四辺形の面積となる.

証明. ここでは $\overrightarrow{a} = {}^{\mathrm{t}}(a_1, 0, 0)$ $(a_1 > 0)$, $\overrightarrow{b} = {}^{\mathrm{t}}(b_1, b_2, 0)$ $(b_1, b_2 > 0)$ として $\overrightarrow{a} \times \overrightarrow{b}$ を求め，(1),(2) の特性を導く.

$$\overrightarrow{a} \times \overrightarrow{b} = \begin{vmatrix} \overrightarrow{e_1} & \overrightarrow{e_2} & \overrightarrow{e_3} \\ a_1 & 0 & 0 \\ b_1 & b_2 & 0 \end{vmatrix} = a_1 b_2 \overrightarrow{e_3}$$

となるため，大きさは $||\overrightarrow{a} \times \overrightarrow{b}|| = a_1 b_2$. よって $\overrightarrow{a} \times \overrightarrow{b}$ の向きは $\overrightarrow{e_3}$ の方向となり，大きさは $\overrightarrow{a}$ と $\overrightarrow{b}$ で作られた平行四辺形の面積となる（図 4.2(a)(b) 参照）.

(証明終)

特性 4.2(2) より $||\overrightarrow{a} \times \overrightarrow{b}||$ は，$\overrightarrow{a}$ と $\overrightarrow{b}$ で作られる平行四辺形の面積であるため，2 つのベクトル $\overrightarrow{a}$ と $\overrightarrow{b}$ のなす角を θ とすれば次式が成立する（図 4.2(b) 参照）.

$$||\overrightarrow{a} \times \overrightarrow{b}|| = ||\overrightarrow{a}||\ ||\overrightarrow{b}|| \sin\theta.$$

問題 4.7. $\overrightarrow{a} = \overrightarrow{e_1} + 2\overrightarrow{e_2} + \overrightarrow{e_3}$, $\overrightarrow{b} = -2\overrightarrow{e_1} - \overrightarrow{e_2} + 2\overrightarrow{e_3}$ とする. 次の問いに答えよ.

(1) $\overrightarrow{a}$ と $\overrightarrow{b}$ を 2 辺とする平行四辺形の面積を求めよ.

(2) $\overrightarrow{a}$ と $\overrightarrow{b}$ に垂直な単位ベクトルを求めよ.

解答.

(1) $\overrightarrow{a} \times \overrightarrow{b} = \begin{vmatrix} \overrightarrow{e_1} & \overrightarrow{e_2} & \overrightarrow{e_3} \\ 1 & 2 & 1 \\ -2 & -1 & 2 \end{vmatrix} = (4+1)\overrightarrow{e_1} - (2+2)\overrightarrow{e_2} + (-1+4)\overrightarrow{e_3}$

$= 5\overrightarrow{e_1} - 4\overrightarrow{e_2} + 3\overrightarrow{e_3}$.

よって，$||\overrightarrow{a} \times \overrightarrow{b}|| = 5\sqrt{2}$ となるため，求める面積は $5\sqrt{2}$.

(2) $||\overrightarrow{a} \times \overrightarrow{b}|| = 5\sqrt{2}$ であるため，求める単位ベクトルは外積の大きさで割ってやり，外積の向きに対し逆向きを付け加えた次の式で与えられる.

$$\pm\frac{1}{5\sqrt{2}}(5\overrightarrow{e_1} - 4\overrightarrow{e_2} + 3\overrightarrow{e_3}).$$

(解答終)

第5章　線形空間

本章にて，まず線形空間の定義を与える．

定義 5.1. (線形空間) 集合 V が次の 2 つの公理 (1), (2) を満たすとき，集合 V を実数上の**線形空間**あるいは**ベクトル空間**という．

(1) **(和の公理)** V の任意の 2 つの元 $\boldsymbol{a}, \boldsymbol{b}$ に対し $\boldsymbol{a}+\boldsymbol{b}$ で表現された 和（と呼ばれる）演算が定義され，その演算と 2 つの元 $\boldsymbol{a}, \boldsymbol{b}$ の間で次に示す性質がある．

(a) (和の交換法則)
$\boldsymbol{a}+\boldsymbol{b}=\boldsymbol{b}+\boldsymbol{a}$.

(b) (和の結合法則)
$(\boldsymbol{a}+\boldsymbol{b})+\boldsymbol{c}=\boldsymbol{a}+(\boldsymbol{b}+\boldsymbol{c})$.

(c) (零元の存在)
V の任意の元 $\boldsymbol{a}$ に対し，次の性質をもつ，ある特別な元 $\boldsymbol{0} \in V$ が存在する．
$\boldsymbol{a}+\boldsymbol{0}=\boldsymbol{0}+\boldsymbol{a}=\boldsymbol{a}$.
この性質をもつ $\boldsymbol{0}$ を**零元**と呼ぶ．

(d) (逆元の存在)
V の任意の元 $\boldsymbol{a}$ に対し次の式を満足する元 $\boldsymbol{x} \in V$ が存在する．
$\boldsymbol{a}+\boldsymbol{x}=\boldsymbol{x}+\boldsymbol{a}=\boldsymbol{a}$.
この性質をもつ $\boldsymbol{x}$ を $-\boldsymbol{a}$ と表し，$\boldsymbol{a}$ の**逆元**と呼ぶ．

(2) **(スカラー倍の公理)** V の任意の元 $\boldsymbol{a}$ と任意の実数 k に対し，$\boldsymbol{a}$ の**スカラー倍**（と呼ばれる）$k\boldsymbol{a}$ が定義され，次に示す性質がある．ここで l も実数とする．

(a) $k(\boldsymbol{a}+\boldsymbol{b})=k\boldsymbol{a}+k\boldsymbol{b}$.

(b) $(k+l)\boldsymbol{a}=k\boldsymbol{a}+l\boldsymbol{a}$.

(c) $(kl)\boldsymbol{a}=k(l\boldsymbol{a})$.

(d) $1\boldsymbol{a}=\boldsymbol{a}$.

－ 今後の解説上の注意 －

定義 5.1 において，スカラー k が複素数の場合は，V を複素線形空間と呼ぶ．本書では線形空間の理解をより解りやすくするために，**スカラーは実数の場合に限って説明する．**

－ 定義 5.1 (線形空間) の補足 －

その 1 定義 5.1 で述べた，(1) 和の公理, (2) スカラー倍の公理 で示した内容は読者側からすれば,「まあ，成り立ちそうだなー」と思われる感覚であると思われる.「成り立ちそうだなー」という様な性質を「成立する」と決めて公理というものを作るのである（P. 5 参照）．この公理を出発点として様々な定理を作り数学の世界を広げていくのである.

その 2 定義 5.1(1)(d) の「－」の記号は実数の持つマイナスではなく，単なる記号を表す.

その 3 第 2 章で解説した向きと大きさを持ったベクトル $\overrightarrow{a}$ と定義 5.1 で記した $\boldsymbol{a}$ は一緒ではない．向きと大きさを持ったベクトルでは，最初にベクトルの和（というよりは「足し算」）$\overrightarrow{a}+\overrightarrow{b}$，スカラー倍 $k\overrightarrow{a}$ を定義して，位置ベクトルであるとか，成分表示であるとか，内積とかを学んだ．この向きと大きさを持ったベクトル $\overrightarrow{a}$, $\overrightarrow{b}$, スカラー k の間で，定義 5.1 の公理 (1), 公理 (2) の全てが成立することが解る．もちろん逆ベクトル $-\overrightarrow{a}$ や，零ベクトル $\overrightarrow{0}$ も存在する．よって，向きと大きさをもった $\overrightarrow{a}$ の世界は，今定義された定義 5.1 の線形空間の 1 つの例となるのである．次の例題 5.1 で与えられた集合は，単なる集合ではなくすべて線形空間となる例である.

(解説終)

例題 5.1. (線形空間の例) 次の (1)～(3) の集合は線形空間である．それぞれの集合の中で，和及びスカラー倍を定義して，線形空間であることを示せ.

(1) 三次元にて，向きと大きさを持ったベクトルの集合

$$Y=\left\{\overrightarrow{a}\;\middle|\;\overrightarrow{a}=\begin{pmatrix}a_1\\a_2\\a_3\end{pmatrix},\ a_1,\ a_2,\ a_3\in\mathbf{R}\right\}.$$

(2) 二次の正方行列全体の集合

$$\mathbf{M}_2=\left\{\mathbf{A}\;\middle|\;\mathbf{A}=\begin{pmatrix}a_{11}&a_{12}\\a_{21}&a_{22}\end{pmatrix},\ a_{11},\ a_{12},\ a_{21},\ a_{22}\in\mathbf{R}\right\}.$$

(3) n 次以下の多項式全体の集合

$$P_n = \left\{ P \mid P = a_0 + a_1 x + a_2 x^2 + \cdots + a_n x^n,\ \ a_i \in \mathbf{R},\ i = 0, 1, \cdots, n \right\}.$$

解答.

(1) $Y \ni \overrightarrow{a} = \begin{pmatrix} a_1 \\ a_2 \\ a_3 \end{pmatrix}, Y \ni \overrightarrow{b} = \begin{pmatrix} b_1 \\ b_2 \\ b_3 \end{pmatrix}$ として和及びスカラー倍を次の様に定義すると，Y は線形空間となる．

$$\overrightarrow{a} + \overrightarrow{b} = \begin{pmatrix} a_1 + b_1 \\ a_2 + b_2 \\ a_3 + b_3 \end{pmatrix}, \quad k\overrightarrow{a} = k\begin{pmatrix} a_1 \\ a_2 \\ a_3 \end{pmatrix} = \begin{pmatrix} ka_1 \\ ka_2 \\ ka_3 \end{pmatrix}.$$

Y の零元は $\overrightarrow{0} = \begin{pmatrix} 0 \\ 0 \\ 0 \end{pmatrix}$, $\overrightarrow{a}$ の逆元 $-\overrightarrow{a}$ は，$-\overrightarrow{a} = \begin{pmatrix} -a_1 \\ -a_2 \\ -a_3 \end{pmatrix}$ となる．

(2) $\mathbf{M}_2 \ni \mathbf{A} = \begin{pmatrix} a_{11} & a_{12} \\ a_{21} & a_{22} \end{pmatrix}, \mathbf{M}_2 \ni \mathbf{B} = \begin{pmatrix} b_{11} & b_{12} \\ b_{21} & b_{22} \end{pmatrix}$ として，和及びスカラー倍を次の様に定義すると，$\mathbf{M}_2$ は線形空間となる．

$$\mathbf{A} + \mathbf{B} = \begin{pmatrix} a_{11} + b_{11} & a_{12} + b_{12} \\ a_{21} + b_{21} & a_{22} + b_{22} \end{pmatrix}, \quad k\mathbf{A} = \begin{pmatrix} ka_{11} & ka_{12} \\ ka_{21} & ka_{22} \end{pmatrix}.$$

$\mathbf{M}_2$ の零元は，$\mathbf{0} = \begin{pmatrix} 0 & 0 \\ 0 & 0 \end{pmatrix}$, $\mathbf{A}$ の逆元は $-\mathbf{A} = \begin{pmatrix} -a_{11} & -a_{12} \\ -a_{21} & -a_{22} \end{pmatrix}$ となる．

(3) $P_n \ni P = a_0 + a_1 x + a_2 x^2 + \cdots + a_n x^n$, $P_n \ni Q = b_0 + b_1 x + b_2 x^2 + \cdots + b_n x^n$ として，和及びスカラー倍を次の様に定義すると，P_n は線形空間となる．

$$\begin{aligned} P + Q &= (a_0 + b_0) + (a_1 + b_1)x + (a_2 + b_2)x^2 + \cdots + (a_n + b_n)x^n, \\ kP &= ka_0 + ka_1 x + ka_2 x^2 + \cdots + ka_n x^n. \end{aligned}$$

P_n の零元は，$0 + 0x + 0x^2 + \cdots + 0x^n = 0$,
P の逆元は $-P = (-a_0) + (-a_1)x + (-a_2)x^2 + \cdots + (-a_n)x^n$ となる．

(解答終)

— 例題 5.1 (線形空間の例)(1) の補足 —

その 1 Y の三次元の矢線ベクトルの集合は三次元の実数の集合と同じである．よって，今後三次元矢線ベクトルの集合 Y を $\mathbf{R}^3$ と記す．

その 2 $\mathbf{R}^3 \ni \vec{x} = \begin{pmatrix} x_1 \\ x_2 \\ x_3 \end{pmatrix}$ を行列の転置を用いて $\vec{x} = {}^{\mathrm{t}}(x_1, x_2, x_3)$ と表すこともある．転置行列では $\vec{x} = {}^{\mathrm{t}}(x_1\ x_2\ x_3)$ と，カンマを無くして表現するが，これでは成分間の区別が見分けにくいことを考慮し，本書ではカンマを入れて表現する．

(解説終)

線形空間 V において，次の定理が成立する．

定理 5.1. V を線形空間とするとき，次のことが成立することを示せ．

(1) V の零元は，ただ 1 つ存在する．

(2) V の各々の元 $\boldsymbol{a}$ に対する逆元はただ 1 つである．

証明.

(1) V の零元が 2 つ存在（$\mathbf{0}$, $\mathbf{0}'$ と記す）すると仮定すると，零元 $\mathbf{0}$ に対し，$\mathbf{0} + \mathbf{0}' = \mathbf{0}' + \mathbf{0} = \mathbf{0}'$ が成立する．一方零元 $\mathbf{0}'$ に対しても $\mathbf{0}' + \mathbf{0} = \mathbf{0} + \mathbf{0}' = \mathbf{0}$ が成立する．よって，これら 2 つの式の左辺が等しい（和の交換法則）から $\mathbf{0} = \mathbf{0}'$ となる．

(2) V の元 $\boldsymbol{a}$ に対し，逆元が 2 つ存在（$\boldsymbol{x}$, $\boldsymbol{y}$ と記す）すると仮定すると，

$$\boldsymbol{a} + \boldsymbol{x} = \boldsymbol{x} + \boldsymbol{a} = \mathbf{0}, \quad \boldsymbol{a} + \boldsymbol{y} = \boldsymbol{y} + \boldsymbol{a} = \mathbf{0} \tag{5.1}$$

が成立する．一方，式 (5.1) と零元，及び和の結合法則を利用することにより，

$$\boldsymbol{x} = \mathbf{0} + \boldsymbol{x} = (\boldsymbol{a} + \boldsymbol{y}) + \boldsymbol{x} = (\boldsymbol{y} + \boldsymbol{a}) + \boldsymbol{x} = \boldsymbol{y} + (\boldsymbol{a} + \boldsymbol{x}) = \boldsymbol{y} + \mathbf{0} = \boldsymbol{y}$$

が成立する．よって $\boldsymbol{x} = \boldsymbol{y}$ となるため，$\boldsymbol{a}$ の逆元はただ 1 つである．

(証明終)

問題 5.1. V を線形空間とする．このとき $\boldsymbol{a} \in V$，スカラー k に対し次の式が成立することを確かめよ．

(1) $0\boldsymbol{a} = \mathbf{0}$. (2) $-\boldsymbol{a} = (-1)\boldsymbol{a}$. (3) $-(-\boldsymbol{a}) = \boldsymbol{a}$.

(4) $-(k\boldsymbol{a}) = (-k)\boldsymbol{a}$. (5) $k\mathbf{0} = \mathbf{0}$. (6) $\boldsymbol{a} + \boldsymbol{a} = 2\boldsymbol{a}$.

証明.

(1) $0\boldsymbol{a}=(0+0)\boldsymbol{a}=0\boldsymbol{a}+0\boldsymbol{a}$. よって両辺に $0\boldsymbol{a}$ の逆元 $-0\boldsymbol{a}$ を和として作用させると,

$$\begin{aligned} 0\boldsymbol{a}+(-0\boldsymbol{a}) &= 0\boldsymbol{a}+0\boldsymbol{a}+(-0\boldsymbol{a}). \\ \boldsymbol{0} &= 0\boldsymbol{a}+\big\{0\boldsymbol{a}+(-0\boldsymbol{a})\big\}. \\ \boldsymbol{0} &= 0\boldsymbol{a}+\boldsymbol{0}=0\boldsymbol{a}. \end{aligned}$$

よって, $0\boldsymbol{a}=\boldsymbol{0}$ となる.

(2) $\boldsymbol{a}+(-1)\boldsymbol{a}=1\boldsymbol{a}+(-1)\boldsymbol{a}=\big\{1+(-1)\big\}\boldsymbol{a}=0\boldsymbol{a}=\boldsymbol{0}$.

よって, $\boldsymbol{a}$ の逆元 $-\boldsymbol{a}$ は, $-\boldsymbol{a}=(-1)\boldsymbol{a}$ となる.

(3) $\boldsymbol{a}+(-\boldsymbol{a})=1\boldsymbol{a}+(-1)\boldsymbol{a}=\big\{1+(-1)\big\}\boldsymbol{a}=0\boldsymbol{a}=\boldsymbol{0}$.

よって, $(-\boldsymbol{a})$ の逆元 $-(-\boldsymbol{a})$ は, $-(-\boldsymbol{a})=\boldsymbol{a}$ となる.

(4) $k\boldsymbol{a}+(-k)\boldsymbol{a}=\big\{k+(-k)\big\}\boldsymbol{a}=0\boldsymbol{a}=\boldsymbol{0}$.

よって, $k\boldsymbol{a}$ の逆元 $-(k\boldsymbol{a})$ は, $-(k\boldsymbol{a})=(-k)\boldsymbol{a}$ となる.

(5) $k\boldsymbol{0}=k(\boldsymbol{0}+\boldsymbol{0})=k\boldsymbol{0}+k\boldsymbol{0}$. よって両辺に $k\boldsymbol{0}$ の逆元 $(-k\boldsymbol{0})$ を和として作用させれば, (1) と同様な手法により, $\boldsymbol{0}=k\boldsymbol{0}$ となる. よって $k\boldsymbol{0}=\boldsymbol{0}$ となる.

(6) $\boldsymbol{a}+\boldsymbol{a}=(1+1)\boldsymbol{a}=2\boldsymbol{a}$.

(証明終)

― 問題 5.1 の補足 ―

その 1 問題 5.1 は一見当然の様に思えるが, 線形空間の元とスカラーとの組み合わせの公理により初めて導かれるものである. 特に, $\boldsymbol{a}$ の逆元 $-\boldsymbol{a}$ の「−」の記号が, 通常我々が実数計算で用いている「マイナス」と同じ様な作用をすることが解ったことがポイントである（補足 5.1(後述) 参照）.

(解説終)

ここで次の 2 つの補足を与える.

補足 5.1. (表記上の表し方) 定義 5.1（P. 71）で定義した逆元について, $\boldsymbol{a}+(-\boldsymbol{b})=\boldsymbol{a}-\boldsymbol{b}$ と（形式的に）表現する.

補足 5.2. (線形空間 V の元の呼び名) 線形空間 V の元を**ベクトル**と呼ぶ.

問題 5.2. 補足 5.1 を用いて $\boldsymbol{a}-(-\boldsymbol{b})=\boldsymbol{a}+\boldsymbol{b}$ となることを示せ.

証明. $\boldsymbol{a}-(-\boldsymbol{b})=\boldsymbol{a}+\left\{-(-\boldsymbol{b})\right\}=\boldsymbol{a}+\boldsymbol{b}.$

(証明終)

― 今後の解説上の注意 ―

今後, 線形空間において, 定義であるとか定理が沢山でてくる. そこでこれらの定義であるとか, 定理のイメージを解りやすく説明するための線形空間の具体例として, 本書では以下例題 5.1(1)(P.72)の様に, 向きと大きさを持った矢線ベクトルの集合をとりあげる. ただし, 説明の際は, $\overrightarrow{a}$ と表現せず, 線形空間の元を表すものとして $\boldsymbol{a}$ と表す.

ここで次の 2 つの定義を与える.

定義 5.2. (線形結合) 線形空間 V のベクトル $\boldsymbol{a}_1$, $\boldsymbol{a}_2, \cdots, \boldsymbol{a}_n$ と, スカラー k_1, k_2, $\cdots$, k_n に対し, スカラー倍と和によって表されるベクトル

$$\boldsymbol{a}=k_1\boldsymbol{a}_1+k_2\boldsymbol{a}_2+\cdots+k_n\boldsymbol{a}_n$$

を, $\boldsymbol{a}_1$, $\boldsymbol{a}_2, \cdots, \boldsymbol{a}_n$ の**線形結合(一次結合)**と呼ぶ.

定義 5.3. (線形関係) 線形空間 V のベクトル $\boldsymbol{a}_1$, $\boldsymbol{a}_2, \cdots, \boldsymbol{a}_n$ と, スカラー k_1, k_2, $\cdots$, k_n に対し,

$$k_1\boldsymbol{a}_1+k_2\boldsymbol{a}_2+\cdots+k_n\boldsymbol{a}_n=\boldsymbol{0} \tag{5.2}$$

となる関係を**線形関係**と呼ぶ.

― 定義 5.3 (線形関係) の補足 ―

その 1 式 (5.2) において, $\boldsymbol{a}_1$, $\boldsymbol{a}_2, \cdots, \boldsymbol{a}_n$ がどの様なベクトルであっても線形関係は必ず存在する. それは, $k_1=k_2=\cdots=k_n=0$ としたものであり, この様な線形関係を**自明な線形関係**と呼ぶ. もちろん自明でない線形関係が存在する場合もある. そこで次の定義が出現する.

(解説終)

5.1　線形独立・線形従属

本節では，線形空間を学ぶ上で極めて重要な線形独立・線形従属について解説する．

定義 5.4. **(線形独立・線形従属)** $\boldsymbol{a}_1$，$\boldsymbol{a}_2, \cdots, \boldsymbol{a}_n$ のあいだに，自明でない線形関係が存在するとき，$\boldsymbol{a}_1$，$\boldsymbol{a}_2, \cdots, \boldsymbol{a}_n$ は**線形従属**（一次従属とも言う）であるといい，自明でない線形関係が存在しないとき，$\boldsymbol{a}_1$，$\boldsymbol{a}_2, \cdots, \boldsymbol{a}_n$ は**線形独立**（一次独立とも言う）であるという．

－ 定義 5.4 (線形独立・線形従属) の補足 －

その 1 定義 5.4 について，解りやすく説明すれば，$\boldsymbol{a}_1$，$\boldsymbol{a}_2, \cdots, \boldsymbol{a}_n$ が線形独立，線形従属であるとはそれぞれ次のケースが存在する場合のことである．

(1) $\boldsymbol{a}_1$，$\boldsymbol{a}_2, \cdots, \boldsymbol{a}_n$ **が線形独立**
$k_1\boldsymbol{a}_1 + k_2\boldsymbol{a}_2 + \cdots + k_n\boldsymbol{a}_n = \boldsymbol{0}$ ならば，$k_1 = k_2 = \cdots = k_n = 0$ 以外は存在しない．

(2) $\boldsymbol{a}_1$，$\boldsymbol{a}_2, \cdots, \boldsymbol{a}_n$ **が線形従属**
$k_1\boldsymbol{a}_1 + k_2\boldsymbol{a}_2 + \cdots + k_n\boldsymbol{a}_n = \boldsymbol{0}$ ならば，少なくとも 1 つは 0 でないあるスカラーの組 $k_1, k_2, \cdots, k_n$ が存在する．

(解説終)

問題 5.3. 次の各ベクトルは線形独立か，線形従属か調べよ．もし線形従属であれば，$\boldsymbol{a}_1$, $\boldsymbol{a}_2$, $\boldsymbol{a}_3$ の関係を導け．

(1) $\boldsymbol{a}_1 = {}^{\mathrm{t}}(1, 2, -1)$,　$\boldsymbol{a}_2 = {}^{\mathrm{t}}(2, 3, 1)$.

(2) $\boldsymbol{a}_1 = {}^{\mathrm{t}}(1, 2, 3)$,　$\boldsymbol{a}_2 = {}^{\mathrm{t}}(-1, 0, 1)$,　$\boldsymbol{a}_3 = {}^{\mathrm{t}}(3, 2, 1)$.

(3) $\boldsymbol{a}_1 = {}^{\mathrm{t}}(1, 2, -1)$,　$\boldsymbol{a}_2 = {}^{\mathrm{t}}(2, 3, 1)$,　$\boldsymbol{a}_3 = {}^{\mathrm{t}}(1, 3, 4)$.

解答.

(1) スカラーを k_1，k_2 とし，$k_1\boldsymbol{a}_1 + k_2\boldsymbol{a}_2 = \boldsymbol{0}$ とおく．この方程式を満足する k_1，k_2 を調べればよいのである．

$$k_1\begin{pmatrix} 1 \\ 2 \\ -1 \end{pmatrix} + k_2\begin{pmatrix} 2 \\ 3 \\ 1 \end{pmatrix} = \begin{pmatrix} 0 \\ 0 \\ 0 \end{pmatrix}$$

であるため，この方程式の解 k_1，k_2 を掃き出し法を用いて求めると，

$$\left(\begin{array}{cc|c} \boxed{1} & 2 & 0 \\ 2 & 3 & 0 \\ -1 & 1 & 0 \end{array}\right) \to \left(\begin{array}{cc|c} 1 & 2 & 0 \\ 0 & \boxed{-1} & 0 \\ 0 & 3 & 0 \end{array}\right) \to \cdots \to \left(\begin{array}{cc|c} 1 & 0 & 0 \\ 0 & 1 & 0 \\ 0 & 0 & 0 \end{array}\right).$$

よって，$k_1 = k_2 = 0$．したがって自明な解以外は存在しないため，$\boldsymbol{a}_1$，$\boldsymbol{a}_2$ は線形独立となる．

(2) (1) と同様に，スカラーを k_1，k_2，k_3 とし，$k_1\boldsymbol{a}_1 + k_2\boldsymbol{a}_2 + k_3\boldsymbol{a}_3 = \boldsymbol{0}$ とおいて，この方程式を満足する k_1，k_2，k_3 を調べる．掃き出し法により，

$$\left(\begin{array}{ccc|c} \boxed{1} & -1 & 3 & 0 \\ 2 & 0 & 2 & 0 \\ 3 & 1 & 1 & 0 \end{array}\right) \to \left(\begin{array}{ccc|c} 1 & -1 & 3 & 0 \\ 0 & 2 & -4 & 0 \\ 0 & 4 & -8 & 0 \end{array}\right) \to \left(\begin{array}{ccc|c} 1 & -1 & 3 & 0 \\ 0 & \boxed{1} & -2 & 0 \\ 0 & 1 & -2 & 0 \end{array}\right)$$

$$\to \left(\begin{array}{ccc|c} 1 & 0 & 1 & 0 \\ 0 & 1 & -2 & 0 \\ 0 & 0 & 0 & 0 \end{array}\right).$$

よって，$k_1 + k_3 = 0$，$k_2 - 2k_3 = 0$ となるため，$k_3 = s$ とおけば，$k_1 = -s$，$k_2 = 2s$．したがって，$k_1\boldsymbol{a}_1 + k_2\boldsymbol{a}_2 + k_3\boldsymbol{a}_3 = \boldsymbol{0}$ は，$-s\boldsymbol{a}_1 + 2s\boldsymbol{a}_2 + s\boldsymbol{a}_3 = \boldsymbol{0}$ となり，$-\boldsymbol{a}_1 + 2\boldsymbol{a}_2 + \boldsymbol{a}_3 = \boldsymbol{0}$ という線形関係が成立する．よって $\boldsymbol{a}_1$，$\boldsymbol{a}_2$，$\boldsymbol{a}_3$ は線形従属である．

(3) (2) と同様に，スカラーを k_1，k_2，k_3 とし，$k_1\boldsymbol{a}_1 + k_2\boldsymbol{a}_2 + k_3\boldsymbol{a}_3 = \boldsymbol{0}$ とおいて，この方程式を満足する k_1，k_2，k_3 を調べる．

$$\left(\begin{array}{ccc|c} \boxed{1} & 2 & 1 & 0 \\ 2 & 3 & 3 & 0 \\ -1 & 1 & 4 & 0 \end{array}\right) \to \left(\begin{array}{ccc|c} 1 & 2 & 1 & 0 \\ 0 & -1 & \boxed{1} & 0 \\ 0 & 3 & 5 & 0 \end{array}\right) \to \left(\begin{array}{ccc|c} 1 & 3 & 0 & 0 \\ 0 & -1 & 1 & 0 \\ 0 & 8 & 0 & 0 \end{array}\right)$$

$$\to \left(\begin{array}{ccc|c} 1 & 3 & 0 & 0 \\ 0 & -1 & 1 & 0 \\ 0 & \boxed{1} & 0 & 0 \end{array}\right) \to \left(\begin{array}{ccc|c} 1 & 0 & 0 & 0 \\ 0 & 0 & 1 & 0 \\ 0 & 1 & 0 & 0 \end{array}\right) \to \left(\begin{array}{ccc|c} 1 & 0 & 0 & 0 \\ 0 & 1 & 0 & 0 \\ 0 & 0 & 1 & 0 \end{array}\right).$$

よって，$k_1 = k_2 = k_3 = 0$．したがって自明な解以外は存在しないため，$\boldsymbol{a}_1$，$\boldsymbol{a}_2$，$\boldsymbol{a}_3$ は線形独立となる．

(解答終)

問題 5.4.　次のベクトルは線形独立か線形従属か調べよ．

$$\boldsymbol{a}_1 = {}^{\mathrm{t}}(1, -2, 3), \quad \boldsymbol{a}_2 = {}^{\mathrm{t}}(-2, 2, 0), \quad \boldsymbol{a}_3 = {}^{\mathrm{t}}(2, -1, \ a).$$

解答. スカラーを $k_1,\ k_2,\ k_3$ とし，$k_1\boldsymbol{a}_1 + k_2\boldsymbol{a}_2 + k_3\boldsymbol{a}_3 = \mathbf{0}$ とおく．この方程式を満足する k_1, k_2, k_3 を a の場合分けにより調べればよい．掃き出し法により，

(5.3)
$$\left(\begin{array}{ccc|c} \boxed{1} & -2 & 2 & 0 \\ -2 & 2 & -1 & 0 \\ 3 & 0 & a & 0 \end{array}\right) \to \left(\begin{array}{ccc|c} 1 & -2 & 2 & 0 \\ 0 & \boxed{\text{-2}} & 3 & 0 \\ 0 & 6 & a-6 & 0 \end{array}\right) \to \left(\begin{array}{ccc|c} 1 & 0 & -1 & 0 \\ 0 & -2 & 3 & 0 \\ 0 & 0 & a+3 & 0 \end{array}\right).$$

ここで，

(i) $a + 3 \neq 0$ のとき，式 (5.3) の第 3 行を $a + 3$ で割ることにより

$$\left(\begin{array}{ccc|c} 1 & 0 & -1 & 0 \\ 0 & -2 & 3 & 0 \\ 0 & 0 & 1 & 0 \end{array}\right) \to \cdots \to \left(\begin{array}{ccc|c} 1 & 0 & 0 & 0 \\ 0 & 1 & 0 & 0 \\ 0 & 0 & 1 & 0 \end{array}\right)$$

となって，$k_1 = k_2 = k_3 = 0$ となる．よって $\boldsymbol{a}_1,\ \boldsymbol{a}_2,\ \boldsymbol{a}_3$ は線形独立となる．

(ii) $a + 3 = 0$ のとき，式 (5.3) は，

$$\left(\begin{array}{ccc|c} 1 & 0 & -1 & 0 \\ 0 & -2 & 3 & 0 \\ 0 & 0 & 0 & 0 \end{array}\right) \to \left(\begin{array}{ccc|c} 1 & 0 & -1 & 0 \\ 0 & 1 & -\frac{3}{2} & 0 \\ 0 & 0 & 0 & 0 \end{array}\right)$$

となり，線形従属となる．与えられた方程式の解は，$k_1 - k_3 = 0,\ k_2 - \frac{3}{2}k_3 = 0$ となるため，$k_3 = 2s$ とおけば，$k_2 = 3s,\ k_1 = 2s$ となる．よって，$k_1,\ k_2,\ k_3$ を $k_1\boldsymbol{a}_1 + k_2\boldsymbol{a}_2 + k_3\boldsymbol{a}_3 = \mathbf{0}$ に代入することにより，

$$2s\boldsymbol{a}_1 + 3s\boldsymbol{a}_2 + 2s\boldsymbol{a}_3 = \mathbf{0}$$

となり，$\boldsymbol{a}_1, \boldsymbol{a}_2, \boldsymbol{a}_3$ の関係式は，$2\boldsymbol{a}_1 + 3\boldsymbol{a}_2 + 2\boldsymbol{a}_3 = \mathbf{0}$ となる．

(解答終)

問題 5.3，問題 5.4 を解けば推察できると思うが次の定理が成立する．

定理 5.2. (行列の階数と線形独立なベクトルの数との関係) 行列 $\mathbf{A}$ が次の様な形，

$$\mathbf{A} = (\boldsymbol{a}_1, \boldsymbol{a}_2, \cdots, \boldsymbol{a}_h) = \{a_{ij}\} \quad (1 \leq i \leq n,\ 1 \leq j \leq h,\ n > h)$$

であったとする．このとき，$\boldsymbol{a}_1, \boldsymbol{a}_2, \cdots, \boldsymbol{a}_h$ が線形独立であるための必要十分条件は，$\mathrm{Rank}\ \mathbf{A} = h$ である．

証明. $\boldsymbol{a}_1, \boldsymbol{a}_2, \cdots, \boldsymbol{a}_h$ の線形独立を調べるために，次の線形関係，

(5.4)
$$k_1\boldsymbol{a}_1 + k_2\boldsymbol{a}_2 + \cdots + k_h\boldsymbol{a}_h = \mathbf{0}$$

を満足する $k_1,\ k_2, \cdots, k_h$ を調べる．式 (5.4) は，

$$(\boldsymbol{a}_1, \boldsymbol{a}_2, \cdots, \boldsymbol{a}_h)\begin{pmatrix} k_1 \\ k_2 \\ \vdots \\ k_h \end{pmatrix} = \mathbf{A}\boldsymbol{x} = \mathbf{0}, \quad \text{ただし } \boldsymbol{x} = \begin{pmatrix} k_1 \\ k_2 \\ \vdots \\ k_h \end{pmatrix}$$

の解 $\boldsymbol{x}$ が自明な解を持つか，持たないかという問題に帰着される．よって，Rank $\mathbf{A} = h$ であれば，自明な解，$k_1 = k_2 = \cdots = k_h = 0$ となり，$\boldsymbol{a}_1, \boldsymbol{a}_2, \cdots, \boldsymbol{a}_h$ は線形独立となる．それに対し，Rank $\mathbf{A} < h$ であれば自明でない解をもつため，$\boldsymbol{a}_1, \boldsymbol{a}_2, \cdots, \boldsymbol{a}_h$ は線形従属となるのである．

(証明終)

− 定理 5.2 (行列の階数と線形独立なベクトルの数との関係）の補足 −

その 1 定理 5.2 の詳しい解説を与える．まず線形独立の定義により 1 つだけのベクトル $\boldsymbol{a}_1$ は線形独立である．なぜなら， $k_1\boldsymbol{a}_1 = \mathbf{0}$ ならば必ず $k_1 = 0$ となるからである．この操作を繰り返していけば定理 5.2 で言っているように，$\boldsymbol{a}_1$, $\boldsymbol{a}_2$,$\cdots$,$\boldsymbol{a}_h$ が線形独立であれば Rank $\mathbf{A} = h$ となるのである．では，ここで，$\boldsymbol{a}_{h+1}$ を加えた行列を $\mathbf{B} = (\boldsymbol{a}_1, \boldsymbol{a}_2, \cdots, \boldsymbol{a}_h, \boldsymbol{a}_{h+1})$ として, Rank $\mathbf{B} = h$ の場合を考える．定理 5.2 と同様に，

$$k_1\boldsymbol{a}_1 + \cdots + k_h\boldsymbol{a}_h + k_{h+1}\boldsymbol{a}_{h+1} = \mathbf{0} \tag{5.5}$$

とおき，行列 $\mathbf{B}$ の行基本変形を行うと，Rank $\mathbf{B} = h$ より, 行列 $\mathbf{B}$ は次の様に行基本変形されるはずである．

$$\mathbf{B} \longrightarrow \cdots \longrightarrow \begin{pmatrix} 1 & 0 & \cdots & 0 & \alpha_1 \\ 0 & 1 & \cdots & 0 & \alpha_2 \\ \vdots & \vdots & \ddots & \vdots & \vdots \\ 0 & 0 & \cdots & 1 & \alpha_h \\ 0 & 0 & \cdots & 0 & 0 \\ \vdots & \vdots & \cdots & \vdots & \vdots \\ 0 & 0 & \cdots & 0 & 0 \end{pmatrix}.$$

よって，

$$k_1 + k_{h+1}\alpha_1 = 0,\ k_2 + k_{h+1}\alpha_2 = 0, \cdots,\ k_h + k_{h+1}\alpha_h = 0$$

となり，$k_1 = -k_{h+1}\alpha_1$, $k_2 = -k_{h+1}\alpha_2$, $\cdots$, $k_h = -k_{h+1}\alpha_h$ となる．よって $\boldsymbol{a}_1$, $\boldsymbol{a}_2$, $\cdots$, $\boldsymbol{a}_h$, $\boldsymbol{a}_{h+1}$ の線形関係は，

$$-\alpha_1 k_{h+1}\boldsymbol{a}_1 - \alpha_2 k_{h+1}\boldsymbol{a}_2 - \cdots - \alpha_h k_{h+1}\boldsymbol{a}_h + k_{h+1}\boldsymbol{a}_{h+1} = \boldsymbol{0} \tag{5.6}$$

となる．ここで $k_{h+1} \neq 0$ である．なぜなら，$\boldsymbol{a}_1, \boldsymbol{a}_2, \cdots, \boldsymbol{a}_h$ は線形独立であり，ここでもし k_{h+1} が 0 であるとすると，式 (5.5) において，$k_1 = \cdots = k_h = k_{h+1} = 0$ となり，$\boldsymbol{a}_{h+1}$ を加えた,$\boldsymbol{a}_1, \boldsymbol{a}_2, \cdots, \boldsymbol{a}_h, \boldsymbol{a}_{h+1}$ が線形独立となってしまう．その結果 Rank $\mathbf{B} = h+1$ となり，最初の仮定に矛盾してしまう．よって，$k_{h+1} \neq 0$ となり，式 (5.6) の両辺を k_{h+1} で割ることができ，

$$\boldsymbol{a}_{h+1} = \alpha_1\boldsymbol{a}_1 + \cdots + \alpha_h\boldsymbol{a}_h \tag{5.7}$$

と $\boldsymbol{a}_{h+1}$ は $\boldsymbol{a}_1$，$\boldsymbol{a}_2, \cdots, \boldsymbol{a}_h$ の h 個の線形結合で表すことが出来る．また別の見方をすれば，例えば式 (5.7) において $\alpha_1 \neq 0$ だとすれば両辺を α_1 で割ることにより，$\boldsymbol{a}_1$ は $\boldsymbol{a}_2, \cdots$，$\boldsymbol{a}_h$，$\boldsymbol{a}_{h+1}$ の h 個の線形結合で表すこともできる．つまり与えられた行列 $\mathbf{B}$ における Rank $\mathbf{B} = h$ とは，行列 $\mathbf{B}$ の縦の列を表す行列の中で線形独立なベクトルの組が必ず h 個存在し，$(h+1)$ 個のベクトルは必ず h 個の線形独立なベクトルによって表すことができるということを表しているのである．系 5.1(後述) は今解説した内容を定理 5.2 の系として述べたものである．次の問題を解いてベクトルの線形独立，線形従属の関係を完全なものにしてほしい．

(解説終)

系 5.1. 線形空間 V において，$\boldsymbol{a}_1, \boldsymbol{a}_2$，$\cdots$，$\boldsymbol{a}_h$ が線形従属であるための必要十分条件は，Rank $\mathbf{A} < h$ である．

問題 5.5. 線形空間 V におけるベクトル $\boldsymbol{a}_1$，$\boldsymbol{a}_2$，$\boldsymbol{a}_3$ が線形独立であるとき，次の 3 つのベクトルが線形独立であるか調べよ．

$$\boldsymbol{a}_1,\quad 2\boldsymbol{a}_1 + \boldsymbol{a}_2,\quad \boldsymbol{a}_1 + \boldsymbol{a}_2 - \boldsymbol{a}_3.$$

解答. 仮定より，$\boldsymbol{a}_1$，$\boldsymbol{a}_2$，$\boldsymbol{a}_3$ は線形独立であるため，$k_1\boldsymbol{a}_1 + k_2\boldsymbol{a}_2 + k_3\boldsymbol{a}_3 = \boldsymbol{0}$ ならば $k_1 = k_2 = k_3 = 0$ となる．ここで，3 つのベクトル $\boldsymbol{a}_1$，$2\boldsymbol{a}_1 + \boldsymbol{a}_2$，$\boldsymbol{a}_1 + \boldsymbol{a}_2 - \boldsymbol{a}_3$ の線形独立性を調べるためにスカラー t_1，t_2，t_3 に対し，

$$t_1\boldsymbol{a}_1 + t_2(2\boldsymbol{a}_1 + \boldsymbol{a}_2) + t_3(\boldsymbol{a}_1 + \boldsymbol{a}_2 - \boldsymbol{a}_3) = \boldsymbol{0} \tag{5.8}$$

とおいた方程式の解 t_1，t_2，t_3 を調べる．

式 (5.8) は，次の式のように変形することができる．

$$(t_1 + 2t_2 + t_3)\boldsymbol{a}_1 + (t_2 + t_3)\boldsymbol{a}_2 - t_3\boldsymbol{a}_3 = \mathbf{0}. \tag{5.9}$$

ここで，$\boldsymbol{a}_1, \boldsymbol{a}_2, \boldsymbol{a}_3$ は線形独立であるため，式 (5.9) の各ベクトルの係数の間で次の関係式が成立する．

$$t_1 + 2t_2 + t_3 = 0, \quad t_2 + t_3 = 0, \quad -t_3 = 0.$$

よって，この方程式を解くことにより，$t_1 = t_2 = t_3 = 0$ となり，3 つのベクトル $\boldsymbol{a}_1$，$2\boldsymbol{a}_1 + \boldsymbol{a}_2$，$\boldsymbol{a}_1 + \boldsymbol{a}_2 - \boldsymbol{a}_3$ は線形独立になることが解る．

(解答終)

図 5.1 は，$\mathbf{R}^3 = \{\boldsymbol{x} \mid \boldsymbol{x} = {}^t(x_1, x_2, x_3)\}$ の元である $\boldsymbol{a}_1, \boldsymbol{a}_2, \boldsymbol{a}_3$ から $\mathbf{A} = (\boldsymbol{a}_1, \boldsymbol{a}_2, \boldsymbol{a}_3)$ という行列をつくった場合の Rank $\mathbf{A}$ と $\boldsymbol{a}_1, \boldsymbol{a}_2, \boldsymbol{a}_3$ の幾何的関係の例を図示したものである．

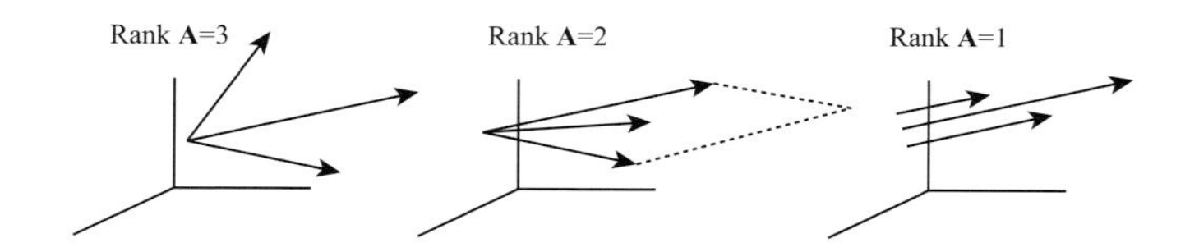

図 5.1: $\mathbf{R}^3$ における 3 つのベクトルの関係と Rank $\mathbf{A}$ との関係

5.2　基底

本節では，線形空間 V において重要な基底の定義を与える．

定義 5.5. (基底) 線形空間 V のベクトル $\boldsymbol{a}_1$，$\boldsymbol{a}_2, \cdots, \boldsymbol{a}_n$ が次の 2 つの条件を満たすとき，ベクトルの組 $\{\boldsymbol{a}_1, \boldsymbol{a}_2, \cdots, \boldsymbol{a}_n\}$ は V の**基底**であるといい，$[\boldsymbol{a}_1, \boldsymbol{a}_2, \cdots, \boldsymbol{a}_n]$ と記す．

(1) $\boldsymbol{a}_1$，$\boldsymbol{a}_2, \cdots, \boldsymbol{a}_n$ は線形独立である．

(2) V の任意のベクトルは $\boldsymbol{a}_1$，$\boldsymbol{a}_2, \cdots, \boldsymbol{a}_n$ の線形結合として表される．

定義 5.6. (標準基底) $\mathbf{R}^3 = \{\boldsymbol{x} \mid \boldsymbol{x} = {}^t(x_1, x_2, x_3)\}$ とする．線形空間 $\mathbf{R}^3$ の元 $\boldsymbol{x}$ は，

$$\boldsymbol{x} = \begin{pmatrix} x_1 \\ x_2 \\ x_3 \end{pmatrix} = x_1 \begin{pmatrix} 1 \\ 0 \\ 0 \end{pmatrix} + x_2 \begin{pmatrix} 0 \\ 1 \\ 0 \end{pmatrix} + x_3 \begin{pmatrix} 0 \\ 0 \\ 1 \end{pmatrix} \tag{5.10}$$

と表すことができる．ここで $\boldsymbol{e}_1 = {}^t(1,0,0)$, $\boldsymbol{e}_2 = {}^t(0,1,0)$, $\boldsymbol{e}_3 = {}^t(0,0,1)$ とすると，$\boldsymbol{x} = x_1\boldsymbol{e}_1 + x_2\boldsymbol{e}_2 + x_3\boldsymbol{e}_3$ と表され，$\boldsymbol{e}_1$, $\boldsymbol{e}_2$, $\boldsymbol{e}_3$ は線形独立である．また線形空間 $\mathbf{R}^3$ の任意の元は式 (5.10) を参照すれば明らかな様に，$\boldsymbol{e}_1$, $\boldsymbol{e}_2$, $\boldsymbol{e}_3$ の線形結合で表すことができる．よって，$\boldsymbol{e}_1$, $\boldsymbol{e}_2$, $\boldsymbol{e}_3$ は $\mathbf{R}^3$ の基底 $[\boldsymbol{e}_1, \boldsymbol{e}_2, \boldsymbol{e}_3]$ となる．この基底を $\mathbf{R}^3$ の**標準基底**と呼ぶ．

― 定義 5.5 (基底) の補足 ―

その 1 線形空間 $\mathbf{R}^3$ の次元というものを考えると，$\mathbf{R}^3$ の次元は三次元であるというのは空間のイメージで解る．また $\mathbf{R}^3$ の任意のベクトル $\boldsymbol{x}$ は $\boldsymbol{e}_1$, $\boldsymbol{e}_2$, $\boldsymbol{e}_3$ の合計 3 つのベクトルで表され，その総数は空間のイメージの三次元と一致する．実は一般の線形空間の次元というものは基底となるベクトルの総数を基として次の定義により定められるのである．

(解説終)

定義 5.7. (線形空間 V の次元) 線形空間 V の基底となるベクトルの総数を n とすれば，V の次元を n とし $\dim V = n$ と表す．

重要 5.1. 線形空間 V における基底の組（例えば $\mathbf{R}^3$ における標準基底 $[\boldsymbol{e}_1,\boldsymbol{e}_2,\boldsymbol{e}_3]$）は，たくさん存在する．ただ，$V$ の任意の元を表す表し方は，**V の 1 つの基底を定めれば唯一**となる．

次の例題 5.2 を解いて重要 5.1 を確認して頂きたい．

例題 5.2. 次のベクトル $\boldsymbol{a}_1 = {}^t(2,1,3)$, $\boldsymbol{a}_2 = {}^t(3,-1,-6)$, $\boldsymbol{a}_3 = {}^t(-5,1,2)$ が $\mathbf{R}^3$ の基底であることを示せ．また $\boldsymbol{x} = {}^t(3,0,-7)$ を $\boldsymbol{a}_1$, $\boldsymbol{a}_2$, $\boldsymbol{a}_3$ の線形結合で表せ．

解答. $\dim \mathbf{R}^3 = 3$ であり，$\boldsymbol{a}_1$, $\boldsymbol{a}_2$, $\boldsymbol{a}_3$ は線形独立になることは簡単に確かめられる（例えば問題 5.3 参照，P. 77）．よって $\boldsymbol{a}_1$, $\boldsymbol{a}_2$, $\boldsymbol{a}_3$ は，$\mathbf{R}^3$ の基底 $[\boldsymbol{a}_1, \boldsymbol{a}_2, \boldsymbol{a}_3]$ となり，$\mathbf{R}^3$ の任意の元は $\boldsymbol{a}_1$, $\boldsymbol{a}_2$, $\boldsymbol{a}_3$ の線形結合により唯一に表される．実際に次の方程式を満足する k_1, k_2, k_3 を掃き出し法を用いて求め，$\boldsymbol{x}$ を $\boldsymbol{a}_1$, $\boldsymbol{a}_2$, $\boldsymbol{a}_3$ を用いて表す．

$$k_1 \begin{pmatrix} 2 \\ 1 \\ 3 \end{pmatrix} + k_2 \begin{pmatrix} 3 \\ -1 \\ -6 \end{pmatrix} + k_3 \begin{pmatrix} -5 \\ 1 \\ 2 \end{pmatrix} = \begin{pmatrix} 3 \\ 0 \\ -7 \end{pmatrix}.$$

$$\left(\begin{array}{ccc|c} 2 & 3 & -5 & 3 \\ \boxed{1} & -1 & 1 & 0 \\ 3 & -6 & 2 & -7 \end{array}\right) \to \left(\begin{array}{ccc|c} 0 & 5 & -7 & 3 \\ 1 & -1 & 1 & 0 \\ 0 & -3 & -1 & -7 \end{array}\right) \to \left(\begin{array}{ccc|c} 1 & -1 & 1 & 0 \\ 0 & 5 & -7 & 3 \\ 0 & 3 & \boxed{1} & 7 \end{array}\right)$$

$$\to \left(\begin{array}{ccc|c} 1 & -4 & 0 & -7 \\ 0 & 26 & 0 & 52 \\ 0 & 3 & 1 & 7 \end{array}\right) \to \left(\begin{array}{ccc|c} 1 & -4 & 0 & -7 \\ 0 & \boxed{1} & 0 & 2 \\ 0 & 3 & 1 & 7 \end{array}\right) \to \left(\begin{array}{ccc|c} 1 & 0 & 0 & 1 \\ 0 & 1 & 0 & 2 \\ 0 & 0 & 1 & 1 \end{array}\right).$$

よって，$k_1 = 1$, $k_2 = 2$, $k_3 = 1$ となる．これにより $\boldsymbol{x} = \boldsymbol{a}_1 + 2\boldsymbol{a}_2 + \boldsymbol{a}_3$ と基底 $[\boldsymbol{a}_1, \boldsymbol{a}_2, \boldsymbol{a}_3]$ を用いて唯一に表される．

(解答終)

例題 5.2 で解いた内容について，しっかりとした形で定理に示しておく．

定理 5.3. 線形空間 $\mathbf{R}^n = \{\boldsymbol{x} \mid \boldsymbol{x} = {}^t(x_1, x_2, \cdots, x_n)\}$ とすると，$\dim \mathbf{R}^n = n$ である．ここで，$\mathbf{R}^n$ における n 個のベクトル $\boldsymbol{a}_1, \boldsymbol{a}_2, \cdots, \boldsymbol{a}_n$ について，行列 $\mathbf{A}$ を $\mathbf{A} = (\boldsymbol{a}_1, \boldsymbol{a}_2, \cdots, \boldsymbol{a}_n)$ とおくと，次のことは互いに同値となる．

(1) $\boldsymbol{a}_1, \boldsymbol{a}_2, \cdots \boldsymbol{a}_n$ は線形独立である．

(2) $\mathbf{R}^n$ の任意のベクトルは $\boldsymbol{a}_1, \boldsymbol{a}_2, \cdots \boldsymbol{a}_n$ の線形結合で表される．

(3) $\mathrm{Rank}\,\mathbf{A} = n$.

(4) $|\mathbf{A}| \neq 0$.

(5) $\mathbf{A}$ は正則行列．

問題 5.6. $\mathbf{R}^3$ のベクトル $\boldsymbol{a}_1 = {}^t(1, 2, 3)$, $\boldsymbol{a}_2 = {}^t(1, -1, 2)$, $\boldsymbol{a}_3 = {}^t(1, 1, -2)$ が線形独立であるということを，階数と行列式を用いた 2 通りの手法で示せ．

解答. $\mathbf{A} = (\boldsymbol{a}_1, \boldsymbol{a}_2, \boldsymbol{a}_3)$ とおくと，

$$\begin{pmatrix} \boxed{1} & 1 & 1 \\ 2 & -1 & 1 \\ 3 & 2 & -2 \end{pmatrix} \to \begin{pmatrix} 1 & 1 & 1 \\ 0 & -3 & -1 \\ 0 & -1 & -5 \end{pmatrix} \to \cdots \to \begin{pmatrix} 1 & 0 & 0 \\ 0 & 1 & 0 \\ 0 & 0 & 1 \end{pmatrix}.$$

よって，$\mathrm{Rank}\,\mathbf{A} = 3$ となり，$\boldsymbol{a}_1, \boldsymbol{a}_2, \boldsymbol{a}_3$ は線形独立となる．また，

$$|\mathbf{A}| = \begin{vmatrix} \boxed{1} & 1 & 1 \\ 2 & -1 & 1 \\ 3 & 2 & -2 \end{vmatrix} = \begin{vmatrix} 1 & 1 & 1 \\ 0 & -3 & -1 \\ 0 & -1 & -5 \end{vmatrix} = 14 \neq 0.$$

したがって $|\mathbf{A}| \neq 0$ となるため，$\boldsymbol{a}_1, \boldsymbol{a}_2, \boldsymbol{a}_3$ は線形独立．

(解答終)

先にあげた例題 5.2（P. 83）で述べた様に，線形空間 $\mathbf{R}^n$ における基底の組はたくさん存在する．しかし一度，基底 $[\boldsymbol{a}_1, \boldsymbol{a}_2, \cdots, \boldsymbol{a}_n]$ を決めてしまえば，この基底を用いた $\mathbf{R}^n$ の任意のベクトルの表現は唯一となる．次の定理はそのことを述べている．

定理 5.4. 線形空間 V の基底の 1 つを $[\boldsymbol{a}_1, \boldsymbol{a}_2, \cdots, \boldsymbol{a}_n]$ とすれば V の任意のベクトルはこの基底の線形結合として唯一に定まる．

証明. 線形空間 $V \ni \boldsymbol{x}$ が基底 $[\boldsymbol{a}_1, \boldsymbol{a}_2, \cdots, \boldsymbol{a}_n]$ をつかって次の 2 通りに表現できたとする．

$$\begin{aligned} \boldsymbol{x} &= k_1\boldsymbol{a}_1 + k_2\boldsymbol{a}_2 + \cdots + k_n\boldsymbol{a}_n \\ &= k'_1\boldsymbol{a}_1 + k'_2\boldsymbol{a}_2 + \cdots + k'_n\boldsymbol{a}_n. \end{aligned}$$

すると，

$$(k_1 - k'_1)\boldsymbol{a}_1 + (k_2 - k'_2)\boldsymbol{a}_2 + \cdots + (k_n - k'_n)\boldsymbol{a}_n = \mathbf{0}$$

となる．ここで $\boldsymbol{a}_1, \boldsymbol{a}_2, \cdots, \boldsymbol{a}_n$ は線形独立であるため，$k_i - k'_i = 0 \ \ (i = 1, 2, \cdots, n)$．よって，$k_i = k'_i \ \ (i = 1, 2, \cdots, n)$ となるため，基底 $[\boldsymbol{a}_1, \boldsymbol{a}_2, \cdots, \boldsymbol{a}_n]$ を一度定めれば，V の任意のベクトル $\boldsymbol{x}$ は，基底 $[\boldsymbol{a}_1, \boldsymbol{a}_2, \cdots, \boldsymbol{a}_n]$ を用いて唯一に表される．

(証明終)

5.3 部分空間

本節では線形空間 V の部分空間 W の定義を与える．

定義 5.8. (部分空間) 線形空間 V の空でない部分集合 W が次の 2 つの性質 (1), (2) を満たすとき，W を V の部分空間という．

(1) $\boldsymbol{a}, \boldsymbol{b} \in W$ に対し $\boldsymbol{a} + \boldsymbol{b} \in W$.

(2) $\boldsymbol{a} \in W$, スカラー k に対し $k\boldsymbol{a} \in W$.

― 定義 5.8 (部分空間) の補足 ―

その 1 線形空間 V を与えるとき，$\boldsymbol{a}, \boldsymbol{b} \in V$ に対し和と呼ばれる $\boldsymbol{a} + \boldsymbol{b}$ と，スカラー倍と呼ばれる $k\boldsymbol{a}$ を定義した．部分空間 W は V の部分集合であるため，W の元である $\boldsymbol{a}$, $\boldsymbol{b}$ が上の (1), (2) の条件を満たしさえすれば，あとの線形空間

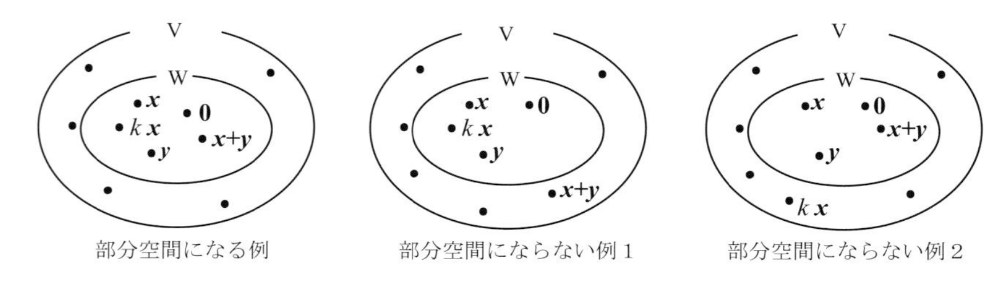

図 5.2: W が V の部分空間になる例とならない例

になるための 8 つの性質は当然成立するため，W は部分集合から部分空間となる．つまり，W は V の単なる部分集合というだけではなく，W の元同士での和とスカラー倍の公理が成立する V の部分空間となるのである．

その 2 [その 1] で，線形空間 W は線形空間になるための 8 つの性質が成立すると述べたが，定義 5.8(2) の $k\boldsymbol{a} \in W$ より，もし W が V の部分空間であれば，必ず $W \ni \mathbf{0}$ が保証される．また，$\mathbf{0}$ だけからなる部分集合 $W = \{\mathbf{0}\}$ も部分空間となることが解る（問題 5.8(後述) 参照，P. 89）．

その 3 部分空間のイメージを持つには色々な問題を解く必要がある．まず，代表的な問題 5.7(後述) を解いて部分空間のイメージを確立してもらいたい．

その 4 図 5.2 で，W が V の部分空間となる場合とならない場合を図示する．

(解説終)

問題 5.7. 次の集合 W_1，W_2，W_3，W_4 は

$$\mathbf{R}^3 = \{\boldsymbol{x} \mid \boldsymbol{x} = {}^{\mathrm{t}}(x_1, x_2, x_3),\ x_1, x_2, x_3 \in \mathbf{R}\}$$

の部分集合である．それぞれが $\mathbf{R}^3$ の部分空間となるか調べよ．

(1) $W_1 = \{\boldsymbol{x} \mid \boldsymbol{x} = {}^{\mathrm{t}}(x_1, x_2, x_3),\ x_1 + x_2 + x_3 = 0\}$.

(2) $W_2 = \{\boldsymbol{x} \mid \boldsymbol{x} = {}^{\mathrm{t}}(x_1, x_2, x_3),\ x_1 + x_2 + x_3 = 1\}$.

(3) $W_3 = \{\boldsymbol{x} \mid \boldsymbol{x} = {}^{\mathrm{t}}(x_1, x_2, x_3),\ x_1 x_2 x_3 = 2\}$.

(4) $W_4 = \{\boldsymbol{x} \mid \boldsymbol{x} = {}^{\mathrm{t}}(x_1, x_2, x_3),\ x_1 = 2x_2 = 3x_3\}$.

解答.

(1) $W_1 \ni \boldsymbol{x} = \begin{pmatrix} x_1 \\ x_2 \\ x_3 \end{pmatrix}, W_1 \ni \boldsymbol{y} = \begin{pmatrix} y_1 \\ y_2 \\ y_3 \end{pmatrix}$ とすると，それぞれ次の関係式が成立する.

$$x_1 + x_2 + x_3 = 0, \quad y_1 + y_2 + y_3 = 0.$$

このとき，次の (i), (ii) を考える.

(i) $\boldsymbol{x} + \boldsymbol{y}$

$\boldsymbol{x} + \boldsymbol{y} = \begin{pmatrix} x_1 + y_1 \\ x_2 + y_2 \\ x_3 + y_3 \end{pmatrix}$ であるため，$\boldsymbol{x} + \boldsymbol{y}$ の成分間で，W_1 の性質が成立するかを調べる.

$$(x_1+y_1)+(x_2+y_2)+(x_3+y_3) = (x_1+x_2+x_3)+(y_1+y_2+y_3) = 0+0 = 0.$$

よって $\boldsymbol{x} + \boldsymbol{y} \in W_1$.

(ii) $k\boldsymbol{x}$

$k\boldsymbol{x} = k\begin{pmatrix} x_1 \\ x_2 \\ x_3 \end{pmatrix} = \begin{pmatrix} kx_1 \\ kx_2 \\ kx_3 \end{pmatrix}$ であるため，$k\boldsymbol{x}$ の成分間で，W_1 の性質が成立するかを調べる.

$$kx_1 + kx_2 + kx_3 = k(x_1 + x_2 + x_3) = k \times 0 = 0.$$

よって，$k\boldsymbol{x} \in W_1$.

したがって，(i), (ii) より W_1 は $\mathbf{R}^3$ の部分空間となる.

(2) $W_2 \ni \boldsymbol{x} = \begin{pmatrix} x_1 \\ x_2 \\ x_3 \end{pmatrix}, W_2 \ni \boldsymbol{y} = \begin{pmatrix} y_1 \\ y_2 \\ y_3 \end{pmatrix}$ とすると，それぞれ次の関係式が成立する.

$$x_1 + x_2 + x_3 = 1, \quad y_1 + y_2 + y_3 = 1.$$

このとき，次の (i) を考える.

(i) $\boldsymbol{x} + \boldsymbol{y}$

$\boldsymbol{x} + \boldsymbol{y} = \begin{pmatrix} x_1 + y_1 \\ x_2 + y_2 \\ x_3 + y_3 \end{pmatrix}$ であるため，$\boldsymbol{x} + \boldsymbol{y}$ の成分間で，W_2 の性質が成

立するかを調べる．

$$\begin{aligned}&(x_1+y_1)+(x_2+y_2)+(x_3+y_3)\\ =&\ (x_1+x_2+x_3)+(y_1+y_2+y_3)=1+1=2\neq 1.\end{aligned}$$

よって $\boldsymbol{x}+\boldsymbol{y}\notin W_2$.

したがって，(i) により W_2 は $\mathbf{R}^3$ の部分空間とならない．
（注意：もちろん $k\boldsymbol{x}\notin W_2$ から部分空間にならないことを示してもよい）

(3) $W_3\ni\boldsymbol{x}=\begin{pmatrix}x_1\\x_2\\x_3\end{pmatrix}$, $W_3\ni\boldsymbol{y}=\begin{pmatrix}y_1\\y_2\\y_3\end{pmatrix}$ とすると，それぞれ次の関係式が成立する．

$$x_1x_2x_3=2,\quad y_1y_2y_3=2.$$

このとき，次の (i) を考える．

(i) $k\boldsymbol{x}$

$k\boldsymbol{x}=k\begin{pmatrix}x_1\\x_2\\x_3\end{pmatrix}=\begin{pmatrix}kx_1\\kx_2\\kx_3\end{pmatrix}$ であるため，$k\boldsymbol{x}$ の成分間で，W_3 の性質が成立するかを調べる．

$$(kx_1)(kx_2)(kx_3)=k^3(x_1x_2x_3)=2k^3$$

となり，任意のスカラー k に対し，$2k^3\neq 2$ となる（$k=1$ の場合しか成立しない）．よって $k\boldsymbol{x}\notin W_3$.

したがって，(i) により W_3 は $\mathbf{R}^3$ の部分空間とならない．
（注意：もちろん $\boldsymbol{x}+\boldsymbol{y}\notin W_3$ から部分空間にならないことを示してもよい）

(4) $W_4\ni\boldsymbol{x}=\begin{pmatrix}x_1\\x_2\\x_3\end{pmatrix}$, $W_4\ni\boldsymbol{y}=\begin{pmatrix}y_1\\y_2\\y_3\end{pmatrix}$ とすると，それぞれ次の関係式が成立する．

$$x_1=2x_2=3x_3,\quad y_1=2y_2=3y_3.$$

このとき，次の (i), (ii) を考える．

(i) $\boldsymbol{x}+\boldsymbol{y}$

$\boldsymbol{x}+\boldsymbol{y}=\begin{pmatrix}x_1+y_1\\x_2+y_2\\x_3+y_3\end{pmatrix}$ であるため，$\boldsymbol{x}+\boldsymbol{y}$ の成分間で，W_4 の性質が成

立するかを調べる．

$$x_1 + y_1 = 2x_2 + 2y_2 = 2(x_2 + y_2) = 3x_3 + 3y_3 = 3(x_3 + y_3).$$

よって $x_1 + y_1 = 2(x_2 + y_2) = 3(x_3 + y_3)$ となるため，$\boldsymbol{x} + \boldsymbol{y} \in W_4$.

(ii) $k\boldsymbol{x}$

$k\boldsymbol{x} = k\begin{pmatrix} x_1 \\ x_2 \\ x_3 \end{pmatrix} = \begin{pmatrix} kx_1 \\ kx_2 \\ kx_3 \end{pmatrix}$ であるため，$k\boldsymbol{x}$ の成分間で，W_4 の性質が成立するかを調べる．

$$kx_1 = k(2x_2) = 2(kx_2) = k(3x_3) = 3(kx_3).$$

よって，$kx_1 = 2(kx_2) = 3(kx_3)$ となるため，$k\boldsymbol{x} \in W_4$.

したがって，(i), (ii) より W_4 は $\mathbf{R}^3$ の部分空間となる．

(解答終)

問題 5.8. (最小の部分空間) $W = \{\mathbf{0}\}$ ($\mathbf{0}$ しか元を持たない集合) はそれ自身部分空間となることを示せ．この部分空間を**最小の部分空間**という．

証明. $W \ni \mathbf{0}$ とすると，$\mathbf{0} + \mathbf{0} = \mathbf{0} \in W$．また，スカラー k に対し，$k\mathbf{0} = \mathbf{0} \in W$. よって $W = \{\mathbf{0}\}$ は V の部分空間となる．

(証明終)

問題 5.9. 線形空間 V の元から選んだベクトル $\boldsymbol{a}_1,\ \boldsymbol{a}_2, \cdots, \boldsymbol{a}_s$ において，これらの線形結合全体の集合

$$W_S = \{\boldsymbol{x} \mid \boldsymbol{x} = k_1\boldsymbol{a}_1 + \cdots + k_s\boldsymbol{a}_s,\ k_i\ (i = 1, 2, \cdots, s) : \text{任意のスカラー}\}$$

は部分空間となることを示せ．

証明. $W_S \ni \boldsymbol{x} = k_1\boldsymbol{a}_1 + \cdots + k_s\boldsymbol{a}_s$, $W_S \ni \boldsymbol{y} = h_1\boldsymbol{a}_1 + \cdots + h_s\boldsymbol{a}_s$ とする．このとき，次の (i), (ii) を考える．

(i) $\boldsymbol{x} + \boldsymbol{y}$

$$\boldsymbol{x} + \boldsymbol{y} = (k_1 + h_1)\boldsymbol{a}_1 + \cdots + (k_s + h_s)\boldsymbol{a}_s$$

であり，各 $(k_i + h_i)$ $(i = 1, 2, \cdots, s)$ はそれぞれスカラーである．
よって $\boldsymbol{x} + \boldsymbol{y} \in W_S$.

(ii) $k\boldsymbol{x}$

$$k\boldsymbol{x} = kk_1\boldsymbol{a}_1 + \cdots + kk_s\boldsymbol{a}_s$$

であり，各 kk_i $(i = 1, 2, \cdots, s)$ はそれぞれスカラーである．よって，$k\boldsymbol{x} \in W_S$．

したがって (i), (ii) より W_S は部分空間となる．

(証明終)

問題 5.9 で示した部分空間 W_S に対し次の定義を与える．

定義 5.9. (張られた部分空間) 線形空間 V のベクトル $\boldsymbol{a}_1, \boldsymbol{a}_2, \cdots, \boldsymbol{a}_s$ において，これらの線形結合全体でつくられた部分空間

$$W_S = \{\boldsymbol{x} \mid \boldsymbol{x} = k_1\boldsymbol{a}_1 + \cdots + k_s\boldsymbol{a}_s,\ k_i\ (i = 1, 2, \cdots, s) : \text{任意のスカラー}\}$$

を，$\boldsymbol{a}_1, \boldsymbol{a}_2, \cdots, \boldsymbol{a}_s$ で**張られた部分空間**と呼び $< \boldsymbol{a}_1, \boldsymbol{a}_2, \cdots, \boldsymbol{a}_s >$ で表現する．

－ 定義 5.9 (張られた部分空間) の補足 －

その 1 張られた部分空間 W_S は，任意のスカラーによる $\boldsymbol{a}_1, \boldsymbol{a}_2, \cdots, \boldsymbol{a}_s$ の線形結合で表されさえすればよいため，基底の概念と異なり，$\boldsymbol{a}_1, \boldsymbol{a}_2, \cdots, \boldsymbol{a}_s$ が互いに線形独立である必要はない．

(解説終)

問題 5.10. 行列 $\mathbf{A} = \begin{pmatrix} 1 & 2 & 1 \\ 2 & 1 & 3 \end{pmatrix}$ に対し，$W = \{\boldsymbol{x} \mid \boldsymbol{x} = {}^{\mathrm{t}}(x_1, x_2, x_3),\ \mathbf{A}\boldsymbol{x} = \mathbf{0}\}$ とする．次の問いに答えよ．

(1) W は，$\mathbf{R}^3$ の部分空間であることを示せ．この空間を $\mathbf{A}\boldsymbol{x} = \mathbf{0}$ の解空間と呼ぶ．

(2) W は，どの様なベクトルにより張られた部分空間であるのかを示せ．

解答.

(1) $W \ni \boldsymbol{x}, \boldsymbol{y}$ とすると，それぞれ $\mathbf{A}\boldsymbol{x} = \mathbf{0}$, $\mathbf{A}\boldsymbol{y} = \mathbf{0}$ を満足する．このとき，次の (i), (ii) を考える．

(i) $\boldsymbol{x} + \boldsymbol{y}$

$$\mathbf{A}(\boldsymbol{x} + \boldsymbol{y}) = \mathbf{A}\boldsymbol{x} + \mathbf{A}\boldsymbol{y} = \mathbf{0} + \mathbf{0} = \mathbf{0}.$$

よって，$\boldsymbol{x} + \boldsymbol{y} \in W$.

(ii) $k\boldsymbol{x}$

$$\mathbf{A}(k\boldsymbol{x}) = k(\mathbf{A}\boldsymbol{x}) = k\mathbf{0} = \mathbf{0}.$$

よって，$k\boldsymbol{x} \in W$.

したがって，(i), (ii) より W は $\mathbf{R}^3$ の部分空間となる．

(2) $\boldsymbol{x} = {}^{\mathrm{t}}(x_1, x_2, x_3)$ とし $\mathbf{A}\boldsymbol{x} = \mathbf{0}$ を満足する x_1, x_2, x_3 を求める．

$$\begin{pmatrix} 1 & 2 & 1 \\ 2 & 1 & 3 \end{pmatrix} \begin{pmatrix} x_1 \\ x_2 \\ x_3 \end{pmatrix} = \begin{pmatrix} 0 \\ 0 \end{pmatrix}.$$

掃き出し法を行うと，

$$\left(\begin{array}{ccc|c} \boxed{1} & 2 & 1 & 0 \\ 2 & 1 & 3 & 0 \end{array}\right) \to \left(\begin{array}{ccc|c} 1 & 2 & 1 & 0 \\ 0 & -3 & \boxed{1} & 0 \end{array}\right) \to \left(\begin{array}{ccc|c} 1 & 5 & 0 & 0 \\ 0 & -3 & 1 & 0 \end{array}\right).$$

よって，$x_1 + 5x_2 = 0$, $-3x_2 + x_3 = 0$ となるため，$x_2 = s$ とおけば，$x_1 = -5s$, $x_3 = 3s$ となる．したがって

$$\boldsymbol{x} = \begin{pmatrix} x_1 \\ x_2 \\ x_3 \end{pmatrix} = \begin{pmatrix} -5s \\ s \\ 3s \end{pmatrix} = s\begin{pmatrix} -5 \\ 1 \\ 3 \end{pmatrix}.$$

したがって，W はベクトル ${}^{\mathrm{t}}(-5, 1, 3)$ によって張られた部分空間となる．
(すなわち，$W = < {}^{\mathrm{t}}(-5, 1, 3) >$ と表現できる)

(解答終)

問題 5.11. (重要) 線形空間 V の部分空間をそれぞれ W_1, W_2 とする．このとき，次の空間はそれぞれ部分空間となることを示せ．

(1) $W_1 + W_2 = \{\boldsymbol{x}_1 + \boldsymbol{x}_2 \mid \boldsymbol{x}_1 \in W_1,\ \boldsymbol{x}_2 \in W_2\}$.

(2) $W_1 \cap W_2 = \{\boldsymbol{x} \mid \boldsymbol{x} \in W_1$ かつ $\boldsymbol{x} \in W_2\}$.

証明.

(1) $\boldsymbol{x} = \boldsymbol{x}_1 + \boldsymbol{x}_2$, $\boldsymbol{y} = \boldsymbol{y}_1 + \boldsymbol{y}_2$ とし， $\boldsymbol{x}_1, \boldsymbol{y}_1 \in W_1$, $\boldsymbol{x}_2, \boldsymbol{y}_2 \in W_2$ とすれば，$\boldsymbol{x}, \boldsymbol{y} \in W_1 + W_2$ となる．次の (i), (ii) を考える．

(i) $\boldsymbol{x} + \boldsymbol{y}$
$\boldsymbol{x} + \boldsymbol{y} = (\boldsymbol{x}_1 + \boldsymbol{x}_2) + (\boldsymbol{y}_1 + \boldsymbol{y}_2) = (\boldsymbol{x}_1 + \boldsymbol{y}_1) + (\boldsymbol{x}_2 + \boldsymbol{y}_2)$.
$\boldsymbol{x}_1 \in W_1$, $\boldsymbol{y}_1 \in W_1$ より，$\boldsymbol{x}_1 + \boldsymbol{y}_1 \in W_1$. 同様に $\boldsymbol{x}_2 + \boldsymbol{y}_2 \in W_2$. よって $\boldsymbol{x} + \boldsymbol{y} \in W_1 + W_2$.

(ii) $\alpha \boldsymbol{x}$

$\alpha \boldsymbol{x} = \alpha(\boldsymbol{x}_1 + \boldsymbol{x}_2) = \alpha \boldsymbol{x}_1 + \alpha \boldsymbol{x}_2$. ここで $\alpha \boldsymbol{x}_1 \in W_1$, $\alpha \boldsymbol{x}_2 \in W_2$ より，$\alpha \boldsymbol{x} \in W_1 + W_2$.

よって (i), (ii) より $W_1 + W_2$ は V の部分空間となる．

(2) $\boldsymbol{x}$, $\boldsymbol{y} \in W_1 \cap W_2$ とし，次の (i), (ii) を考える．

(i) $\boldsymbol{x} + \boldsymbol{y}$

$\boldsymbol{x} \in W_1$ かつ $\boldsymbol{x} \in W_2$, $\boldsymbol{y} \in W_1$ かつ $\boldsymbol{y} \in W_2$ である．よって，$\boldsymbol{x}+\boldsymbol{y} \in W_1$ となり，$\boldsymbol{x} + \boldsymbol{y} \in W_2$ となる．したがって $\boldsymbol{x} + \boldsymbol{y} \in W_1 \cap W_2$.

(ii) $\alpha \boldsymbol{x}$

$\boldsymbol{x} \in W_1$ かつ $\boldsymbol{x} \in W_2$ であるため，$\alpha \boldsymbol{x} \in W_1$ であり，$\alpha \boldsymbol{x} \in W_2$ となる．よって $\alpha \boldsymbol{x} \in W_1 \cap W_2$.

したがって (i), (ii) より $W_1 \cap W_2$ は V の部分空間となる．

(証明終)

問題 5.11(1)（P. 91）に示す空間 $W_1 + W_2$ において，次の定義を与える．

定義 5.10. (和空間・直和) 線形空間 V の部分空間を W_1, W_2 とする．このとき，次の定義を与える．

(1) **(和空間)** W_1, W_2 の元の和として表される V の部分空間 $W_1 + W_2$ を W_1, W_2 の**和空間**と呼ぶ．

(2) **(直和)** $W = W_1 + W_2$ において，$\boldsymbol{w} = \boldsymbol{w}_1 + \boldsymbol{w}_2$, $\boldsymbol{w}_i \in W_i$ $(i = 1, 2)$ と，ただ 1 通りに表されるとき，和空間 $W_1 + W_2$ を W_1, W_2 の**直和**であるといい，$W_1 \oplus W_2$ と表す．

定義 5.10 より，直和に関する次の定理が成立する．

定理 5.5. (直和に関する定理) 線形空間 V の部分空間 $W = W_1 + W_2$ において，

$$W = W_1 \oplus W_2 \Longleftrightarrow W_1 \cap W_2 = \{\boldsymbol{0}\}.$$

証明.

(⇒) $W_1 \cap W_2 \neq \{\mathbf{0}\}$ と仮定し，$\boldsymbol{w} \in W_1 \cap W_2$ とすると，$\boldsymbol{w} \in W_1$ かつ $\boldsymbol{w} \in W_2$ となる．よって，$\boldsymbol{w}$ の表現の仕方として，

$$\begin{aligned}\boldsymbol{w} &= \boldsymbol{w} + \mathbf{0} \quad (\boldsymbol{w} \in W_1,\ \mathbf{0} \in W_2)\\ &= \mathbf{0} + \boldsymbol{w} \quad (\mathbf{0} \in W_1,\ \boldsymbol{w} \in W_2)\end{aligned}$$

となり，$\boldsymbol{w}$ の異なる表現が生じ W_1 と W_2 の直和の仮定に反する．よって，$W_1 \cap W_2 = \{\mathbf{0}\}$ となる．

(⇐) $\boldsymbol{w}$ が次の 2 つの表現により表されたとする．

$$\boldsymbol{w} = \boldsymbol{w}_1 + \boldsymbol{w}_2 = \boldsymbol{w}_1' + \boldsymbol{w}_2' \quad (\boldsymbol{w}_1, \boldsymbol{w}_1' \in W_1,\ \boldsymbol{w}_2, \boldsymbol{w}_2' \in W_2).$$

すると，$\boldsymbol{w}_1 - \boldsymbol{w}_1' = \boldsymbol{w}_2' - \boldsymbol{w}_2$ となり，$\boldsymbol{w}_1 - \boldsymbol{w}_1' \in W_1$, $\boldsymbol{w}_2' - \boldsymbol{w}_2 \in W_2$ となる．よって，$\boldsymbol{w}_1 - \boldsymbol{w}_1'$, $\boldsymbol{w}_2' - \boldsymbol{w}_2$ の元は，共に $W_1 \cap W_2$ の元となる．ところが仮定より $W_1 \cap W_2 = \{\mathbf{0}\}$ であるため，$\boldsymbol{w}_1 - \boldsymbol{w}_1' = \mathbf{0}$, $\boldsymbol{w}_2' - \boldsymbol{w}_2 = \mathbf{0}$ となり，$\boldsymbol{w}_1 = \boldsymbol{w}_1'$, $\boldsymbol{w}_2 = \boldsymbol{w}_2'$ となる．よって，$\boldsymbol{w}$ の表現はただ 1 通りとなり W_1 と W_2 は直和となる．

(証明終)

定理 5.5 の内容を帰納的に展開すれば次の系を導くことができる．

系 5.2. 線形空間 V の部分空間 W_1, W_2,$\cdots$,W_m において，$V = W_1 + \cdots + W_m$ とする．このとき次の関係式が成立する．

$$W_1 \oplus \cdots \oplus W_m \Longleftrightarrow (W_1 + \cdots + W_{k-1}) \cap W_k = \{\mathbf{0}\} \quad (k = 2, 3, \cdots, m). \tag{5.11}$$

証明.

(⇒) ある k $(2 \leq k \leq m)$ に対し，$(W_1 + \cdots + W_{k-1}) \cap W_k \neq \{\mathbf{0}\}$ と仮定し，$\boldsymbol{w} \in (W_1 + \cdots + W_{k-1}) \cap W_k$ とすると，$\boldsymbol{w} = \boldsymbol{w}_1 + \cdots + \boldsymbol{w}_{k-1}$, $\boldsymbol{w}_i \in W_i$ $(i = 1, 2, \cdots, k-1)$ かつ $\boldsymbol{w} = \boldsymbol{w}_k \in W_k$ となる．仮定より $W_1 \oplus \cdots \oplus W_m$ であるため，$\boldsymbol{w} \in W_1 \oplus \cdots \oplus W_m$ の表現の仕方としては，

$$\begin{aligned}\boldsymbol{w} &= \boldsymbol{w}_1 + \cdots \ \boldsymbol{w}_{k-1} + \mathbf{0} + \mathbf{0} + \cdots + \mathbf{0}\\ &= \mathbf{0} + \cdots \ \mathbf{0} + \boldsymbol{w}_k + \mathbf{0} + \cdots + \mathbf{0}\end{aligned}$$

となり，$\boldsymbol{w}$ の異なる表現が生じ仮定に反する．よって，$\boldsymbol{w} = \mathbf{0}$ となる．

($\Leftarrow$) k に関する数学的帰納法で証明する．$k=2$ のときは定理 5.5 より明らか．よって，$k=m-1$ のとき成立すると仮定する．今，$\boldsymbol{w}$ が次の 2 つの表現により表されたとする．

$$\boldsymbol{w}=\sum_{i=1}^{m}\boldsymbol{w}_i=\sum_{i=1}^{m}\boldsymbol{w}'_i,\quad \boldsymbol{w}_i,\ \boldsymbol{w}'_i\in W_i\ (i=1,2,\cdots,m).$$

すると，

$$\begin{aligned}\boldsymbol{w}_m-\boldsymbol{w}'_m &= \sum_{i=1}^{m-1}(\boldsymbol{w}'_i-\boldsymbol{w}_i),\\ \boldsymbol{w}_m-\boldsymbol{w}'_m\in W_m &, \quad \sum_{i=1}^{m-1}(\boldsymbol{w}'_i-\boldsymbol{w}_i)\in W_1+\cdots+W_{m-1}\end{aligned}$$

となる．よって，$k=m$ のときの仮定より，$(W_1+\cdots+W_{m-1})\cap W_m=\{\mathbf{0}\}$ であるから，

$$\boldsymbol{w}_m-\boldsymbol{w}'_m=\mathbf{0},\quad \sum_{i=1}^{m-1}(\boldsymbol{w}'_i-\boldsymbol{w}_i)=\mathbf{0} \tag{5.12}$$

となる．ここで $k=m-1$ のときの題意の成立により，$W_1\oplus\cdots\oplus W_{m-1}$ である（[系 5.2 の補足](後述) 参照）．よって式 (5.12) の第 2 式の表し方は一通りとなるため，$\boldsymbol{w}'_i-\boldsymbol{w}_i=\mathbf{0}$ $(i=1,2,\cdots,m-1)$．よって，$\boldsymbol{w}_m=\boldsymbol{w}'_m$, $\boldsymbol{w}'_i=\boldsymbol{w}_i$ $(i=1,2,\cdots,m-1)$ となるため $\boldsymbol{w}$ の表し方は 1 通りとなる．

(証明終)

― 系 5.2 の補足 ―

その 1 式 (5.11) の意味は少々わかりにくい．与えられた m に対し，右辺は，$k=2,3,\cdots,m$ の全てに対して成立していることを意味している．したがって数学的帰納法で証明するときの $k=m-1$ で成立しているということは，仮定として

$$W_1\cap W_2 = \{\mathbf{0}\}, \tag{5.13}$$

$$(W_1+W_2)\cap W_3 = \{\mathbf{0}\}, \tag{5.14}$$

$$\vdots$$

$$(W_1+W_2+\cdots+W_{m-2})\cap W_{m-1} = \{\mathbf{0}\} \tag{5.15}$$

の全てが成立していることを意味し，このとき $W_1 \oplus W_2 \oplus \cdots \oplus W_{m-1}$ が成立していることになるのである．具体的には，例えば式 (5.13) より $W_1 \oplus W_2$ が，式 (5.13) と式 (5.14) より $W_1 \oplus W_2 \oplus W_3$ が成立するといった具体である．であるから，$k = m$ のときは，前提として式 (5.13)，式 (5.14)〜式 (5.15) の全ての条件が満足しており，$W_1 \oplus W_2 \oplus \cdots \oplus W_{m-1}$ が $k = m - 1$ のときの仮定として成立していることになるのである．

(解説終)

線形空間 V の部分空間 W においても第 5.2 節（P. 82）で解説した基底の定義が当然あてはまる．であるから，部分空間 W においても基底に関する次の 2 つの定義を与えることができる．

定義 5.11. 線形空間 V の部分空間 W のベクトル $\boldsymbol{w}_1,\ \boldsymbol{w}_2, \cdots, \boldsymbol{w}_m$ が次の 2 つの条件を満たすとき，$\boldsymbol{w}_1,\ \boldsymbol{w}_2, \cdots, \boldsymbol{w}_m$ は W の基底であるといい，
$[\boldsymbol{w}_1,\ \boldsymbol{w}_2, \cdots, \boldsymbol{w}_m]$ と記す．

(1) $\boldsymbol{w}_1,\ \boldsymbol{w}_2, \cdots, \boldsymbol{w}_m$ は線形独立である．

(2) W の任意のベクトルは $\boldsymbol{w}_1,\ \boldsymbol{w}_2, \cdots, \boldsymbol{w}_m$ の線形結合で表現できる．

定義 5.12. (部分空間 W の次元) 部分空間 W における基底となるベクトルの総数を m とすれば，W の次元は m となり，$\dim W = m$ と記す．

— 部分空間の基底の補足 1 —

その 1 問題 5.10（P. 90）では，W はベクトル ${}^t(-5, 1, 3)$ によって張られた部分空間になることが解ったが，1 つのベクトル自体は線形独立であり，全ての W の元は ${}^t(-5, 1, 3)$ のスカラー倍で表現できる．よって ${}^t(-5, 1, 3)$ は，W の基底になることが解る．すなわち $\dim W = 1$ となる．

(解説終)

次の問題を解いて部分空間の基底と次元についてイメージをつけて欲しい．

例題 5.3. $\boldsymbol{a}_1 = {}^t(1, 1, 0)$, $\boldsymbol{a}_2 = {}^t(0, 1, 1)$, $\boldsymbol{a}_3 = {}^t(1, 0, -1)$ とする．ここで $\mathbf{R}^3$ において，$\boldsymbol{a}_1$, $\boldsymbol{a}_2$, $\boldsymbol{a}_3$ で張られた部分空間

$$W = \{\boldsymbol{x} \mid \boldsymbol{x} = k_1\boldsymbol{a}_1 + k_2\boldsymbol{a}_2 + k_3\boldsymbol{a}_3,\ k_i\ (i = 1, 2, 3) : \text{スカラー}\}$$

の次元と一組の基底を求めよ．

解答. 部分空間 W の基底を求めるために，$\boldsymbol{a}_1$, $\boldsymbol{a}_2$, $\boldsymbol{a}_3$ の線形独立性を調べる．そこで，

$$k_1\boldsymbol{a}_1 + k_2\boldsymbol{a}_2 + k_3\boldsymbol{a}_3 = \boldsymbol{0}$$

とおき，掃き出し法により k_1, k_2, k_3 の関係を求める．

$$\left(\begin{array}{ccc|c} \boxed{1} & 0 & 1 & 0 \\ 1 & 1 & 0 & 0 \\ 0 & 1 & -1 & 0 \end{array}\right) \to \left(\begin{array}{ccc|c} 1 & 0 & 1 & 0 \\ 0 & \boxed{1} & -1 & 0 \\ 0 & 1 & -1 & 0 \end{array}\right) \to \left(\begin{array}{ccc|c} 1 & 0 & 1 & 0 \\ 0 & 1 & -1 & 0 \\ 0 & 0 & 0 & 0 \end{array}\right).$$

よって，$k_1+k_3=0, k_2-k_3=0$ となるため，$k_3=s$ とおけば $k_1=-s, k_2=s$. したがって，$\boldsymbol{a}_1, \boldsymbol{a}_2, \boldsymbol{a}_3$ の線形関係は，$-s\boldsymbol{a}_1+s\boldsymbol{a}_2+s\boldsymbol{a}_3=\boldsymbol{0}$ となり，$\boldsymbol{a}_1=\boldsymbol{a}_2+\boldsymbol{a}_3$ となる．よって，W の任意の元 $\boldsymbol{x}$ は，

$$\begin{aligned} \boldsymbol{x} &= k_1(\boldsymbol{a}_2+\boldsymbol{a}_3)+k_2\boldsymbol{a}_2+k_3\boldsymbol{a}_3 \\ &= (k_1+k_2)\boldsymbol{a}_2+(k_1+k_3)\boldsymbol{a}_3 \\ &= t_1\boldsymbol{a}_2+t_2\boldsymbol{a}_3 \quad （ただし, t_1=k_1+k_2,\ t_2=k_1+k_3 とおいた） \end{aligned}$$

と表され，$\boldsymbol{a}_2$ と $\boldsymbol{a}_3$ の 2 つのベクトルの線形結合で表現できることになる．さらに $\boldsymbol{a}_2, \boldsymbol{a}_3$ は線形独立であることから $\dim W=2$ となり，W の基底として $[\boldsymbol{a}_2, \boldsymbol{a}_3]$ とすることができる．

(解答終)

ここで，例題 5.3 の問題を基に部分空間の基底の次元について解説する．

― 部分空間の基底の補足 2 ―

その 1 例題 5.3（P. 95）で解説した問題で $\dim \mathbf{R}^3=3$ に対し，$\dim W=2$ となる．つまり部分空間 W の次元が $\mathbf{R}^3$ の次元から 1 つ下がっていることが解る．この 1 つ下がった次元とは一体どんな意味があるのか？ 部分空間 W はベクトル $\boldsymbol{a}_2$ と $\boldsymbol{a}_3$ という 2 つの線形独立なベクトルの組によって張られる部分空間（$\boldsymbol{a}_2$ と $\boldsymbol{a}_3$ によって作られる平面全体）ということが解る．であるから $\mathbf{R}^3$ におけるベクトルは図 5.3 の様に分解され，少なくなった 1 つの次元は $\boldsymbol{a}_2$ と $\boldsymbol{a}_3$ によって張られた部分空間（平面）上に存在しない他の 1 つのベクトルで張られる部分空間の次元ということになる．

(解説終)

問題 5.12. $\mathbf{R}^3$ の部分空間 $W=\{\boldsymbol{x} \mid \boldsymbol{x}={}^t(x_1,x_2,x_3) \mid x_1+x_2=0\}$ の次元及び基底を求めよ．

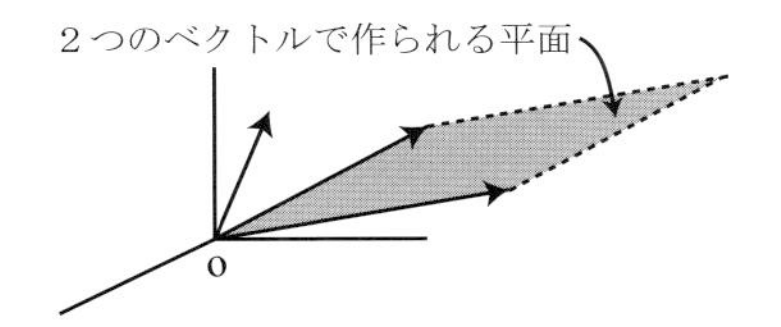

図 5.3: 部分空間 W の幾何的イメージ

解答. $x_2 = s,\ x_3 = t$ とおくと，$x_1 + x_2 = 0$ より，$x_1 = -s$ と表すことができる．よって $\boldsymbol{x} \in W$ は，

$$\boldsymbol{x} = \begin{pmatrix} x_1 \\ x_2 \\ x_3 \end{pmatrix} = \begin{pmatrix} -s \\ s \\ t \end{pmatrix} = s\begin{pmatrix} -1 \\ 1 \\ 0 \end{pmatrix} + t\begin{pmatrix} 0 \\ 0 \\ 1 \end{pmatrix}.$$

ここで，${}^t(-1,1,0)$, ${}^t(0,0,1)$ は線形独立であり，かつ $\boldsymbol{x}$ はこの２つのベクトルの線形結合で表すことができる．よって，$\dim W = 2$ であり，基底は次の様になる．

$$\left[\begin{pmatrix} -1 \\ 1 \\ 0 \end{pmatrix}, \begin{pmatrix} 0 \\ 0 \\ 1 \end{pmatrix}\right].$$

(解答終)

5.3.1 内積をもつ線形空間

第２章では $\mathbf{R}^3$ での矢線ベクトルに対し内積を定義したが（P. 16 参照），ここでは，一般の線形空間 V での内積の定義を与え，V の元の大きさに関わる定理を与える．

定義 5.13. (内積) 線形空間 V の２つの元 $\boldsymbol{x}, \boldsymbol{y} \in V$ に対し，ある実数 $\boldsymbol{x} \bullet \boldsymbol{y}$ が定まり，$\boldsymbol{x} \bullet \boldsymbol{y}$ が次の条件を満足するとき，$\boldsymbol{x} \bullet \boldsymbol{y}$ を $\boldsymbol{x}$ と $\boldsymbol{y}$ の**内積**という．

(1) $\boldsymbol{x} \bullet \boldsymbol{x} \geq 0$. 等号は $\boldsymbol{x} = \mathbf{0}$ のときだけ成立.

(2) $\boldsymbol{x} \bullet \boldsymbol{y} = \boldsymbol{y} \bullet \boldsymbol{x}$.

(3) $(\boldsymbol{x} + \boldsymbol{y}) \bullet \boldsymbol{z} = \boldsymbol{x} \bullet \boldsymbol{z} + \boldsymbol{y} \bullet \boldsymbol{z},\ \boldsymbol{x} \bullet (\boldsymbol{y} + \boldsymbol{z}) = \boldsymbol{x} \bullet \boldsymbol{y} + \boldsymbol{x} \bullet \boldsymbol{z}$.

(4) $(k\boldsymbol{x}) \bullet \boldsymbol{y} = \boldsymbol{x} \bullet (k\boldsymbol{y}) = k(\boldsymbol{x} \bullet \boldsymbol{y})$ (k : スカラー).

内積が定義された実数上の線形空間を**実内積空間**と呼ぶ.

例題 5.4. **(内積の例)** ここでは線形空間 $\mathbf{R}^n$ で最もよく知られている内積の例を与える. $\mathbf{R}^n \ni \boldsymbol{x}, \boldsymbol{y}$ を次の様にとる.

$$\boldsymbol{x} = \begin{pmatrix} x_1 \\ x_2 \\ \vdots \\ x_n \end{pmatrix}, \quad \boldsymbol{y} = \begin{pmatrix} y_1 \\ y_2 \\ \vdots \\ y_n \end{pmatrix}. \tag{5.16}$$

このとき, $\boldsymbol{x} \bullet \boldsymbol{y}$ を次の様に定義すると内積の定義の条件を全て満足する.

$$\boldsymbol{x} \bullet \boldsymbol{y} = x_1 y_1 + x_2 y_2 + \cdots + x_n y_n.$$

$\mathbf{R}^n$ で定められたこの内積を $\mathbf{R}^n$ の**標準内積**といい, 標準内積が与えられた $\mathbf{R}^n$ を**ユークリッド空間**と呼ぶ.

― 定義 5.13 (内積) の補足 ―

その 1 式 (5.16) で表された内積 $\boldsymbol{x} \bullet \boldsymbol{y}$ は, ベクトル $\boldsymbol{x}$, $\boldsymbol{y}$ を行列として表せば, $\boldsymbol{x} \bullet \boldsymbol{y} = {}^{\mathrm{t}}\boldsymbol{x}\boldsymbol{y}$ と表すことができる.

その 2 $\boldsymbol{x} = \begin{pmatrix} x_1 \\ x_2 \end{pmatrix}$, $\boldsymbol{y} = \begin{pmatrix} y_1 \\ y_2 \end{pmatrix}$, $\boldsymbol{z} = \begin{pmatrix} z_1 \\ z_2 \end{pmatrix}$ として, 標準内積 $\boldsymbol{x} \bullet \boldsymbol{y}$ が内積の定義を満足することを示す.

(1), (2) を満足することは明らかである. (3) においては,

$$\begin{aligned} (\boldsymbol{x} + \boldsymbol{y}) \bullet \boldsymbol{z} &= \begin{pmatrix} x_1 + y_1 \\ x_2 + y_2 \end{pmatrix} \bullet \begin{pmatrix} z_1 \\ z_2 \end{pmatrix} \\ &= (x_1 + y_1) z_1 + (x_2 + y_2) z_2 = x_1 z_1 + y_1 z_1 + x_2 z_2 + y_2 z_2 \\ &= (x_1 z_1 + x_2 z_2) + (y_1 z_1 + y_2 z_2) = \boldsymbol{x} \bullet \boldsymbol{z} + \boldsymbol{y} \bullet \boldsymbol{z}. \end{aligned}$$

$\boldsymbol{x} \bullet (\boldsymbol{y} + \boldsymbol{z}) = \boldsymbol{x} \bullet \boldsymbol{y} + \boldsymbol{x} \bullet \boldsymbol{z}$ も同様に導ける. (4) においては,

$$\begin{aligned} (k\boldsymbol{x}) \bullet \boldsymbol{y} &= \begin{pmatrix} kx_1 \\ kx_2 \end{pmatrix} \bullet \begin{pmatrix} y_1 \\ y_2 \end{pmatrix} = (kx_1) y_1 + (kx_2) y_2 \\ &= x_1 (k y_1) + x_2 (k y_2) = k(x_1 y_1) + k(x_2 y_2) = k(x_1 y_1 + x_2 y_2) \\ &= \boldsymbol{x} \bullet (k\boldsymbol{y}) = k(\boldsymbol{x} \bullet \boldsymbol{y}). \end{aligned}$$

(解説終)

◇ ノルム

実内積空間 V の元 $\boldsymbol{x}$ における内積の定義 5.13(1)（P. 97）により，$\boldsymbol{x} \bullet \boldsymbol{x} \geq \boldsymbol{0}$ となる．そこで，この $\boldsymbol{x} \bullet \boldsymbol{x}$ の平方根に対し，次の定義を与える．

定義 5.14. (ノルム) 実内積空間 V の元 $\boldsymbol{x}$ に対し，$||\boldsymbol{x}||$ を次の様に定義し，$\boldsymbol{x}$ の長さまたはノルムと呼ぶ．

$$||\boldsymbol{x}|| = \sqrt{\boldsymbol{x} \bullet \boldsymbol{x}}.$$

実内積空間 V の元 $\boldsymbol{x}$ のノルムに対し，次の定理を与える．

定理 5.6. (ノルムに関する定理) 実内積空間の元 $\boldsymbol{x}, \boldsymbol{y}$ に対し，次の定理を与えることができる．

(1) $||\boldsymbol{x}|| \geq \boldsymbol{0}$, 等号は $\boldsymbol{x} = \boldsymbol{0}$ のときだけ成立.

(2) $||k\boldsymbol{x}|| = |k| \; ||\boldsymbol{x}||$ （k : スカラー).

(3) $|\boldsymbol{x} \bullet \boldsymbol{y}| \leq ||\boldsymbol{x}|| \; ||\boldsymbol{y}||$ (シュワルツの不等式).

(4) $||\boldsymbol{x} + \boldsymbol{y}|| \leq ||\boldsymbol{x}|| + ||\boldsymbol{y}||$ (三角不等式).

証明.

(1) 定義より明らか.

(2) $||k\boldsymbol{x}||^2 = (k\boldsymbol{x}) \bullet (k\boldsymbol{x}) = k^2(\boldsymbol{x} \bullet \boldsymbol{x}) = k^2||\boldsymbol{x}||^2$．よって，$||k\boldsymbol{x}|| = |k| \; ||\boldsymbol{x}||$.

(3) 任意の実数 t に対し，

$$0 \leq ||t\boldsymbol{x} + \boldsymbol{y}||^2 = (t\boldsymbol{x} + \boldsymbol{y}) \bullet (t\boldsymbol{x} + \boldsymbol{y}) = t^2||\boldsymbol{x}||^2 + 2t(\boldsymbol{x} \bullet \boldsymbol{y}) + ||\boldsymbol{y}||^2$$

という二次不等式が成立する．ここで $||\boldsymbol{x}|| \neq 0$ であれば，この t に関する二次不等式を常に満足するには

$$(\boldsymbol{x} \bullet \boldsymbol{y})^2 - ||\boldsymbol{x}||^2 \; ||\boldsymbol{y}||^2 \leq 0$$

であればよい．よって $(\boldsymbol{x} \bullet \boldsymbol{y})^2 \leq ||\boldsymbol{x}||^2 \; ||\boldsymbol{y}||^2$ となり，$|\boldsymbol{x} \bullet \boldsymbol{y}| \leq ||\boldsymbol{x}|| \; ||\boldsymbol{y}||$ となる．

(4)
$$\begin{aligned} ||\boldsymbol{x} + \boldsymbol{y}||^2 &= (\boldsymbol{x} + \boldsymbol{y}) \bullet (\boldsymbol{x} + \boldsymbol{y}) \\ &= ||\boldsymbol{x}||^2 + 2(\boldsymbol{x} \bullet \boldsymbol{y}) + ||\boldsymbol{y}||^2 \leq ||\boldsymbol{x}||^2 + 2||\boldsymbol{x}|| \; ||\boldsymbol{y}|| + ||\boldsymbol{y}||^2 \quad ((3)\text{ より}) \\ &= (||\boldsymbol{x}|| + ||\boldsymbol{y}||)^2 \end{aligned}$$
となる．よって，$||\boldsymbol{x} + \boldsymbol{y}|| \leq ||\boldsymbol{x}|| + ||\boldsymbol{y}||$.

(証明終)

－ 定理 5.6 (ノルムに関する定理) の補足 －

その 1 定理 5.6(3) のシュワルツの不等式により，実内積空間の $\mathbf{0}$ でない 2 つの元 $\boldsymbol{x}$, $\boldsymbol{y}$ に対し，

$$-1 \leq \frac{\boldsymbol{x} \bullet \boldsymbol{y}}{||\boldsymbol{x}||\ ||\boldsymbol{y}||} \leq 1$$

が成立する．したがって，

$$\cos\theta = \frac{\boldsymbol{x} \bullet \boldsymbol{y}}{||\boldsymbol{x}||\ ||\boldsymbol{y}||}$$

を満足する θ $(0^\circ \leq \theta \leq 180^\circ)$ がただ 1 つ求まる．この θ を $\boldsymbol{x}$, $\boldsymbol{y}$ の**なす角**という．$\boldsymbol{x} \bullet \boldsymbol{y} = 0$ のとき，$\boldsymbol{x}$ と $\boldsymbol{y}$ は**直交する**といい，$\boldsymbol{x} \perp \boldsymbol{y}$ と記す．

(解説終)

問題 5.13. (平行四辺形の等式) 実内積空間の 2 つの元 $\boldsymbol{x}$, $\boldsymbol{y}$ において，次の関係式が成立することを示せ．

$$||\boldsymbol{x}+\boldsymbol{y}||^2 + ||\boldsymbol{x}-\boldsymbol{y}||^2 = 2\big(||\boldsymbol{x}||^2 + ||\boldsymbol{y}||^2\big).$$

証明.

$$\begin{aligned} &||\boldsymbol{x}+\boldsymbol{y}||^2 + ||\boldsymbol{x}-\boldsymbol{y}||^2 \\ &= ||\boldsymbol{x}||^2 + 2(\boldsymbol{x} \bullet \boldsymbol{y}) + ||\boldsymbol{y}||^2 + ||\boldsymbol{x}||^2 - 2(\boldsymbol{x} \bullet \boldsymbol{y}) + ||\boldsymbol{y}||^2 = 2\big(||\boldsymbol{x}||^2 + ||\boldsymbol{y}||^2\big). \end{aligned}$$

(証明終)

◊ ベクトルの直交性

ここでは，線形空間 V の $\mathbf{0}$ でないベクトルが互いに直交するベクトルの関係についての定理，定義を与える．

定理 5.7. 線形空間 V の $\mathbf{0}$ でないベクトル $\boldsymbol{a}_1, \boldsymbol{a}_2, \cdots, \boldsymbol{a}_r$ が互いに直交すれば，$\boldsymbol{a}_1, \boldsymbol{a}_2, \cdots, \boldsymbol{a}_r$ は線形独立である．

証明. $k_1\boldsymbol{a}_1 + k_2\boldsymbol{a}_2 + \cdots + k_r\boldsymbol{a}_r = \mathbf{0}$ とおく．ここで，両辺に対し $\boldsymbol{a}_j$ $(1 \leq j \leq r)$ との内積をとると，

$$(k_1\boldsymbol{a}_1 + k_2\boldsymbol{a}_2 + \cdots + k_r\boldsymbol{a}_r) \bullet \boldsymbol{a}_j = \mathbf{0} \bullet \boldsymbol{a}_j \tag{5.17}$$

となり，$k_1(\boldsymbol{a}_1 \bullet \boldsymbol{a}_j) + \cdots + k_j(\boldsymbol{a}_j \bullet \boldsymbol{a}_j) + \cdots + k_r(\boldsymbol{a}_r \bullet \boldsymbol{a}_j) = 0$ となる．ここで，各 $\boldsymbol{a}_1, \boldsymbol{a}_2, \cdots, \boldsymbol{a}_r$ は直交するため，$\boldsymbol{a}_i \bullet \boldsymbol{a}_j = 0$ $(i \neq j)$ となる．よって式 (5.17) より

$k_j||\boldsymbol{a}_j||^2 = 0$ となり，$k_j = 0$ となる．同様な操作を，$\boldsymbol{a}_1, \cdots, \boldsymbol{a}_r$ ($\boldsymbol{a}_j$以外) に対して行う事により，最終的に $k_1 = k_2 = \cdots = k_r = 0$ となる．よって，$\boldsymbol{a}_1, \boldsymbol{a}_2, \cdots, \boldsymbol{a}_r$ は線形独立となる．

(証明終)

定義 5.15. (正規直交基底) 線形空間 V の次元 $\dim V = n$ であり，ベクトル $\boldsymbol{a}_1, \boldsymbol{a}_2, \cdots, \boldsymbol{a}_n$ が互いに直交し，各 $||\boldsymbol{a}_i|| = 1$ $(i = 1, 2, \cdots, n)$ であるとする．このとき，$\boldsymbol{a}_1, \boldsymbol{a}_2, \cdots, \boldsymbol{a}_n$ は線形独立となるため（定理5.7，P. 100），線形空間 V の基底となる．この様な大きさ1で互いに直交する基底 $[\boldsymbol{a}_1, \boldsymbol{a}_2, \cdots, \boldsymbol{a}_n]$ を**正規直交基底**と呼ぶ.

◇ グラム・シュミットの直交化法

線形空間 V における基底 $[\boldsymbol{v}_1, \boldsymbol{v}_2, \cdots, \boldsymbol{v}_n]$ から新たな V の正規直交基底 $[\boldsymbol{u}_1,\ \boldsymbol{u}_2, \cdots, \boldsymbol{u}_n]$ を生成する**グラム・シュミットの直交化法**について解説する．

<u>グラム・シュミットの直交化法の手順</u>

$\boldsymbol{v}'_1 = \boldsymbol{v}_1$ とおいて $\boldsymbol{u}_1$ を次の様に生成する $\to \boldsymbol{u}_1 = \dfrac{\boldsymbol{v}'_1}{||\boldsymbol{v}'_1||}$,

$\boldsymbol{v}'_2 = \boldsymbol{v}_2 - (\boldsymbol{v}_2 \bullet \boldsymbol{u}_1)\boldsymbol{u}_1$ とおいて，$\boldsymbol{u}_2$ を次の様に生成する $\to \boldsymbol{u}_2 = \dfrac{\boldsymbol{v}'_2}{||\boldsymbol{v}'_2||}$,

$\boldsymbol{v}'_3 = \boldsymbol{v}_3 - (\boldsymbol{v}_3 \bullet \boldsymbol{u}_1)\boldsymbol{u}_1 - (\boldsymbol{v}_3 \bullet \boldsymbol{u}_2)\boldsymbol{u}_2$ とおいて $\boldsymbol{u}_3$ を次の様に生成する

$\to \boldsymbol{u}_3 = \dfrac{\boldsymbol{v}'_3}{||\boldsymbol{v}'_3||}$,

$\vdots$

$\boldsymbol{v}'_n = \boldsymbol{v}_n - \displaystyle\sum_{k=1}^{n-1} (\boldsymbol{v}_n \bullet \boldsymbol{u}_k)\boldsymbol{u}_k$ とおいて，$\boldsymbol{u}_n$ を次の様に生成する $\to \boldsymbol{u}_n = \dfrac{\boldsymbol{v}'_n}{||\boldsymbol{v}'_n||}$.

グラム・シュミットの直交化法の手順により生成された基底 $[\boldsymbol{u}_1,\ \boldsymbol{u}_2, \cdots, \boldsymbol{u}_n]$ は互いに直交することを数学的帰納法を用いて示す.

証明. $\boldsymbol{u}_1$, $\boldsymbol{u}_2$ は互いに直交し，大きさ1であることは明らか. ここで，$\boldsymbol{u}_1, \boldsymbol{u}_2, \cdots, \boldsymbol{u}_{n-1}$ が正規直交基底であると仮定すると，$i = 1, 2, \cdots, n-1$ に対し，

$$
\begin{aligned}
\boldsymbol{v}'_n \bullet \boldsymbol{u}_i &= \boldsymbol{v}_n \bullet \boldsymbol{u}_i - \sum_{k=1}^{n-1} (\boldsymbol{v}_n \bullet \boldsymbol{u}_k)(\boldsymbol{u}_k \bullet \boldsymbol{u}_i) \\
&= \boldsymbol{v}_n \bullet \boldsymbol{u}_i - (\boldsymbol{v}_n \bullet \boldsymbol{u}_i)(\boldsymbol{u}_i \bullet \boldsymbol{u}_i) = \boldsymbol{v}_n \bullet \boldsymbol{u}_i - \boldsymbol{v}_n \bullet \boldsymbol{u}_i = 0.
\end{aligned}
$$

また，$\boldsymbol{v}'_n=\mathbf{0}$ とすると，$\boldsymbol{v}_n=\sum_{k=1}^{n-1}(\boldsymbol{v}_n\bullet\boldsymbol{u}_k)\boldsymbol{u}_k$ となり，$\boldsymbol{v}_n$ が $\boldsymbol{u}_1,\boldsymbol{u}_2,\cdots,\boldsymbol{u}_{n-1}$ の基底で張られた部分空間の元となり矛盾する．よって $\boldsymbol{v}'_n\neq 0$ となり，正規化されたベクトル $\boldsymbol{u}_n$ を生成することができる．これらのことより，$[\boldsymbol{u}_1,\ \boldsymbol{u}_2,\cdots,\boldsymbol{u}_n]$ は正規直交基底となる．

(証明終)

例題 5.5. (グラム·シュミットの直交化法の例) 線形空間 $\mathbf{R}^3$ 上の次の基底 $[\boldsymbol{v}_1,\boldsymbol{v}_2,\boldsymbol{v}_3]$ から，グラム・シュミットの直交化法を用いて正規直交基底 $[\boldsymbol{u}_1,\boldsymbol{u}_2,\boldsymbol{u}_3]$ を求めよ．

$$\boldsymbol{v}_1=\begin{pmatrix}1\\2\\2\end{pmatrix},\quad \boldsymbol{v}_2=\begin{pmatrix}-1\\1\\1\end{pmatrix},\quad \boldsymbol{v}_3=\begin{pmatrix}1\\1\\-1\end{pmatrix}.$$

解答. $\boldsymbol{v}'_1=\boldsymbol{v}_1$ として $\boldsymbol{u}_1=\dfrac{1}{3}\boldsymbol{v}_1$.

$\boldsymbol{v}'_2=\boldsymbol{v}_2-(\boldsymbol{v}_2\bullet\boldsymbol{u}_1)\boldsymbol{u}_1=\boldsymbol{v}_2-\boldsymbol{u}_1=\dfrac{1}{3}\begin{pmatrix}-4\\1\\1\end{pmatrix}$. よって, $\boldsymbol{u}_2=\dfrac{1}{3\sqrt{2}}\begin{pmatrix}-4\\1\\1\end{pmatrix}$.

$\boldsymbol{v}'_3=\boldsymbol{v}_3-(\boldsymbol{v}_3\bullet\boldsymbol{u}_1)\boldsymbol{u}_1-(\boldsymbol{v}_3\bullet\boldsymbol{u}_2)\boldsymbol{u}_2=\begin{pmatrix}0\\1\\-1\end{pmatrix}$. よって, $\boldsymbol{u}_3=\dfrac{1}{\sqrt{2}}\begin{pmatrix}0\\1\\-1\end{pmatrix}$.

したがって，

$$[\boldsymbol{u}_1,\boldsymbol{u}_2,\boldsymbol{u}_3]=\left[\frac{1}{3}\begin{pmatrix}1\\2\\2\end{pmatrix},\frac{1}{3\sqrt{2}}\begin{pmatrix}-4\\1\\1\end{pmatrix},\frac{1}{\sqrt{2}}\begin{pmatrix}0\\1\\-1\end{pmatrix}\right].$$

(解答終)

– グラム・シュミットの直交化法の補足 –

その 1 グラム・シュミットの直交化法の手順を参照すれば解る様に，V の正規直交基底 $[\boldsymbol{u}_1,\boldsymbol{u}_2,\cdots,\boldsymbol{u}_n]$ の各 $\boldsymbol{u}_i$ $(1\leq i\leq n)$ は $\boldsymbol{v}_1,\boldsymbol{v}_2,\cdots,\boldsymbol{v}_n$ の線形結合によりそれぞれ生成されている．よって，$\boldsymbol{u}_1,\boldsymbol{u}_2,\cdots,\boldsymbol{u}_n$ によって張られた部分空間 $<\boldsymbol{u}_1,\boldsymbol{u}_2,\cdots,\boldsymbol{u}_n>$（定義 5.9 参照，P. 90）は，$\boldsymbol{v}_1,\boldsymbol{v}_2,\cdots,\boldsymbol{v}_n$ によって張られた部分空間 $<\boldsymbol{v}_1,\boldsymbol{v}_2,\cdots,\boldsymbol{v}_n>$ と等しくなる．即ち

$$<\boldsymbol{v}_1,\boldsymbol{v}_2,\cdots,\boldsymbol{v}_n>=<\boldsymbol{u}_1,\boldsymbol{u}_2,\cdots,\boldsymbol{u}_n>.$$

(解説終)

◊ 直交補空間

ここでは，直交補空間の定義を与える．

定義 5.16. (直交補空間) 実内積空間 V の部分空間 W に対し，W のどの元とも直交する次のベクトル全体の集合

$$\{\boldsymbol{x} \in V |\ \boldsymbol{x} \bullet \boldsymbol{w} = 0,\ \boldsymbol{w} \in W\} \tag{5.18}$$

は V の部分空間となる．これを W の**直交補空間**と呼び，$W^{\perp}$ で表す．

問題 5.14. 式 (5.18) で表された $W^{\perp}$ が V の部分空間となることを示せ．

証明. $\boldsymbol{x}, \boldsymbol{y} \in W^{\perp}$ とすると，$\boldsymbol{x} \bullet \boldsymbol{w} = \boldsymbol{y} \bullet \boldsymbol{w} = 0$ $(\boldsymbol{w} \in W)$ となる．ここで，

(i) $\boldsymbol{x} + \boldsymbol{y}$ に対し，$(\boldsymbol{x} + \boldsymbol{y}) \bullet \boldsymbol{w} = \boldsymbol{x} \bullet \boldsymbol{w} + \boldsymbol{y} \bullet \boldsymbol{w} = 0$．よって $\boldsymbol{x} + \boldsymbol{y} \in W^{\perp}$．

(ii) $k\boldsymbol{x}$ (k : スカラー) に対し，$(k\boldsymbol{x}) \bullet \boldsymbol{w} = k(\boldsymbol{x} \bullet \boldsymbol{w}) = 0$．よって $k\boldsymbol{x} \in W^{\perp}$．

(i), (ii) より $W^{\perp}$ は V の部分空間となる．

(証明終)

定理 5.8. (直和分解) V を実内積空間とし，W を部分空間とする．このとき次の関係式が成立する．

$$V = W \oplus W^{\perp}.$$

証明. W の正規直交基底を $[\boldsymbol{w}_1, \boldsymbol{w}_2, \cdots, \boldsymbol{w}_k]$ とする．ここで任意の $\boldsymbol{v} \in V$ に対し，ベクトル $\boldsymbol{x}$ を

$$\boldsymbol{x} = \boldsymbol{v} - \sum_{i=1}^{k} (\boldsymbol{v} \bullet \boldsymbol{w}_i)\boldsymbol{w}_i \tag{5.19}$$

とおき，$\boldsymbol{w}_j$ $(1 \leq j \leq k)$ との内積をとると，

$$\begin{aligned}
\boldsymbol{x} \bullet \boldsymbol{w}_j &= \boldsymbol{v} \bullet \boldsymbol{w}_j - \sum_{i=1}^{k} (\boldsymbol{v} \bullet \boldsymbol{w}_i)(\boldsymbol{w}_i \bullet \boldsymbol{w}_j) \\
&= \boldsymbol{v} \bullet \boldsymbol{w}_j - (\boldsymbol{v} \bullet \boldsymbol{w}_j)||\boldsymbol{w}_j||^2 \\
&= \boldsymbol{v} \bullet \boldsymbol{w}_j - \boldsymbol{v} \bullet \boldsymbol{w}_j = 0
\end{aligned}$$

となる．よって $\boldsymbol{x} \perp \boldsymbol{w}_j$ $(1 \leq j \leq k)$ となる．ここで W の任意の元を $\boldsymbol{w} \in W$ とすれば $\boldsymbol{w}$ は $\boldsymbol{w}_1, \boldsymbol{w}_2, \cdots, \boldsymbol{w}_k$ で張られた部分空間 $< \boldsymbol{w}_1, \boldsymbol{w}_2, \cdots, \boldsymbol{w}_k >$ の元となる．それゆえ，任意の $\boldsymbol{w} \in W$ に対し，$\boldsymbol{x} \perp \boldsymbol{w}$ となるため $\boldsymbol{x} \bullet \boldsymbol{w} = 0$ $(\boldsymbol{w} \in W)$．したがって $\boldsymbol{x} \in W^{\perp}$ となる．また，式 (5.19) から

$$\boldsymbol{v} = \boldsymbol{x} + \sum_{i=1}^{k} (\boldsymbol{v} \bullet \boldsymbol{w}_i)\boldsymbol{w}_i \in W^{\perp} + W$$

と表すことができ，$V = W^\perp + W$ となる．次に $W^\perp \cap W = \{\mathbf{0}\}$ であることを示す．今 $\boldsymbol{q} \in W^\perp \cap W$ とすると，$\boldsymbol{q} \in W^\perp$ かつ $\boldsymbol{q} \in W$．よって $\boldsymbol{q} \bullet \boldsymbol{q} = ||\boldsymbol{q}||^2 = 0$. ゆえに $\boldsymbol{q} = \mathbf{0}$ となり $W^\perp \cap W = \{\mathbf{0}\}$ となる．したがって定理 5.5（P. 92）により $V = W \oplus W^\perp$ となる．

(証明終)

5.4 線形写像

V 及び W を線形空間とする．ここで写像（第 1 章，P. 6）に対する次の定義を与える．

定義 5.17. (線形写像) V から W への写像 $f : V \to W$ において，次の 2 つの性質をもつ写像 f を線形写像という．

(1) $f(\boldsymbol{a} + \boldsymbol{b}) = f(\boldsymbol{a}) + f(\boldsymbol{b})$ $(\boldsymbol{a},\ \boldsymbol{b} \in V)$.

(2) $f(k\boldsymbol{a}) = kf(\boldsymbol{a})$ $(\boldsymbol{a} \in V,\ k :$ スカラー$)$.

ー 定義 5.17 (線形写像) の補足 ー

その 1 高校で出てくる関数の中で線形写像でない例はたくさん存在する．たとえば $f(x) = x^2$．なぜならば

$$f(x+y) = (x+y)^2 = x^2 + 2xy + y^2 = f(x) + f(y) + 2xy \neq f(x) + f(y).$$

(解説終)

行列による次の写像 f は線形写像となる．

例題 5.6. (行列を用いた写像) 次の写像 $f : \mathbf{R}^2 \to \mathbf{R}^2$ が式 (5.20) で表されるとき，f は線形写像となることを示せ．

$$(5.20) \qquad f : \begin{pmatrix} x \\ y \end{pmatrix} \mapsto \begin{pmatrix} x' \\ y' \end{pmatrix},\ \text{ただし} \begin{pmatrix} x' \\ y' \end{pmatrix} = \begin{pmatrix} a & b \\ c & d \end{pmatrix} \begin{pmatrix} x \\ y \end{pmatrix}.$$

解答. $\boldsymbol{x} = \begin{pmatrix} x_1 \\ x_2 \end{pmatrix}$, $\boldsymbol{y} = \begin{pmatrix} y_1 \\ y_2 \end{pmatrix}$ とおく．

(i)

$$\begin{aligned} f(\boldsymbol{x}+\boldsymbol{y}) &= f\left(\begin{pmatrix} x_1 \\ x_2 \end{pmatrix} + \begin{pmatrix} y_1 \\ y_2 \end{pmatrix}\right) = f\left(\begin{pmatrix} x_1+y_1 \\ x_2+y_2 \end{pmatrix}\right) \\ &= \begin{pmatrix} a & b \\ c & d \end{pmatrix}\begin{pmatrix} x_1+y_1 \\ x_2+y_2 \end{pmatrix} = \begin{pmatrix} a(x_1+y_1)+b(x_2+y_2) \\ c(x_1+y_1)+d(x_2+y_2) \end{pmatrix} \\ &= \begin{pmatrix} ax_1+bx_2 \\ cx_1+dx_2 \end{pmatrix} + \begin{pmatrix} ay_1+by_2 \\ cy_1+dy_2 \end{pmatrix} = f(\boldsymbol{x})+f(\boldsymbol{y}). \end{aligned}$$

(ii)

$$\begin{aligned} f(k\boldsymbol{x}) &= f\left(k\begin{pmatrix} x_1 \\ x_2 \end{pmatrix}\right) = f\left(\begin{pmatrix} kx_1 \\ kx_2 \end{pmatrix}\right) = \begin{pmatrix} a & b \\ c & d \end{pmatrix}\begin{pmatrix} kx_1 \\ kx_2 \end{pmatrix} \\ &= \begin{pmatrix} akx_1+bkx_2 \\ ckx_1+dkx_2 \end{pmatrix} = k\begin{pmatrix} ax_1+bx_2 \\ cx_1+dx_2 \end{pmatrix} = kf(\boldsymbol{x}). \end{aligned}$$

よって，(i), (ii) より f は線形写像となる．

(解答終)

一般に写像 $f:\mathbf{R}^n \to \mathbf{R}^m$ が

$$f:\begin{pmatrix} x_1 \\ \vdots \\ x_n \end{pmatrix} \mapsto \begin{pmatrix} x'_1 \\ \vdots \\ x'_m \end{pmatrix}, \quad \begin{pmatrix} x'_1 \\ \vdots \\ x'_m \end{pmatrix} = \begin{pmatrix} a_{11} & \cdots & a_{1n} \\ \vdots & \vdots & \vdots \\ a_{m1} & \cdots & a_{mn} \end{pmatrix}\begin{pmatrix} x_1 \\ \vdots \\ x_n \end{pmatrix}$$

で表される写像は線形写像である．ここで次の定義を与える．

定義 5.18. (表現行列) 線形写像 $f:\mathbf{R}^n \to \mathbf{R}^m$ が

$$f:\begin{pmatrix} x_1 \\ \vdots \\ x_n \end{pmatrix} \mapsto \begin{pmatrix} x'_1 \\ \vdots \\ x'_m \end{pmatrix}, \quad \begin{pmatrix} x'_1 \\ \vdots \\ x'_m \end{pmatrix} = \begin{pmatrix} a_{11} & \cdots & a_{1n} \\ \vdots & \vdots & \vdots \\ a_{m1} & \cdots & a_{mn} \end{pmatrix}\begin{pmatrix} x_1 \\ \vdots \\ x_n \end{pmatrix} \tag{5.21}$$

で表されるとき，行列 $\mathbf{A} = \begin{pmatrix} a_{11} & \cdots & a_{1n} \\ \vdots & \vdots & \vdots \\ a_{m1} & \cdots & a_{mn} \end{pmatrix}$ を線形写像 f の**表現行列**と呼ぶ.

線形写像 f によりベクトル $\boldsymbol{x} = {}^{t}(x_1, \cdots, x_n) \in \mathbf{R}^n$ が $\boldsymbol{x}' = {}^{t}(x'_1, \cdots, x'_m) \in \mathbf{R}^m$ に変換される表現は $f(\boldsymbol{x}) = \boldsymbol{x}'$ で表される．この $f(\boldsymbol{x})$ の表現を正確に記せば，$f\left(\begin{pmatrix} x_1 \\ \vdots \\ x_n \end{pmatrix}\right)$ となるが，本書では，見やすくするために便宜的に $f\begin{pmatrix} x_1 \\ \vdots \\ x_n \end{pmatrix}$ と表

す．したがって，式 (5.21) の表現は，次の様に表すことができる．

$$f\begin{pmatrix} x_1 \\ \vdots \\ x_n \end{pmatrix} = \begin{pmatrix} a_{11} & \cdots & a_{1n} \\ \vdots & \vdots & \vdots \\ a_{m1} & \cdots & a_{mn} \end{pmatrix}\begin{pmatrix} x_1 \\ \vdots \\ x_n \end{pmatrix} = \begin{pmatrix} x'_1 \\ \vdots \\ x'_m \end{pmatrix}.$$

次の問題を解いて行列を用いた線形写像のイメージをつけて欲しい．

問題 5.15. 次の写像 $f : \mathbf{R}^2 \to \mathbf{R}^2$ が線形写像であるか調べよ．また線形写像であれば表現行列 $\mathbf{A}$ を求めよ．

(1) $f : \begin{pmatrix} x_1 \\ x_2 \end{pmatrix} \mapsto \begin{pmatrix} 2x_1 \\ x_1 + 2x_2 \end{pmatrix}$.　　(2) $f : \begin{pmatrix} x_1 \\ x_2 \end{pmatrix} \mapsto \begin{pmatrix} 2x_1 + 1 \\ x_1 + 2x_2 \end{pmatrix}$.

解答.

(1) $\begin{pmatrix} 2x_1 \\ x_1 + 2x_2 \end{pmatrix} = \begin{pmatrix} 2 & 0 \\ 1 & 2 \end{pmatrix}\begin{pmatrix} x_1 \\ x_2 \end{pmatrix}$ となり，$f\begin{pmatrix} x_1 \\ x_2 \end{pmatrix} = \begin{pmatrix} 2 & 0 \\ 1 & 2 \end{pmatrix}\begin{pmatrix} x_1 \\ x_2 \end{pmatrix}$ と表すことができる．よって f は線形写像．表現行列 $\mathbf{A}$ は，$\mathbf{A} = \begin{pmatrix} 2 & 0 \\ 1 & 2 \end{pmatrix}$.

(2) $f\begin{pmatrix} x_1 \\ x_2 \end{pmatrix} = \begin{pmatrix} 2x_1 + 1 \\ x_1 + 2x_2 \end{pmatrix} = \begin{pmatrix} 2 & 0 \\ 1 & 2 \end{pmatrix}\begin{pmatrix} x_1 \\ x_2 \end{pmatrix} + \begin{pmatrix} 1 \\ 0 \end{pmatrix}$ と表されるため f は線形写像でない．

(解答終)

次の例は線形写像 f が $f : \mathbf{R}^2 \to \mathbf{R}^3$ の場合である．

問題 5.16. 次の写像 $f : \mathbf{R}^2 \to \mathbf{R}^3$ は線形写像であるか調べよ．また，線形写像であれば表現行列 $\mathbf{A}$ を求めよ．

$$f : \begin{pmatrix} x_1 \\ x_2 \end{pmatrix} \mapsto \begin{pmatrix} 2x_1 + x_2 \\ x_1 \\ x_1 - x_2 \end{pmatrix}.$$

解答. $f\begin{pmatrix} x_1 \\ x_2 \end{pmatrix} = \begin{pmatrix} 2x_1 + x_2 \\ x_1 \\ x_1 - x_2 \end{pmatrix} = \begin{pmatrix} 2 & 1 \\ 1 & 0 \\ 1 & -1 \end{pmatrix}\begin{pmatrix} x_1 \\ x_2 \end{pmatrix}$ と表すことができるため，

f は線形写像．表現行列 $\mathbf{A}$ は，$\mathbf{A} = \begin{pmatrix} 2 & 1 \\ 1 & 0 \\ 1 & -1 \end{pmatrix}$.

(解答終)

一般の線形空間 V による線形写像 f において次の定理が成立する．

定理 5.9. (線形写像 f の特性) 線形写像 $f : V \to W$ において,

$$f(V) = \{\boldsymbol{a}' \mid \boldsymbol{a}' = f(\boldsymbol{a}), \quad \boldsymbol{a} \in V, \quad \boldsymbol{a}' \in W\}$$

は, W の部分空間である.

証明. $\boldsymbol{a}, \boldsymbol{b} \in V$ に対し, $f(\boldsymbol{a}) = \boldsymbol{a}'$, $f(\boldsymbol{b}) = \boldsymbol{b}'$, $\boldsymbol{a}', \boldsymbol{b}' \in W$ とする. このとき,

(i) $\boldsymbol{a}' + \boldsymbol{b}' = f(\boldsymbol{a}) + f(\boldsymbol{b}) = f(\boldsymbol{a} + \boldsymbol{b})$ ($\because f$ は線形写像). ここで $\boldsymbol{a} + \boldsymbol{b} \in V$ より, $\boldsymbol{a}' + \boldsymbol{b}' \in f(V)$.

(ii) $k\boldsymbol{a}' = kf(\boldsymbol{a}) = f(k\boldsymbol{a})$ ($\because f$ は線形写像). ここで, $k\boldsymbol{a} \in V$ より $k\boldsymbol{a}' \in f(V)$.

よって (i), (ii) より $f(V)$ は W の部分空間となる.

(証明終)

定理 5.9 における線形写像 $f : V \to W$ において次の定義を与える.

定義 5.19. (線形写像 f の像) 線形写像 $f : V \to W$ において $f(V)$ を f の**像**と呼び, $f(V) = \mathrm{Im}\ f$ と記す.

定義 5.19 における $f(V) = \mathrm{Im}\ f$ は W の部分空間であるため, 基底及び次元 $\dim \mathrm{Im}\ f$ が定まる. 次の問題を解き $\mathrm{Im}\ f$ のイメージを付けて欲しい.

問題 5.17. 次の線形写像 f による $\mathrm{Im}\ f$ の基底及び次元を求めよ.

(1) $f : \begin{pmatrix} x_1 \\ x_2 \end{pmatrix} \mapsto \begin{pmatrix} 2x_1 \\ x_1 + 2x_2 \end{pmatrix}$. (2) $f : \begin{pmatrix} x_1 \\ x_2 \end{pmatrix} \mapsto \begin{pmatrix} 2x_1 + x_2 \\ x_1 \\ x_1 - x_2 \end{pmatrix}$.

解答.

(1) $f : \mathbf{R}^2 \to \mathbf{R}^2$ は線形写像であり,

$$f\begin{pmatrix} x_1 \\ x_2 \end{pmatrix} = \begin{pmatrix} 2x_1 \\ x_1 + 2x_2 \end{pmatrix} = \begin{pmatrix} 2 & 0 \\ 1 & 2 \end{pmatrix}\begin{pmatrix} x_1 \\ x_2 \end{pmatrix} = x_1\begin{pmatrix} 2 \\ 1 \end{pmatrix} + x_2\begin{pmatrix} 0 \\ 2 \end{pmatrix}$$

と表現できる. よって $\boldsymbol{x} = \begin{pmatrix} x_1 \\ x_2 \end{pmatrix}$ は, $f(\boldsymbol{x})$ により $\mathbf{R}^2$ の元へと写り, その元は 2 つの線形独立なベクトル $\begin{pmatrix} 2 \\ 1 \end{pmatrix}, \begin{pmatrix} 0 \\ 2 \end{pmatrix}$ の線形結合として表現される. よって $\dim \mathrm{Im}\ f = 2$ となり, 基底は $\left[\begin{pmatrix} 2 \\ 1 \end{pmatrix}, \begin{pmatrix} 0 \\ 2 \end{pmatrix}\right]$ となる.

(2) $f:\mathbf{R}^2 \to \mathbf{R}^3$ の線形写像であり，

$$f\begin{pmatrix} x_1 \\ x_2 \end{pmatrix} = \begin{pmatrix} 2x_1 + x_2 \\ x_1 \\ x_1 - x_2 \end{pmatrix} = \begin{pmatrix} 2 & 1 \\ 1 & 0 \\ 1 & -1 \end{pmatrix}\begin{pmatrix} x_1 \\ x_2 \end{pmatrix} = x_1\begin{pmatrix} 2 \\ 1 \\ 1 \end{pmatrix} + x_2\begin{pmatrix} 1 \\ 0 \\ -1 \end{pmatrix}$$

と表現できる．よって $\boldsymbol{x} = \begin{pmatrix} x_1 \\ x_2 \end{pmatrix}$ は，$f(\boldsymbol{x})$ により $\mathbf{R}^3$ の元へと写り，その元は 2 つの線形独立なベクトル $\begin{pmatrix} 2 \\ 1 \\ 1 \end{pmatrix}, \begin{pmatrix} 1 \\ 0 \\ -1 \end{pmatrix}$ の線形結合として表現される．よって $\dim \mathrm{Im}\, f = 2$ となり，基底は $\left[\begin{pmatrix} 2 \\ 1 \\ 1 \end{pmatrix}, \begin{pmatrix} 1 \\ 0 \\ -1 \end{pmatrix}\right]$ となる．

(解答終)

ここで線形写像に関する次の問題を与える．

問題 5.18. 線形写像 $f:V \to W$ において，次のことを証明せよ．

(1) V のベクトル $\boldsymbol{a}_1, \boldsymbol{a}_2, \cdots, \boldsymbol{a}_r$ に対し，W のベクトル $f(\boldsymbol{a}_1), f(\boldsymbol{a}_2), \cdots, f(\boldsymbol{a}_r)$ が線形独立ならば，$\boldsymbol{a}_1, \boldsymbol{a}_2, \cdots, \boldsymbol{a}_r$ も線形独立である．

(2) V のベクトル $\boldsymbol{a}_1, \boldsymbol{a}_2, \cdots, \boldsymbol{a}_r$ が線形従属なら，W のベクトル $f(\boldsymbol{a}_1)$, $f(\boldsymbol{a}_2)$, $\cdots$, $f(\boldsymbol{a}_r)$ も線形従属である．

証明. (1) と (2) はお互いに対偶の関係にあるため，(1), (2) のどちらか一方を証明できれば他方も証明されたことになる．よってここでは (1) の証明を行う．

(1) $k_1\boldsymbol{a}_1 + k_2\boldsymbol{a}_2 + \cdots + k_r\boldsymbol{a}_r = \mathbf{0}$ とおくと，
$f(k_1\boldsymbol{a}_1 + k_2\boldsymbol{a}_2 + \cdots + k_r\boldsymbol{a}_r) = f(\mathbf{0}) = \mathbf{0}'$．よって

$$k_1 f(\boldsymbol{a}_1) + k_2 f(\boldsymbol{a}_2) + \cdots + k_r f(\boldsymbol{a}_r) = \mathbf{0}' \tag{5.22}$$

が成立する．仮定より，$f(\boldsymbol{a}_1)$, $f(\boldsymbol{a}_2)$,$\cdots$,$f(\boldsymbol{a}_r)$ は線形独立であるため，式 (5.22) が成立すれば $k_1 = k_2 = \cdots = k_r = 0$．よって $\boldsymbol{a}_1, \boldsymbol{a}_2, \cdots, \boldsymbol{a}_r$ は線形独立となる．

(証明終)

次に線形写像 f において重要な定理を与える．

定理 5.10. 線形写像 $f : V \to W$ について

$$K = \{\boldsymbol{x} \mid f(\boldsymbol{x}) = \mathbf{0}', \quad \boldsymbol{x} \in V, \quad \mathbf{0}' \in W\}$$

であるとき，K は V の部分空間である．

証明. $\boldsymbol{x}, \boldsymbol{y} \in K$ とする．このとき，

(i) $\boldsymbol{x}, \boldsymbol{y} \in K$ より，$f(\boldsymbol{x}) = f(\boldsymbol{y}) = \mathbf{0}'$ となる．よって，

$$f(\boldsymbol{x} + \boldsymbol{y}) = f(\boldsymbol{x}) + f(\boldsymbol{y}) = \mathbf{0}'. \text{ したがって，} \boldsymbol{x} + \boldsymbol{y} \in K.$$

(ii) $\boldsymbol{x} \in K$ より，$f(\boldsymbol{x}) = \mathbf{0}'$ となる．よって，スカラー α に対し，

$$\alpha f(\boldsymbol{x}) = f(\alpha \boldsymbol{x}) = \mathbf{0}'. \text{ したがって } \alpha \boldsymbol{x} \in K.$$

(i), (ii) より，K は部分空間となる．

(証明終)

定理 5.10 で導いた部分空間 K について次の定義を与える．

定義 5.20. (線形写像 f の核) 線形写像 $f : V \to W$ おいて次に表される部分空間 K を f の核といい，$K = \mathrm{Ker}\ f = f^{-1}(\mathbf{0}')$ と記す．(ここで，f^{-1} は f の逆像を表す)

$$K = \mathrm{Ker}\ f = \{\boldsymbol{x} \mid f(\boldsymbol{x}) = \mathbf{0}', \quad \boldsymbol{x} \in V, \quad \mathbf{0}' \in W\}.$$

線形写像 $f : V \to W$ において，$\mathrm{Ker}\ f$ は V の部分空間であることが解る（定理 5.10 参照）．よって，その空間での基底及び次元 $\dim \mathrm{Ker}\ f$ が定まる．次の問題を解き，$\mathrm{Ker}\ f$ のイメージをつけて欲しい．次の図 5.4 は，線形写像 f の像と核のイメージを図示したものである．

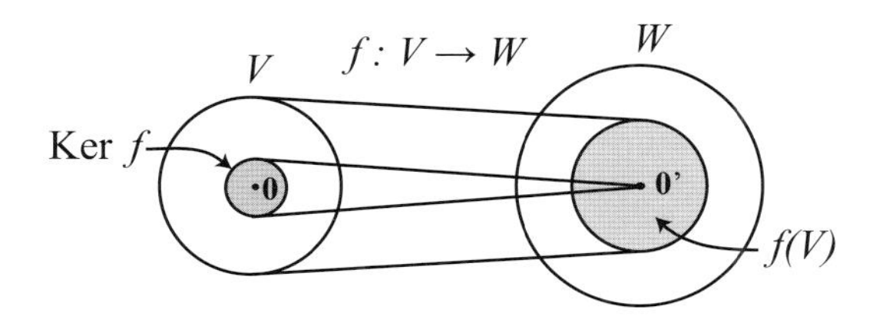

図 5.4: 像と核の関係

問題 5.19. 線形写像 f が表現行列 $\mathbf{A}=\begin{pmatrix} 1 & 2 & 1 \\ 2 & 1 & 3 \end{pmatrix}$ によって表される $f:\mathbf{R}^3\to\mathbf{R}^2$ において，Ker f の基底及び次元を求めよ（問題 5.10 参照，P. 90）．

解答. $\boldsymbol{x}\in \mathrm{Ker}\ f$ とおくと．$f(\boldsymbol{x})=\mathbf{A}\boldsymbol{x}=\mathbf{0}$. よって，$\boldsymbol{x}={}^{\mathrm{t}}(x_1,x_2,x_3)$ とおくと，掃き出し法より，

$$\left(\begin{array}{ccc|c} \boxed{1} & 2 & 1 & 0 \\ 2 & 1 & 3 & 0 \end{array}\right)\to\left(\begin{array}{ccc|c} 1 & 2 & 1 & 0 \\ 0 & -3 & \boxed{1} & 0 \end{array}\right)\to\left(\begin{array}{ccc|c} 1 & 5 & 0 & 0 \\ 0 & -3 & 1 & 0 \end{array}\right).$$

よって，$x_1+5x_2=0,\ -3x_2+x_3=0$ となるため，$x_2=s$ とおけば，$x_1=-5s$, $x_3=3s$. ゆえに $\begin{pmatrix} x_1 \\ x_2 \\ x_3 \end{pmatrix}=s\begin{pmatrix} -5 \\ 1 \\ 3 \end{pmatrix}$. したがって $\dim\mathrm{Ker}\ f=1$ で，基底は $\left[\begin{pmatrix} -5 \\ 1 \\ 3 \end{pmatrix}\right]$ となる．

(解答終)

定理 5.11. (次元定理) 線形写像 $f:V\to W$ に対し，次の式が成立する．

$$\dim\ V=\dim\ \mathrm{Im}\ f+\dim\ \mathrm{Ker}\ f.$$

証明. $\dim\mathrm{Im}\ f=s$ として，Im f の基底を $[\boldsymbol{w}_1,\boldsymbol{w}_2,\cdots,\boldsymbol{w}_s]$ とする．各 $\boldsymbol{w}_i\in \mathrm{Im}\ f\ (1\le i\le s)$ より，$\boldsymbol{w}_i=f(\boldsymbol{u}_i)$ となる $\boldsymbol{u}_i\in V\ (1\le i\le s)$ が存在する．また，$\dim\mathrm{Ker}\ f=r$ として，Ker f の基底を $[\boldsymbol{v}_1,\boldsymbol{v}_2,\cdots,\boldsymbol{v}_r]$ とする．

まず $\boldsymbol{u}_1,\ \boldsymbol{u}_2,\ \cdots,\ \boldsymbol{u}_s,\ \boldsymbol{v}_1,\ \boldsymbol{v}_2,\ \cdots\ ,\boldsymbol{v}_r$ が線形独立であることを示す．そこで，

$$c_1\boldsymbol{u}_1+\cdots+c_s\boldsymbol{u}_s+d_1\boldsymbol{v}_1+\cdots+d_r\boldsymbol{v}_r=\mathbf{0} \tag{5.23}$$

とおくと，$f(c_1\boldsymbol{u}_1+\cdots+c_s\boldsymbol{u}_s+d_1\boldsymbol{v}_1+\cdots+d_r\boldsymbol{v}_r)=f(\mathbf{0})=\mathbf{0}'\ (\mathbf{0}'\in W)$ より，

$$\begin{aligned} & c_1f(\boldsymbol{u}_1)+\cdots+c_sf(\boldsymbol{u}_s)+d_1f(\boldsymbol{v}_1)+d_rf(\boldsymbol{v}_r) \\ = \ & c_1f(\boldsymbol{u}_1)+\cdots+c_sf(\boldsymbol{u}_s)=c_1\boldsymbol{w}_1+\cdots+c_s\boldsymbol{w}_s=\mathbf{0}'. \end{aligned}$$

$\boldsymbol{w}_1,\boldsymbol{w}_2,\cdots,\boldsymbol{w}_s$ は Im f の基底より，$c_1=c_2=\cdots=c_s=0$. よって式 (5.23) より，$d_1\boldsymbol{v}_1+d_2\boldsymbol{v}_2+\cdots+d_r\boldsymbol{v}_r=\mathbf{0}$ となり，$d_1=d_2=\cdots=d_r=0$. したがって，$\boldsymbol{u}_1,\ \boldsymbol{u}_2,\ \cdots,\ \boldsymbol{u}_s,\ \boldsymbol{v}_1,\ \boldsymbol{v}_2,\ \cdots,\ \boldsymbol{u}_r$ は線形独立となる．

次に V の任意の元 $\boldsymbol{x}\in V$ が $\boldsymbol{u}_1,\ \boldsymbol{u}_2,\ \cdots,\ \boldsymbol{u}_s,\ \boldsymbol{v}_1,\ \boldsymbol{v}_2,\ \cdots,\ \boldsymbol{v}_r$ の線形結合で表されることを示す．今，$\boldsymbol{x}\in V$ に対し，$f(\boldsymbol{x})\in \mathrm{Im}\ f$ であるため，$f(\boldsymbol{x})$ は Im f の基底 $[\boldsymbol{w}_1,\boldsymbol{w}_2,\cdots,\boldsymbol{w}_s]$ を用いて，

$$f(\boldsymbol{x})=a_1\boldsymbol{w}_1+a_2\boldsymbol{w}_2+\cdots+a_s\boldsymbol{w}_s \tag{5.24}$$

と表すことができる．ここで $\boldsymbol{w}_i = f(\boldsymbol{u}_i)$ であるため，式 (5.24) は

$$f(\boldsymbol{x}) = a_1 f(\boldsymbol{u}_1) + a_2 f(\boldsymbol{u}_2) + \cdots + a_s f(\boldsymbol{u}_s)$$

と表され，次の様に変形される．

$$f(\boldsymbol{x}) - \big(a_1 f(\boldsymbol{u}_1) + a_2 f(\boldsymbol{u}_2) + \cdots + a_s f(\boldsymbol{u}_s)\big) = \mathbf{0}'.$$

したがって $f(\boldsymbol{x} - a_1\boldsymbol{u}_1 - a_2\boldsymbol{u}_2 - \cdots - a_s\boldsymbol{u}_s) = \mathbf{0}'$ となるため，

$$\boldsymbol{x} - a_1\boldsymbol{u}_1 - a_2\boldsymbol{u}_2 - \cdots - a_s\boldsymbol{u}_s \in \mathrm{Ker}\ f.$$

よって，$\boldsymbol{x} - a_1\boldsymbol{u}_1 - a_2\boldsymbol{u}_2 - \cdots - a_s\boldsymbol{u}_s$ は，Ker f の基底 $[\boldsymbol{v}_1, \boldsymbol{v}_2, \cdots, \boldsymbol{v}_r]$ の線形結合で

$$\boldsymbol{x} - a_1\boldsymbol{u}_1 - a_2\boldsymbol{u}_2 - \cdots - a_s\boldsymbol{u}_s = b_1\boldsymbol{v}_1 + b_2\boldsymbol{v}_2 + \cdots + b_r\boldsymbol{v}_r$$

と表すことができる．ゆえに，

$$\boldsymbol{x} = a_1\boldsymbol{u}_1 + a_2\boldsymbol{u}_2 + \cdots + a_s\boldsymbol{u}_s + b_1\boldsymbol{v}_1 + b_2\boldsymbol{v}_2 + \cdots + b_r\boldsymbol{v}_r$$

となり，$\boldsymbol{x} \in V$ は，$\boldsymbol{u}_1, \boldsymbol{u}_2, \cdots, \boldsymbol{u}_s, \boldsymbol{v}_1, \boldsymbol{v}_2, \cdots, \boldsymbol{v}_r$ の線形結合で表すことができる．

(証明終)

例題 5.7. 線形写像 $f : \mathbf{R}^3 \to \mathbf{R}^2$ を次の式で定義される線形写像とする．このとき，f の像 Im f と核 Ker f の基底と次元をそれぞれ求め，定理 5.11(次元定理)（P. 110）が成立することを確かめよ．

$$f\begin{pmatrix} x_1 \\ x_2 \\ x_3 \end{pmatrix} = \begin{pmatrix} 1 & 2 & 3 \\ 2 & 4 & 6 \end{pmatrix}\begin{pmatrix} x_1 \\ x_2 \\ x_3 \end{pmatrix}. \tag{5.25}$$

解答. 式 (5.25) で $\boldsymbol{x} = {}^{\mathrm{t}}(x_1, x_2, x_3)$, $\mathbf{A} = \begin{pmatrix} 1 & 2 & 3 \\ 2 & 4 & 6 \end{pmatrix}$ とする．$\dim \mathbf{R}^3 = 3$ である．今，Ker f を求めるために $\mathbf{A}\boldsymbol{x} = \mathbf{0}'$ とおいて $\boldsymbol{x}$ を求めると，掃き出し法により

$$\left(\begin{array}{ccc|c} \boxed{1} & 2 & 3 & 0 \\ 2 & 4 & 6 & 0 \end{array}\right) \to \left(\begin{array}{ccc|c} 1 & 2 & 3 & 0 \\ 0 & 0 & 0 & 0 \end{array}\right).$$

よって，$x_2 = s$, $x_3 = t$ とおくと $x_1 = -2s - 3t$ と表されるため

$$\begin{pmatrix} x_1 \\ x_2 \\ x_3 \end{pmatrix} = s\begin{pmatrix} -2 \\ 1 \\ 0 \end{pmatrix} + t\begin{pmatrix} -3 \\ 0 \\ 1 \end{pmatrix}$$

となり，2つの線形独立なベクトルの線形結合として表される．よって，$\dim \mathrm{Ker}\, f = 2$ となり，Ker f の基底は，

$$\left[\begin{pmatrix} -2 \\ 1 \\ 0 \end{pmatrix}, \begin{pmatrix} -3 \\ 0 \\ 1 \end{pmatrix} \right].$$

一方 Im f は，

$$\mathrm{Im}\, f = f(\boldsymbol{x}) = \mathbf{A}\boldsymbol{x} = \begin{pmatrix} x_1 + 2x_2 + 3x_3 \\ 2x_1 + 4x_2 + 6x_3 \end{pmatrix} = (x_1 + x_2 + x_3) \begin{pmatrix} 1 \\ 2 \end{pmatrix}$$

であり，${}^t(1,2)$ のスカラー倍 ($x_1 + x_2 + x_3$ 倍) として表現できるため，$\dim \mathrm{Im}\, f = 1$ であり，Im f の基底は，

$$\left[\begin{pmatrix} 1 \\ 2 \end{pmatrix} \right].$$

したがって次元定理 $3 = 1 + 2$ が成立する．

(解答終)

問題 5.20. 線形写像 $f : \mathbf{R}^4 \to \mathbf{R}^3$ を次の式で定義される線形写像とする．このとき，f の像 Im f と核 Ker f の基底と次元をそれぞれ求めよ．

$$f \begin{pmatrix} x_1 \\ x_2 \\ x_3 \\ x_4 \end{pmatrix} = \begin{pmatrix} 1 & 0 & 1 & 1 \\ 2 & 1 & 3 & 2 \\ 1 & 1 & 2 & 1 \end{pmatrix} \begin{pmatrix} x_1 \\ x_2 \\ x_3 \\ x_4 \end{pmatrix}. \tag{5.26}$$

解答. 式 (5.26) で $\boldsymbol{x} = {}^t(x_1, x_2, x_3, x_4)$, $\mathbf{A} = \begin{pmatrix} 1 & 0 & 1 & 1 \\ 2 & 1 & 3 & 2 \\ 1 & 1 & 2 & 1 \end{pmatrix}$ とする．$\dim \mathbf{R}^4 = 4$ である．今，Ker f を求めるために $\mathbf{A}\boldsymbol{x} = \mathbf{0}'$ とおいて $\boldsymbol{x}$ を求めると，掃き出し法により，

$$\left(\begin{array}{cccc|c} \boxed{1} & 0 & 1 & 1 & 0 \\ 2 & 1 & 3 & 2 & 0 \\ 1 & 1 & 2 & 1 & 0 \end{array} \right) \to \left(\begin{array}{cccc|c} 1 & 0 & 1 & 1 & 0 \\ 0 & \boxed{1} & 1 & 0 & 0 \\ 0 & 1 & 1 & 0 & 0 \end{array} \right) \to \left(\begin{array}{cccc|c} 1 & 0 & 1 & 1 & 0 \\ 0 & 1 & 1 & 0 & 0 \\ 0 & 0 & 0 & 0 & 0 \end{array} \right).$$

よって，$x_1 + x_3 + x_4 = 0$, $x_2 + x_3 = 0$. したがって $x_3 = s$, $x_4 = t$ とおくと $x_1 = -s - t$, $x_2 = -s$ と表されるため

$$\begin{pmatrix} x_1 \\ x_2 \\ x_3 \\ x_4 \end{pmatrix} = s \begin{pmatrix} -1 \\ -1 \\ 1 \\ 0 \end{pmatrix} + t \begin{pmatrix} -1 \\ 0 \\ 0 \\ 1 \end{pmatrix}$$

となり，2 つの線形独立なベクトルの線形結合として表される．よって，$\dim \mathrm{Ker}\ f = 2$ となることが解る．ここで，Ker f の基底は，

$$\left[\begin{pmatrix} -1 \\ -1 \\ 1 \\ 0 \end{pmatrix}, \begin{pmatrix} -1 \\ 0 \\ 0 \\ 1 \end{pmatrix} \right].$$

一方，次元定理により，$\dim \mathrm{Im}\ f = \dim V - \dim \mathrm{Ker}\ f = 4 - 2 = 2$ であり，

$$\begin{aligned} \mathrm{Im}\ f = \mathbf{A}\boldsymbol{x} &= \begin{pmatrix} x_1 + x_3 + x_4 \\ 2x_1 + x_2 + 3x_3 + 2x_4 \\ x_1 + x_2 + 2x_3 + x_4 \end{pmatrix} \\ &= x_1 \begin{pmatrix} 1 \\ 2 \\ 1 \end{pmatrix} + x_2 \begin{pmatrix} 0 \\ 1 \\ 1 \end{pmatrix} + x_3 \begin{pmatrix} 1 \\ 3 \\ 2 \end{pmatrix} + x_4 \begin{pmatrix} 1 \\ 2 \\ 1 \end{pmatrix} \end{aligned}$$

であるから，例えば 2 つの線形独立なベクトルの組 ${}^{\mathrm{t}}(1, 2, 1)$, ${}^{\mathrm{t}}(0, 1, 1)$ をとりさえすれば，Im f の基底として，

$$\left[\begin{pmatrix} 1 \\ 2 \\ 1 \end{pmatrix}, \begin{pmatrix} 0 \\ 1 \\ 1 \end{pmatrix} \right]$$

が定まる．

(解答終)

◇ 基底変換と行列

第 5 章, 第 5.2 節（P. 82）で述べた様に線形空間の基底の取り方は一通りではない．そこでここでは与えられた 2 組の異なる基底の関係について解説する．

V を n 次元線形空間とし，$[\boldsymbol{v}_1, \boldsymbol{v}_2, \cdots, \boldsymbol{v}_n]$, $[\boldsymbol{v}'_1, \boldsymbol{v}'_2, \cdots, \boldsymbol{v}'_n]$ を V の 2 つの基底とすると，基底の定義により，各 $\boldsymbol{v}'_i$ $(1 \leq i \leq n)$ は $\boldsymbol{v}_1, \boldsymbol{v}_2, \cdots, \boldsymbol{v}_n$ の線形結合として一意的に表すことができる．そこで

$$\begin{aligned} \boldsymbol{v}'_1 &= p_{11}\boldsymbol{v}_1 + p_{12}\boldsymbol{v}_2 + \cdots + p_{1n}\boldsymbol{v}_n, \\ \boldsymbol{v}'_2 &= p_{21}\boldsymbol{v}_1 + p_{22}\boldsymbol{v}_2 + \cdots + p_{2n}\boldsymbol{v}_n, \\ &\vdots \\ \boldsymbol{v}'_n &= p_{n1}\boldsymbol{v}_1 + p_{n2}\boldsymbol{v}_2 + \cdots + p_{nn}\boldsymbol{v}_n \end{aligned}$$

とする．これを行列表現すると，

$$(\boldsymbol{v}'_1, \boldsymbol{v}'_2, \cdots, \boldsymbol{v}'_n) = (\boldsymbol{v}_1, \boldsymbol{v}_2, \cdots, \boldsymbol{v}_n)\begin{pmatrix} p_{11} & p_{12} & \cdots & p_{1n} \\ p_{21} & p_{22} & \cdots & p_{2n} \\ \vdots & \vdots & \ddots & \vdots \\ p_{n1} & p_{n2} & \cdots & p_{nn} \end{pmatrix}$$

となる．このとき，

$$\mathbf{P} = \begin{pmatrix} p_{11} & p_{12} & \cdots & p_{1n} \\ p_{21} & p_{22} & \cdots & p_{2n} \\ \vdots & \vdots & \ddots & \vdots \\ p_{n1} & p_{n2} & \cdots & p_{nn} \end{pmatrix}$$

を，基底 $[\boldsymbol{v}_1, \boldsymbol{v}_2, \cdots, \boldsymbol{v}_n]$ から $[\boldsymbol{v}'_1, \boldsymbol{v}'_2, \cdots, \boldsymbol{v}'_n]$ への**基底の変換行列**と呼ぶ．

基底の変換行列について次の定理を確かめよ．

定理 5.12. 基底 $[\boldsymbol{v}_1, \boldsymbol{v}_2, \cdots, \boldsymbol{v}_n]$ から基底 $[\boldsymbol{v}'_1, \boldsymbol{v}'_2, \cdots, \boldsymbol{v}'_n]$ への基底の変換行列を $\mathbf{P}$, 基底 $[\boldsymbol{z}_1, \boldsymbol{z}_2, \cdots, \boldsymbol{z}_n]$ から基底 $[\boldsymbol{v}_1, \boldsymbol{v}_2, \cdots, \boldsymbol{v}_n]$ への基底の変換行列を $\mathbf{Q}$ とする．このとき，$[\boldsymbol{z}_1, \boldsymbol{z}_2, \cdots, \boldsymbol{z}_n]$ から $[\boldsymbol{v}'_1, \boldsymbol{v}'_2, \cdots, \boldsymbol{v}'_n]$ への基底の変換行列は，$\mathbf{QP}$ である．

証明. 仮定により次の 2 つの関係式が成立する．

$$(\boldsymbol{v}'_1, \boldsymbol{v}'_2, \cdots, \boldsymbol{v}'_n) = (\boldsymbol{v}_1, \boldsymbol{v}_2, \cdots, \boldsymbol{v}_n)\mathbf{P}, \quad (\boldsymbol{v}_1, \boldsymbol{v}_2, \cdots, \boldsymbol{v}_n) = (\boldsymbol{z}_1, \boldsymbol{z}_2, \cdots, \boldsymbol{z}_n)\mathbf{Q}.$$

よって，

$$(\boldsymbol{v}'_1, \boldsymbol{v}'_2, \cdots, \boldsymbol{v}'_n) = \big((\boldsymbol{z}_1, \boldsymbol{z}_2, \cdots, \boldsymbol{z}_n)\mathbf{Q}\big)\mathbf{P} = (\boldsymbol{z}_1, \boldsymbol{z}_2, \cdots, \boldsymbol{z}_n)\mathbf{QP}$$

となり，題意は証明された．

(証明終)

問題 5.21. V を四次元の線形空間とし，その基底を $[\boldsymbol{v}_1, \boldsymbol{v}_2, \boldsymbol{v}_3, \boldsymbol{v}_4]$ とする．この基底から次の基底 $[\boldsymbol{v}_1, \boldsymbol{v}_1 + \boldsymbol{v}_2, \boldsymbol{v}_1 + \boldsymbol{v}_2 + \boldsymbol{v}_3, \boldsymbol{v}_1 + \boldsymbol{v}_2 + \boldsymbol{v}_3 + \boldsymbol{v}_4]$ への基底の変換行列を求めよ．

解答.

$$(\boldsymbol{v}_1, \boldsymbol{v}_1 + \boldsymbol{v}_2, \boldsymbol{v}_1 + \boldsymbol{v}_2 + \boldsymbol{v}_3, \boldsymbol{v}_1 + \boldsymbol{v}_2 + \boldsymbol{v}_3 + \boldsymbol{v}_4) = (\boldsymbol{v}_1, \boldsymbol{v}_2, \boldsymbol{v}_3, \boldsymbol{v}_4)\begin{pmatrix} 1 & 1 & 1 & 1 \\ 0 & 1 & 1 & 1 \\ 0 & 0 & 1 & 1 \\ 0 & 0 & 0 & 1 \end{pmatrix}.$$

よって，基底の変換行列は，$\begin{pmatrix} 1 & 1 & 1 & 1 \\ 0 & 1 & 1 & 1 \\ 0 & 0 & 1 & 1 \\ 0 & 0 & 0 & 1 \end{pmatrix}$ となる．

(解答終)

問題 5.22. $(\boldsymbol{v}_1, \boldsymbol{v}_2, \boldsymbol{v}_3) = \begin{pmatrix} 1 & 0 & 0 \\ 0 & 1 & 1 \\ 0 & -1 & 1 \end{pmatrix}$, $(\boldsymbol{v}'_1, \boldsymbol{v}'_2, \boldsymbol{v}'_3) = \begin{pmatrix} 1 & 1 & 0 \\ -1 & 1 & 0 \\ 0 & 0 & 1 \end{pmatrix}$ とする．このとき，$[\boldsymbol{v}_1, \boldsymbol{v}_2, \boldsymbol{v}_3]$, $[\boldsymbol{v}'_1, \boldsymbol{v}'_2, \boldsymbol{v}'_3]$ は，それぞれ $\mathbf{R}^3$ の基底である．このとき，$[\boldsymbol{v}_1, \boldsymbol{v}_2, \boldsymbol{v}_3]$ から $[\boldsymbol{v}'_1, \boldsymbol{v}'_2, \boldsymbol{v}'_3]$ への基底の変換行列を求めよ．

解答. 基底の変換行列を $\mathbf{P}$ とすると，$(\boldsymbol{v}'_1, \boldsymbol{v}'_2, \cdots, \boldsymbol{v}'_n) = (\boldsymbol{v}_1, \boldsymbol{v}_2, \cdots, \boldsymbol{v}_n)\mathbf{P}$ となる．ここで，$(\boldsymbol{v}_1, \boldsymbol{v}_2, \cdots, \boldsymbol{v}_n)^{-1}$ を計算すると（問題 3.7(1) 参照，P. 40），

$$(\boldsymbol{v}_1, \boldsymbol{v}_2, \cdots, \boldsymbol{v}_n)^{-1} = \frac{1}{2}\begin{pmatrix} 2 & 0 & 0 \\ 0 & 1 & -1 \\ 0 & 1 & 1 \end{pmatrix}.$$

よって，

$$\mathbf{P} = (\boldsymbol{v}_1, \boldsymbol{v}_2, \cdots, \boldsymbol{v}_n)^{-1}(\boldsymbol{v}'_1, \boldsymbol{v}'_2, \cdots, \boldsymbol{v}'_n) = \frac{1}{2}\begin{pmatrix} 2 & 2 & 0 \\ -1 & 1 & -1 \\ -1 & 1 & 1 \end{pmatrix} \text{となる．}$$

(解答終)

◊ 成分表示

線形空間 V の基底を $[\boldsymbol{v}_1, \boldsymbol{v}_2, \cdots, \boldsymbol{v}_n]$ とする．V の任意のベクトル $\boldsymbol{x} \in V$ を

$$\boldsymbol{x} = x_1\boldsymbol{v}_1 + x_2\boldsymbol{v}_2 + \cdots + x_n\boldsymbol{v}_n = (\boldsymbol{v}_1, \boldsymbol{v}_2, \cdots, \boldsymbol{v}_n)\begin{pmatrix} x_1 \\ x_2 \\ \vdots \\ x_n \end{pmatrix}$$

と表したとき，${}^{t}(x_1, x_2, \cdots, x_n)$ を V の基底 $[\boldsymbol{v}_1, \boldsymbol{v}_2, \cdots, \boldsymbol{v}_n]$ に関するベクトル $\boldsymbol{x}$ の成分表示という．

例題 5.8. $\mathbf{R}^3$ の標準基底 $[\boldsymbol{e}_1, \boldsymbol{e}_2, \boldsymbol{e}_3]$ を用いて $\boldsymbol{a} = {}^{t}(1, 2, 3)$ は，

$$\boldsymbol{a} = \boldsymbol{e}_1 + 2\boldsymbol{e}_2 + 3\boldsymbol{e}_3$$

と表すことができる．よって $\boldsymbol{a}$ は標準基底 $[\boldsymbol{e}_1, \boldsymbol{e}_2, \boldsymbol{e}_3]$ に関する成分表示である．

－ 例題 5.8 の補足 －

その 1 第 2 章，定義 2.2（P. 11）でベクトルについての成分表示を与えたが，この成分表示は正確には O − XYZ 座標系の標準基底 $[\boldsymbol{e}_1, \boldsymbol{e}_2, \boldsymbol{e}_3]$ に対する成分表示ということになる．

(解説終)

定理 5.13. 線形空間 V の基底 $[\boldsymbol{v}_1, \boldsymbol{v}_2, \cdots, \boldsymbol{v}_n]$ から V の基底 $[\boldsymbol{v}'_1, \boldsymbol{v}'_2, \cdots, \boldsymbol{v}'_n]$ への変換行列を $\mathbf{P}$ とする．このとき，ベクトル $\boldsymbol{x}$ の基底 $[\boldsymbol{v}_1, \boldsymbol{v}_2, \cdots, \boldsymbol{v}_n]$ に関する成分表示を ${}^{\mathrm{t}}(x_1, x_2, \cdots, x_n)$, 基底 $[\boldsymbol{v}'_1, \boldsymbol{v}'_2, \cdots, \boldsymbol{v}'_n]$ に関する成分表示を ${}^{\mathrm{t}}(y_1, y_2, \cdots, y_n)$ とするとき，次の関係式が成立する．

$$\begin{pmatrix} x_1 \\ x_2 \\ \vdots \\ x_n \end{pmatrix} = \mathbf{P} \begin{pmatrix} y_1 \\ y_2 \\ \vdots \\ y_n \end{pmatrix}.$$

証明. 仮定より，$(\boldsymbol{v}'_1,\ \boldsymbol{v}'_2, \cdots, \boldsymbol{v}'_n) = (\boldsymbol{v}_1,\ \boldsymbol{v}_2, \cdots, \boldsymbol{v}_n)\mathbf{P}$．また，

$$\boldsymbol{x} = (\boldsymbol{v}_1, \boldsymbol{v}_2, \cdots, \boldsymbol{v}_n) \begin{pmatrix} x_1 \\ x_2 \\ \vdots \\ x_n \end{pmatrix} = (\boldsymbol{v}'_1, \boldsymbol{v}'_2, \cdots, \boldsymbol{v}'_n) \begin{pmatrix} y_1 \\ y_2 \\ \vdots \\ y_n \end{pmatrix}.$$

よって，

$$(\boldsymbol{v}_1, \boldsymbol{v}_2, \cdots, \boldsymbol{v}_n) \begin{pmatrix} x_1 \\ x_2 \\ \vdots \\ x_n \end{pmatrix} = (\boldsymbol{v}_1, \boldsymbol{v}_2, \cdots, \boldsymbol{v}_n)\mathbf{P} \begin{pmatrix} y_1 \\ y_2 \\ \vdots \\ y_n \end{pmatrix}$$

となる．基底 $[\boldsymbol{v}_1, \boldsymbol{v}_2, \cdots, \boldsymbol{v}_n]$ による V の元の表現は一意的であるため，題意が証明された．

(証明終)

例題 5.9. $\boldsymbol{v}_1 = {}^{\mathrm{t}}(1, 1)$, $\boldsymbol{v}_2 = {}^{\mathrm{t}}(1, -1)$ は $\mathbf{R}^2$ の基底である．$\mathbf{R}^2$ の標準基底を $[\boldsymbol{e}_1, \boldsymbol{e}_2]$ とする．このとき $[\boldsymbol{v}_1, \boldsymbol{v}_2]$ から $[\boldsymbol{e}_1, \boldsymbol{e}_2]$ への基底の変換行列を求め，$\boldsymbol{x} = {}^{\mathrm{t}}(x, y)$ の $[\boldsymbol{v}_1, \boldsymbol{v}_2]$ に関する成分表示を求めよ．

解答. $\boldsymbol{x} \in \mathbf{R}^2$ の基底 $[\boldsymbol{v}_1, \boldsymbol{v}_2]$ に関する成分表示を $\begin{pmatrix} z \\ w \end{pmatrix}$ とすると，仮定より

$$\boldsymbol{x} = \begin{pmatrix} x \\ y \end{pmatrix} = (\boldsymbol{e}_1, \boldsymbol{e}_2) \begin{pmatrix} x \\ y \end{pmatrix} = (\boldsymbol{v}_1, \boldsymbol{v}_2) \begin{pmatrix} z \\ w \end{pmatrix}. \tag{5.27}$$

また，$(\boldsymbol{v}_1, \boldsymbol{v}_2) = (\boldsymbol{e}_1, \boldsymbol{e}_2)(\boldsymbol{v}_1, \boldsymbol{v}_2)$ より，$(\boldsymbol{e}_1, \boldsymbol{e}_2) = (\boldsymbol{v}_1, \boldsymbol{v}_2)(\boldsymbol{v}_1, \boldsymbol{v}_2)^{-1}$．よって，

$[\boldsymbol{v}_1, \boldsymbol{v}_2]$ から $[\boldsymbol{e}_1, \boldsymbol{e}_2]$ への基底の変換行列は，$(\boldsymbol{v}_1, \boldsymbol{v}_2)^{-1} = -\dfrac{1}{2} \begin{pmatrix} -1 & -1 \\ -1 & 1 \end{pmatrix}$ となる．また，式 (5.27) から

$$\begin{pmatrix} z \\ w \end{pmatrix} = (\boldsymbol{v}_1, \boldsymbol{v}_2)^{-1} \begin{pmatrix} x \\ y \end{pmatrix} = \begin{pmatrix} \frac{1}{2}(x + y) \\ \frac{1}{2}(x - y) \end{pmatrix}$$

となるため，${}^{\mathrm{t}}(x, y)$ の $[\boldsymbol{v}_1, \boldsymbol{v}_2]$ に関する成分表示は，$\begin{pmatrix} \frac{1}{2}(x+y) \\ \frac{1}{2}(x-y) \end{pmatrix}$ となる．

(解答終)

5.5 線形写像の表現行列

V を n 次元線形空間とし，その基底を $[\boldsymbol{v}_1, \boldsymbol{v}_2, \cdots, \boldsymbol{v}_n]$，$W$ を m 次元線形空間とし，その基底を $[\boldsymbol{w}_1, \boldsymbol{w}_2, \cdots, \boldsymbol{w}_m]$ とする．このとき，線形写像 $f : V \to W$ を V, W の基底を固定して考えるとき，

$$f : V[\boldsymbol{v}_1, \boldsymbol{v}_2, \cdots, \boldsymbol{v}_n] \to W[\boldsymbol{w}_1, \boldsymbol{w}_2, \cdots, \boldsymbol{w}_m]$$

と表すことにする．このとき $\boldsymbol{x} \in V$ に関する線形変換を考える．$\boldsymbol{x}$ は，V の基底を用いて

$$\boldsymbol{x} = x_1\boldsymbol{v}_1 + x_2\boldsymbol{v}_2 + \cdots + x_n\boldsymbol{v}_n$$

と表すことができる．よって線形写像 f により，$f(\boldsymbol{x}) = \boldsymbol{y}$，$\boldsymbol{y} \in W$ となり，$\boldsymbol{y}$ は，W の基底を用いて

$$\boldsymbol{y} = y_1\boldsymbol{w}_1 + y_2\boldsymbol{w}_2 + \cdots + y_m\boldsymbol{w}_m$$

と表すことができる．ここで，

$$\begin{aligned} f(\boldsymbol{x}) &= f(x_1\boldsymbol{v}_1 + x_2\boldsymbol{v}_2 + \cdots + x_n\boldsymbol{v}_n) \\ &= x_1 f(\boldsymbol{v}_1) + x_2 f(\boldsymbol{v}_2) + \cdots + x_n f(\boldsymbol{v}_n) = \big(f(\boldsymbol{v}_1), f(\boldsymbol{v}_2) \cdots, f(\boldsymbol{v}_n)\big) \begin{pmatrix} x_1 \\ \vdots \\ x_n \end{pmatrix} \end{aligned}$$

であり，$f(\boldsymbol{v}_j) \in W \ (1 \leq j \leq n)$ であるから $f(\boldsymbol{v}_j) \ (1 \leq j \leq n)$ は，スカラー係数と W の基底を用い，

$$f(\boldsymbol{v}_j) = a_{1j}\boldsymbol{w}_1 + a_{2j}\boldsymbol{w}_2 + \cdots + a_{mj}\boldsymbol{w}_m = (\boldsymbol{w}_1, \boldsymbol{w}_2, \cdots, \boldsymbol{w}_m) \begin{pmatrix} a_{1j} \\ \vdots \\ a_{mj} \end{pmatrix}$$

$$(1 \leq j \leq n)$$

と一意に表すことができる．したがって $\{a_{ij}\}$ で作られる $[m \times n]$ 型行列を

$$\mathbf{A} = \begin{pmatrix} a_{11} & a_{12} & \cdots & a_{1n} \\ a_{21} & a_{22} & \cdots & a_{2n} \\ \vdots & \vdots & \vdots & \vdots \\ a_{m1} & a_{m2} & \cdots & a_{mn} \end{pmatrix}$$

とすれば,

$$\bigl(f(\boldsymbol{v}_1), f(\boldsymbol{v}_2), \cdots, f(\boldsymbol{v}_n)\bigr) = (\boldsymbol{w}_1, \boldsymbol{w}_2, \cdots, \boldsymbol{w}_m)\mathbf{A}$$

となる．よって,

$$\begin{aligned} f(\boldsymbol{x}) &= \bigl(f(\boldsymbol{v}_1), f(\boldsymbol{v}_2), \cdots, f(\boldsymbol{v}_n)\bigr)\begin{pmatrix} x_1 \\ \vdots \\ x_n \end{pmatrix} \\ &= (\boldsymbol{w}_1, \boldsymbol{w}_2, \cdots, \boldsymbol{w}_m)\mathbf{A}\begin{pmatrix} x_1 \\ \vdots \\ x_n \end{pmatrix} \qquad (5.28) \\ &= (\boldsymbol{w}_1, \boldsymbol{w}_2, \cdots, \boldsymbol{w}_m)\begin{pmatrix} y_1 \\ \vdots \\ y_m \end{pmatrix} = \boldsymbol{y} \quad (\mathbf{A}\boldsymbol{x} = \boldsymbol{y}\text{とおいた}) \qquad (5.29) \end{aligned}$$

と表すことができる．したがって，線形写像 f において式 (5.28)，式 (5.29) より,

$$\begin{cases} \bigl(f(\boldsymbol{v}_1), f(\boldsymbol{v}_2), \cdots, f(\boldsymbol{v}_n)\bigr) = (\boldsymbol{w}_1, \boldsymbol{w}_2, \cdots, \boldsymbol{w}_m)\mathbf{A}, \\ A\begin{pmatrix} x_1 \\ \vdots \\ x_n \end{pmatrix} = \begin{pmatrix} y_1 \\ \vdots \\ y_m \end{pmatrix} \end{cases}$$

となる．

ここで次の定義を与える．

定義 5.21. **(基底に対応した表現行列)** 式 (5.28)，式 (5.29) での行列 $\mathbf{A}$ を V の基底 $[\boldsymbol{v}_1, \boldsymbol{v}_2, \cdots, \boldsymbol{v}_n]$ と W の基底 $[\boldsymbol{w}_1, \boldsymbol{w}_2, \cdots, \boldsymbol{w}_m]$ に関する線形写像 f の**表現行列**という．

例題 5.10. V の基底を $[\boldsymbol{v}_1, \boldsymbol{v}_2, \boldsymbol{v}_3]$, W の基底を $[\boldsymbol{w}_1, \boldsymbol{w}_2, \boldsymbol{w}_3, \boldsymbol{w}_4]$ とする．線形写像 $f : V \to W$ が

$$\begin{cases} f(\boldsymbol{v}_1) = 2\boldsymbol{w}_1 - 5\boldsymbol{w}_2 + 3\boldsymbol{w}_3 + 2\boldsymbol{w}_4, \\ f(\boldsymbol{v}_2) = \boldsymbol{w}_1 + \boldsymbol{w}_2 - \boldsymbol{w}_3, \\ f(\boldsymbol{v}_3) = 3\boldsymbol{w}_1 + 3\boldsymbol{w}_2 + 2\boldsymbol{w}_4 \end{cases}$$

で表されているとき，基底 $[\boldsymbol{v}_1, \boldsymbol{v}_2, \boldsymbol{v}_3]$, $[\boldsymbol{w}_1, \boldsymbol{w}_2, \boldsymbol{w}_3, \boldsymbol{w}_4]$ に関する線形写像 f の表現行列を求めよ．

解答.

$$\big(f(\boldsymbol{v}_1), f(\boldsymbol{v}_2), f(\boldsymbol{v}_3)\big) = (\boldsymbol{w}_1, \boldsymbol{w}_2, \boldsymbol{w}_3, \boldsymbol{w}_4)\begin{pmatrix} 2 & 1 & 3 \\ -5 & 1 & 3 \\ 3 & -1 & 0 \\ 2 & 0 & 2 \end{pmatrix}$$

より，基底 $[\boldsymbol{v}_1, \boldsymbol{v}_2, \boldsymbol{v}_3]$, $[\boldsymbol{w}_1, \boldsymbol{w}_2, \boldsymbol{w}_3, \boldsymbol{w}_4]$ に関する線形写像 f の表現行列を $\mathbf{A}$ とすれば,

$$\mathbf{A} = \begin{pmatrix} 2 & 1 & 3 \\ -5 & 1 & 3 \\ 3 & -1 & 0 \\ 2 & 0 & 2 \end{pmatrix} \text{ となる.}$$

(解答終)

問題 5.23. (基底の異なる表現行列) 線形写像 $f : \mathbf{R}^3 \to \mathbf{R}^2$ を

$$f\begin{pmatrix} x \\ y \\ z \end{pmatrix} = \begin{pmatrix} x + 2y + 3z \\ 2x + 3y - 2z \end{pmatrix}$$

によって定義する．このとき次の問いに答えよ.

(1) $\mathbf{R}^3$ の標準基底 $[\boldsymbol{e}_1, \boldsymbol{e}_2, \boldsymbol{e}_3]$, $\mathbf{R}^2$ の標準基底 $[\boldsymbol{f}_1, \boldsymbol{f}_2]$ に関する表現行列 $\mathbf{A}$ を求めよ.

(2) $\boldsymbol{v}_1 = \begin{pmatrix} 1 \\ 1 \\ 0 \end{pmatrix}$, $\boldsymbol{v}_2 = \begin{pmatrix} 1 \\ 1 \\ 1 \end{pmatrix}$, $\boldsymbol{v}_3 = \begin{pmatrix} 0 \\ 1 \\ 1 \end{pmatrix}$ とすると $\{\boldsymbol{v}_1, \boldsymbol{v}_2, \boldsymbol{v}_3\}$ は $\mathbf{R}^3$ の基底となる．また，$\boldsymbol{w}_1 = \begin{pmatrix} 1 \\ 1 \end{pmatrix}$, $\boldsymbol{w}_2 = \begin{pmatrix} 1 \\ -1 \end{pmatrix}$ とすると $\{\boldsymbol{w}_1, \boldsymbol{w}_2\}$ は $\mathbf{R}^2$ の基底となる．このとき，基底 $[\boldsymbol{v}_1, \boldsymbol{v}_2, \boldsymbol{v}_3]$, $[\boldsymbol{w}_1, \boldsymbol{w}_2]$ に関する表現行列 $\mathbf{B}$ を求めよ.

解答.

(1) $f(\boldsymbol{e}_1) = f\begin{pmatrix} 1 \\ 0 \\ 0 \end{pmatrix} = \begin{pmatrix} 1 \\ 2 \end{pmatrix} = \boldsymbol{f}_1 + 2\boldsymbol{f}_2$,

$f(\boldsymbol{e}_2) = f\begin{pmatrix} 0 \\ 1 \\ 0 \end{pmatrix} = \begin{pmatrix} 2 \\ 3 \end{pmatrix} = 2\boldsymbol{f}_1 + 3\boldsymbol{f}_2$,

$f(\boldsymbol{e}_3) = f\begin{pmatrix} 0 \\ 0 \\ 1 \end{pmatrix} = \begin{pmatrix} 3 \\ -2 \end{pmatrix} = 3\boldsymbol{f}_1 - 2\boldsymbol{f}_2$.

よって，$\bigl(f(\boldsymbol{e}_1), f(\boldsymbol{e}_2), f(\boldsymbol{e}_3)\bigr) = (\boldsymbol{f}_1 + 2\boldsymbol{f}_2, 2\boldsymbol{f}_1 + 3\boldsymbol{f}_2, 3\boldsymbol{f}_1 - 2\boldsymbol{f}_2)$ となり，

$$\bigl(f(\boldsymbol{e}_1), f(\boldsymbol{e}_2), f(\boldsymbol{e}_3)\bigr) = (\boldsymbol{f}_1, \boldsymbol{f}_2)\begin{pmatrix} 1 & 2 & 3 \\ 2 & 3 & -2 \end{pmatrix}$$

となる．したがって，表現行列 $\mathbf{A} = \begin{pmatrix} 1 & 2 & 3 \\ 2 & 3 & -2 \end{pmatrix}$ となる．

(2)
$$\begin{aligned}
&\bigl(f(\boldsymbol{v}_1), f(\boldsymbol{v}_2), f(\boldsymbol{v}_3)\bigr) \\
&= \bigl(f(\boldsymbol{e}_1 + \boldsymbol{e}_2), f(\boldsymbol{e}_1 + \boldsymbol{e}_2 + \boldsymbol{e}_3), f(\boldsymbol{e}_2 + \boldsymbol{e}_3)\bigr) \\
&= \bigl(f(\boldsymbol{e}_1) + f(\boldsymbol{e}_2), f(\boldsymbol{e}_1) + f(\boldsymbol{e}_2) + f(\boldsymbol{e}_3), f(\boldsymbol{e}_2) + f(\boldsymbol{e}_3)\bigr) \\
&= \bigl(f(\boldsymbol{e}_1), f(\boldsymbol{e}_2), f(\boldsymbol{e}_3)\bigr)\begin{pmatrix} 1 & 1 & 0 \\ 1 & 1 & 1 \\ 0 & 1 & 1 \end{pmatrix} \\
&= (\boldsymbol{f}_1, \boldsymbol{f}_2)\begin{pmatrix} 1 & 2 & 3 \\ 2 & 3 & -2 \end{pmatrix}\begin{pmatrix} 1 & 1 & 0 \\ 1 & 1 & 1 \\ 0 & 1 & 1 \end{pmatrix}.
\end{aligned}$$

一方，$(\boldsymbol{w}_1, \boldsymbol{w}_2) = (\boldsymbol{f}_1, \boldsymbol{f}_2)\begin{pmatrix} 1 & 1 \\ 1 & -1 \end{pmatrix}$ より，

$(\boldsymbol{f}_1, \boldsymbol{f}_2) = (\boldsymbol{w}_1, \boldsymbol{w}_2)\begin{pmatrix} 1 & 1 \\ 1 & -1 \end{pmatrix}^{-1}$．よって，

$$\begin{aligned}
&\bigl(f(\boldsymbol{v}_1), f(\boldsymbol{v}_2), f(\boldsymbol{v}_3)\bigr) \\
&= (\boldsymbol{w}_1, \boldsymbol{w}_2)\begin{pmatrix} 1 & 1 \\ 1 & -1 \end{pmatrix}^{-1}\begin{pmatrix} 1 & 2 & 3 \\ 2 & 3 & -2 \end{pmatrix}\begin{pmatrix} 1 & 1 & 0 \\ 1 & 1 & 1 \\ 0 & 1 & 1 \end{pmatrix} \\
&= (\boldsymbol{w}_1, \boldsymbol{w}_2)\begin{pmatrix} 4 & \frac{9}{2} & 3 \\ -1 & \frac{3}{2} & 2 \end{pmatrix}.
\end{aligned}$$

したがって，表現行列 $\mathbf{B} = \dfrac{1}{2}\begin{pmatrix} 8 & 9 & 6 \\ -2 & 3 & 4 \end{pmatrix}$ となる．

(解答終)

次に，恒等写像についての定義，定理を与える．

定義 5.22. (恒等写像) V の任意の元 $\boldsymbol{x}$ に対し，$\boldsymbol{x}$ 自身を対応させる写像を恒等写像と呼び，$1_V : V \to V$ と表す．すなわち，任意の元 $\boldsymbol{x} \in V$ に対し，$1_V(\boldsymbol{x}) = \boldsymbol{x}$ となる．

－ 定義 5.22 (恒等写像) の補足 －

その 1 恒等写像において，もし，V が線形空間であれば，恒等写像 1_V は線形写像となる．なぜならば

(1) $1_V(\boldsymbol{x}+\boldsymbol{y}) = \boldsymbol{x}+\boldsymbol{y} = 1_V(\boldsymbol{x}) + 1_V(\boldsymbol{y})$,

(2) $1_V(k\boldsymbol{x}) = k\boldsymbol{x} = k1_V(\boldsymbol{x})$

が成立するため．

(解説終)

次の定理は恒等写像 1_V における表現行列についての定理である．

定理 5.14. (恒等写像と基底変換行列の関係) V の 2 つの基底 $[\boldsymbol{v}_1, \boldsymbol{v}_2, \cdots, \boldsymbol{v}_n]$ と $[\boldsymbol{v}'_1, \boldsymbol{v}'_2, \cdots, \boldsymbol{v}'_n]$ に対する恒等写像

$$1_V : V[\boldsymbol{v}_1, \boldsymbol{v}_2, \cdots, \boldsymbol{v}_n] \to V[\boldsymbol{v}'_1, \boldsymbol{v}'_2, \cdots, \boldsymbol{v}'_n]$$

の表現行列 $\mathbf{A}$ は基底 $[\boldsymbol{v}'_1, \boldsymbol{v}'_2, \cdots, \boldsymbol{v}'_n]$ から $[\boldsymbol{v}_1, \boldsymbol{v}_2, \cdots, \boldsymbol{v}_n]$ への基底の変換行列にほかならない．すなわち

$$(\boldsymbol{v}_1, \boldsymbol{v}_2, \cdots, \boldsymbol{v}_n) = (\boldsymbol{v}'_1, \boldsymbol{v}'_2, \cdots, \boldsymbol{v}'_n)\ \mathbf{A}.$$

証明. 基底 $[\boldsymbol{v}'_1, \boldsymbol{v}'_2, \cdots, \boldsymbol{v}'_n]$ から $[\boldsymbol{v}_1, \boldsymbol{v}_2, \cdots, \boldsymbol{v}_n]$ の基底変換行列を $\mathbf{A}$ とすると，$(\boldsymbol{v}_1, \boldsymbol{v}_2, \cdots, \boldsymbol{v}_n) = (\boldsymbol{v}'_1, \boldsymbol{v}'_2, \cdots, \boldsymbol{v}'_n)\mathbf{A}$ が成立する．ここで，

$$\big(1_V(\boldsymbol{v}_1), 1_V(\boldsymbol{v}_2), \cdots, 1_V(\boldsymbol{v}_n)\big) = (\boldsymbol{v}_1, \boldsymbol{v}_2, \cdots, \boldsymbol{v}_n) = (\boldsymbol{v}'_1, \boldsymbol{v}'_2, \cdots, \boldsymbol{v}'_n)\ \mathbf{A}.$$

よって，線形写像 1_V の表現行列は，基底 $[\boldsymbol{v}'_1, \boldsymbol{v}'_2, \cdots, \boldsymbol{v}'_n]$ から $[\boldsymbol{v}_1, \boldsymbol{v}_2, \cdots, \boldsymbol{v}_n]$ への基底の変換行列にほかならない．

(証明終)

－ 問題 5.23 (基底の異なる表現行列) の補足 －

その 1 問題 5.23（P. 119）の (1), (2) を解けば分かる様に，与えられた写像に対し，基底のとり方を変えればそれらの基底に対応した表現行列は当然変わってくる．そこでこの様に異なった表現行列の間にどの様な規則があるのかを表したのが定理 5.15 である．

(解説終)

ここで極めて重要な定理 5.15 を証明する前の準備として次の定義及び補題を与える．

定義 5.23. 線形写像 $f : V \to W$ において，

$$f(\boldsymbol{v}_1, \boldsymbol{v}_2, \cdots, \boldsymbol{v}_n),\ \boldsymbol{v}_i \in V\ (i = 1, 2, \cdots, n)$$

を次の様に記す.

$$f(\boldsymbol{v}_1, \boldsymbol{v}_2, \cdots, \boldsymbol{v}_n) = \big(f(\boldsymbol{v}_1), f(\boldsymbol{v}_2), \cdots, f(\boldsymbol{v}_n)\big). \tag{5.30}$$

補題 5.1. 線形写像 $f : V \to W$ において，$[n \times m]$ 型の行列を $\mathbf{C} = \{c_{ij}\}$ とする. このとき，次の関係式が成立する.

$$f\big((\boldsymbol{v}_1, \boldsymbol{v}_2, \cdots, \boldsymbol{v}_n)\mathbf{C}\big) = \big(f(\boldsymbol{v}_1), f(\boldsymbol{v}_2), \cdots, f(\boldsymbol{v}_n)\big)\mathbf{C}. \tag{5.31}$$

証明. $f\big((\boldsymbol{v}_1, \boldsymbol{v}_2, \cdots, \boldsymbol{v}_n)\mathbf{C}\big)$

$$\begin{aligned}
&= f(\boldsymbol{v}_1 c_{11} + \cdots + \boldsymbol{v}_n c_{n1}, \cdots, \boldsymbol{v}_1 c_{1m} + \cdots + \boldsymbol{v}_n c_{nm}) \\
&= \big(f(\boldsymbol{v}_1 c_{11} + \cdots + \boldsymbol{v}_n c_{n1}), \cdots, f(\boldsymbol{v}_1 c_{1m} + \cdots + \boldsymbol{v}_n c_{nm})\big) \\
&= \big(c_{11} f(\boldsymbol{v}_1) + \cdots + c_{n1} f(\boldsymbol{v}_n), \cdots, c_{1m} f(\boldsymbol{v}_1) + \cdots + c_{nm} f(\boldsymbol{v}_n)\big) \\
&= \big(f(\boldsymbol{v}_1), f(\boldsymbol{v}_2), \cdots, f(\boldsymbol{v}_n)\big) \begin{pmatrix} c_{11} & \cdots & c_{1m} \\ \vdots & \vdots & \vdots \\ c_{n1} & \cdots & c_{nm} \end{pmatrix} \\
&= \big(f(\boldsymbol{v}_1), f(\boldsymbol{v}_2), \cdots, f(\boldsymbol{v}_n)\big)\mathbf{C}.
\end{aligned}$$

(証明終)

定理 5.15. 線形写像 $f : V \to W$ について，V, W の基底のとり方により f の表現行列は異なり，次の関係がある.

$f : V[\boldsymbol{v}_1, \cdots, \boldsymbol{v}_n] \to W[\boldsymbol{w}_1, \cdots, \boldsymbol{w}_m]$ の表現行列を $\mathbf{A}$，$f : V[\boldsymbol{v}'_1, \cdots, \boldsymbol{v}'_n] \to W[\boldsymbol{w}'_1, \cdots, \boldsymbol{w}'_m]$ の表現行列を $\mathbf{B}$ とする. ここで，$[\boldsymbol{v}'_1, \cdots, \boldsymbol{v}'_n]$ から $[\boldsymbol{v}_1, \cdots, \boldsymbol{v}_n]$ への基底の変換行列を $\mathbf{P}$，$[\boldsymbol{w}'_1, \cdots, \boldsymbol{w}'_n]$ から $[\boldsymbol{w}_1, \cdots, \boldsymbol{w}_n]$ への基底の変換行列を $\mathbf{Q}$ とすると，$\mathbf{A} = \mathbf{Q}^{-1}\mathbf{B}\mathbf{P}$ の関係が成立する.

証明. 定理の仮定から，写像 f 及び恒等写像 1_V, 1_W とそれぞれの表現行列の間で次の関係式が成立する.

$$\begin{aligned}
f(\boldsymbol{v}_1, \boldsymbol{v}_2, \cdots, \boldsymbol{v}_n) &= (\boldsymbol{w}_1, \boldsymbol{w}_2, \cdots, \boldsymbol{w}_m)\mathbf{A}, \\
f(\boldsymbol{v}'_1, \boldsymbol{v}'_2, \cdots, \boldsymbol{v}'_n) &= (\boldsymbol{w}'_1, \boldsymbol{w}'_2, \cdots, \boldsymbol{w}'_m)\mathbf{B}, \\
1_V(\boldsymbol{v}_1, \boldsymbol{v}_2, \cdots, \boldsymbol{v}_n) &= (\boldsymbol{v}'_1, \boldsymbol{v}'_2, \cdots, \boldsymbol{v}'_n)\mathbf{P}, \\
1_W(\boldsymbol{w}_1, \boldsymbol{w}_2, \cdots, \boldsymbol{w}_n) &= (\boldsymbol{w}'_1, \boldsymbol{w}'_2, \cdots, \boldsymbol{w}'_m)\mathbf{Q}, \\
(\boldsymbol{v}_1, \boldsymbol{v}_2, \cdots, \boldsymbol{v}_n) &= (\boldsymbol{v}'_1, \boldsymbol{v}'_2, \cdots, \boldsymbol{v}'_n)\mathbf{P}, \\
(\boldsymbol{w}_1, \boldsymbol{w}_2, \cdots, \boldsymbol{w}_n) &= (\boldsymbol{w}'_1, \boldsymbol{w}'_2, \cdots, \boldsymbol{w}'_m)\mathbf{Q}.
\end{aligned}$$

ここで，次の 2 つの合成写像 $f \circ 1_V$，$1_W \circ f$ を考えると，これら 2 つの合成写像は，共に $V \to W$ への写像を表し，$f \circ 1_V$ は，(a)→ (b) の経路（図 5.5 参照）で，また $1_W \circ f$ は (c)→(d) の経路（図 5.5 参照）でそれぞれ写していることが解る．
(a)→ (b) の経路では，

$$\begin{aligned}
&(f \circ 1_V)(\boldsymbol{v}_1, \boldsymbol{v}_2, \cdots, \boldsymbol{v}_n) \\
&\quad = \quad f\bigl(1_V(\boldsymbol{v}_1, \boldsymbol{v}_2, \cdots, \boldsymbol{v}_n)\bigr) \\
&\quad = \quad f\bigl((\boldsymbol{v}'_1, \boldsymbol{v}'_2, \cdots, \boldsymbol{v}'_n)\mathbf{P}\bigr) \\
&\quad = \quad \bigl(f(\boldsymbol{v}'_1), \cdots, f(\boldsymbol{v}'_n)\bigr)\mathbf{P} \\
&\quad = \quad f(\boldsymbol{v}'_1, \cdots, \boldsymbol{v}'_n)\mathbf{P} = (\boldsymbol{w}'_1, \boldsymbol{w}'_2, \cdots, \boldsymbol{w}'_m)\mathbf{BP}.
\end{aligned}$$

(c)→(d) の経路では，

$$\begin{aligned}
&(1_W \circ f)(\boldsymbol{v}_1, \boldsymbol{v}_2, \cdots, \boldsymbol{v}_n) \\
&\quad = \quad 1_W\bigl(f(\boldsymbol{v}_1, \boldsymbol{v}_2, \cdots, \boldsymbol{v}_n)\bigr) \\
&\quad = \quad 1_W\bigl((\boldsymbol{w}_1, \boldsymbol{w}_2, \cdots, \boldsymbol{w}_m)\mathbf{A}\bigr) \\
&\quad = \quad \bigl(1_W(\boldsymbol{w}_1),\ 1_W(\boldsymbol{w}_2), \cdots, 1_W(\boldsymbol{w}_m)\bigr)\mathbf{A} \\
&\quad = \quad 1_W\bigl(\boldsymbol{w}_1, \boldsymbol{w}_2, \cdots, \boldsymbol{w}_m\bigr)\mathbf{A} \\
&\quad = \quad (\boldsymbol{w}'_1, \boldsymbol{w}'_2, \cdots, \boldsymbol{w}'_m)\mathbf{QA}.
\end{aligned}$$

ここで，$f : V[\boldsymbol{v}_1, \boldsymbol{v}_2, \cdots, \boldsymbol{v}_n] \to W[\boldsymbol{w}'_1, \boldsymbol{w}'_2, \cdots, \boldsymbol{w}'_m]$ の表現行列は一致するため，

$$\mathbf{BP} = \mathbf{QA} \tag{5.32}$$

となる．ここで，$\mathbf{Q}$ は正則行列であるため，$\mathbf{Q}^{-1}$ を式 (5.32) の両辺の左側からかけることにより，$\mathbf{A} = \mathbf{Q}^{-1}\mathbf{BP}$ となる．

(証明終)

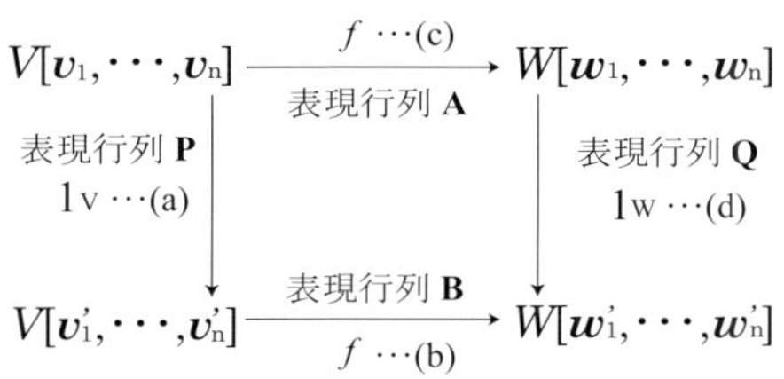

$V[\boldsymbol{v}_1, \cdots, \boldsymbol{v}_n]$ —— $f \cdots$(c) / 表現行列 $\mathbf{A}$ ——→ $W[\boldsymbol{w}_1, \cdots, \boldsymbol{w}_n]$

表現行列 $\mathbf{P}$ $1_V \cdots$(a)　　　表現行列 $\mathbf{Q}$ $1_W \cdots$(d)

$V[\boldsymbol{v}'_1, \cdots, \boldsymbol{v}'_n]$ —— 表現行列 $\mathbf{B}$ / $f \cdots$(b) ——→ $W[\boldsymbol{w}'_1, \cdots, \boldsymbol{w}'_n]$

図 5.5: 基底のとり方による表現行列の変化

問題 5.24. 問題 5.23（P. 119）における 2 つの表現行列 $\mathbf{A}$，$\mathbf{B}$ において，定理 5.15 の関係が成立することを確かめよ．

解答. 表現行列 $\mathbf{A} = \begin{pmatrix} 1 & 2 & 3 \\ 2 & 3 & -2 \end{pmatrix}$．表現行列 $\mathbf{B} = \begin{pmatrix} 4 & \frac{9}{2} & 3 \\ -1 & \frac{3}{2} & 2 \end{pmatrix}$ である．また，

$$(\boldsymbol{v}_1, \boldsymbol{v}_2, \boldsymbol{v}_3) = (\boldsymbol{e}_1, \boldsymbol{e}_2, \boldsymbol{e}_3)\begin{pmatrix} 1 & 1 & 0 \\ 1 & 1 & 1 \\ 0 & 1 & 1 \end{pmatrix}, \quad (\boldsymbol{w}_1, \boldsymbol{w}_2) = (\boldsymbol{f}_1, \boldsymbol{f}_2)\begin{pmatrix} 1 & 1 \\ 1 & -1 \end{pmatrix} \text{ より，}$$

$$\mathbf{P} = \begin{pmatrix} 1 & 1 & 0 \\ 1 & 1 & 1 \\ 0 & 1 & 1 \end{pmatrix}^{-1} = \begin{pmatrix} 0 & 1 & -1 \\ 1 & -1 & 1 \\ -1 & 1 & 0 \end{pmatrix}, \ \mathbf{Q} = \begin{pmatrix} 1 & 1 \\ 1 & -1 \end{pmatrix}^{-1} = \frac{1}{2}\begin{pmatrix} 1 & 1 \\ 1 & -1 \end{pmatrix}.$$

よって, $\mathbf{BP} = \mathbf{QA} = \dfrac{1}{2}\begin{pmatrix} 3 & 5 & 1 \\ -1 & -1 & 5 \end{pmatrix}$ となり，定理 5.15 が成立する．

(解答終)

5.5.1 直交変換

ここで直交行列に関わる次の定義を与える．

定義 5.24. (直交行列・直交変換)

(1) n 次正方行列 $\mathbf{P}$ が次の関係をみたすとき，行列 $\mathbf{P}$ を**直交行列**と呼ぶ．

$$ {}^{\mathrm{t}}\mathbf{P}\mathbf{P} = \mathbf{E}_n. \tag{5.33}$$

(2) 線形変換 $f : \mathbf{R}^n \to \mathbf{R}^n$ で直交行列を表現行列とする変換を**直交変換**と呼ぶ．

ー 定義 5.24 (直交行列・直交変換) の補足 ー

その 1 式 (5.33) により，直交行列 $\mathbf{P} = (\boldsymbol{p}_1, \boldsymbol{p}_2, \cdots, \boldsymbol{p}_n)$，$\boldsymbol{p}_i = {}^{\mathrm{t}}(p_{1i}, p_{2i}, \cdots, p_{ni})$ $(i = 1, 2, \cdots, n)$ とすると，

$$\begin{aligned} {}^{\mathrm{t}}\mathbf{P}\mathbf{P} &= \begin{pmatrix} p_{11} & p_{21} & \cdots & p_{n1} \\ p_{12} & p_{22} & \cdots & p_{n2} \\ \vdots & \vdots & \ddots & \vdots \\ p_{1n} & p_{2n} & \cdots & p_{nn} \end{pmatrix}\begin{pmatrix} p_{11} & p_{12} & \cdots & p_{1n} \\ p_{21} & p_{22} & \cdots & p_{2n} \\ \vdots & \vdots & \ddots & \vdots \\ p_{n1} & p_{n2} & \cdots & p_{nn} \end{pmatrix} \\ &= \begin{pmatrix} \boldsymbol{p}_1 \bullet \boldsymbol{p}_1 & \boldsymbol{p}_1 \bullet \boldsymbol{p}_2 & \cdots & \boldsymbol{p}_1 \bullet \boldsymbol{p}_n \\ \boldsymbol{p}_2 \bullet \boldsymbol{p}_1 & \boldsymbol{p}_2 \bullet \boldsymbol{p}_2 & \cdots & \boldsymbol{p}_2 \bullet \boldsymbol{p}_n \\ \vdots & \vdots & \ddots & \vdots \\ \boldsymbol{p}_n \bullet \boldsymbol{p}_1 & \boldsymbol{p}_n \bullet \boldsymbol{p}_2 & \cdots & \boldsymbol{p}_n \bullet \boldsymbol{p}_n \end{pmatrix} = \begin{pmatrix} 1 & 0 & \cdots & 0 \\ 0 & 1 & \cdots & 0 \\ \vdots & \vdots & \ddots & \vdots \\ 0 & 0 & \cdots & 1 \end{pmatrix}. \end{aligned}$$

よって，

$$\mathbf{P} = (\boldsymbol{p}_1, \boldsymbol{p}_2, \cdots, \boldsymbol{p}_n) \text{ が直交行列} \Longleftrightarrow \boldsymbol{p}_i \bullet \boldsymbol{p}_j = \begin{cases} 1 & (i = j), \\ 0 & (i \neq j). \end{cases}$$

その 2 $\boldsymbol{p}_1, \boldsymbol{p}_2, \cdots, \boldsymbol{p}_n$ は $\mathbf{R}^n$ の正規直交基底となり，直交行列 $\mathbf{P}$ は正則行列となる．よって，式 (5.33) の右辺から $\mathbf{P}^{-1}$ をかけることにより，${}^{\mathrm{t}}\mathbf{P} = \mathbf{P}^{-1}$ となる．

(解説終)

定理 5.16. (直交変換の性質) 直交変換 f の表現行列を $\mathbf{P}$ とする．ここで，$\boldsymbol{x}, \boldsymbol{y} \in \mathbf{R}^n$ と行列 $\mathbf{P}$ の間で次の関係式が成立する．

(1) $(\mathbf{P}\boldsymbol{x}) \bullet (\mathbf{P}\boldsymbol{y}) = \boldsymbol{x} \bullet \boldsymbol{y}$.

(2) $||\mathbf{P}\boldsymbol{x}|| = ||\boldsymbol{x}||$.

証明.

(1) $(\mathbf{P}\boldsymbol{x}) \bullet (\mathbf{P}\boldsymbol{y}) = {}^{\mathrm{t}}(\mathbf{P}\boldsymbol{x})(\mathbf{P}\boldsymbol{y}) = {}^{\mathrm{t}}\boldsymbol{x}\ ({}^{\mathrm{t}}\mathbf{P}\mathbf{P})\boldsymbol{y} = {}^{\mathrm{t}}\boldsymbol{x}\boldsymbol{y} = \boldsymbol{x} \bullet \boldsymbol{y}$.

(2) $||\mathbf{P}\boldsymbol{x}||^2 = (\mathbf{P}\boldsymbol{x}) \bullet (\mathbf{P}\boldsymbol{x}) = {}^{\mathrm{t}}(\mathbf{P}\boldsymbol{x})(\mathbf{P}\boldsymbol{x}) = {}^{\mathrm{t}}\boldsymbol{x}\ ({}^{\mathrm{t}}\mathbf{P}\mathbf{P})\boldsymbol{x} = {}^{\mathrm{t}}\boldsymbol{x}\boldsymbol{x} = \boldsymbol{x} \bullet \boldsymbol{x} = ||\boldsymbol{x}||^2$. よって $||\mathbf{P}\boldsymbol{x}|| = ||\boldsymbol{x}||$.

(証明終)

− 定理 5.16 (直交変換の性質) の補足 −

その 1 定理 5.16 により直交変換は，2 つのベクトルのなす角も変えず，またベクトルの大きさも変えないことが解る．

(解説終)

ここで二次の直交行列の形を与え，[定理 5.16(直交変換の性質) の補足] を確認する．

定理 5.17. (二次の直交行列の形) 二次の直交行列 $\mathbf{P}$ の形は次の 2 つの場合に限られる．

$$\begin{pmatrix} \cos\theta & -\sin\theta \\ \sin\theta & \cos\theta \end{pmatrix}, \quad \begin{pmatrix} \cos\theta & \sin\theta \\ \sin\theta & -\cos\theta \end{pmatrix}.$$

証明. 直交行列 $\mathbf{P}=\begin{pmatrix} a & b \\ c & d \end{pmatrix}$ とおくと，${}^{t}\mathbf{P}\mathbf{P}=\mathbf{E}$ より，

$$\begin{cases} a^2 + c^2 = 1 \cdots (1), \\ ab + cd = 0 \cdots (2), \\ b^2 + d^2 = 1 \cdots (3) \end{cases}$$

となる．式 (1) より $a=\cos\theta$, $c=\sin\theta$ とおき，$b\neq 0, d\neq 0$ として式 (2) を次の様に変形して t とする．

$$\frac{a}{d}=-\frac{c}{b}=t.$$

すると，$a=dt$, $c=-bt$ となる．この式を式 (1) に代入すると，$(b^2+d^2)t^2=1$ となり，式 (3) より $t^2=1$ となる．よって $t=\pm 1$.

(i) $t=1$ のとき
$a=d$, $c=-b$ となるため，$a=d=\cos\theta$, $c=\sin\theta$, $b=-\sin\theta$ となる．

(ii) $t=-1$ のとき
$d=-a$, $c=b$ となる．よって $a=\cos\theta$, $d=-\cos\theta$, $b=c=\sin\theta$ となる．

(i), (ii) より直交行列は次の形となる．

$$\begin{pmatrix} \cos\theta & -\sin\theta \\ \sin\theta & \cos\theta \end{pmatrix}, \quad \begin{pmatrix} \cos\theta & \sin\theta \\ \sin\theta & -\cos\theta \end{pmatrix}. \tag{5.34}$$

ここで，$b=0$ とすると，式 (3) より $d=\pm 1$. すると式 (2) より，$c=0$ となり式 (1) から $a=\pm 1$ となる．よって，$(a,b,c,d)=(\pm 1,0,0,\pm 1), (\pm 1,0,0,\mp 1)$ (複号同順) となり，これらの値は式 (5.34) の θ に 0° と 180° を代入すれば得られるものである．同様に $d=0$ とした場合には，$(a,b,c,d)=(0,\pm 1,\pm 1,0), (0,\pm 1,\mp 1,0)$ (複号同順) となり，これらの値は式 (5.34) の θ に 90° と 270° を代入すれば得られるものである．よって $b=d=0$ の場合でも求める行列は，式 (5.34) の形で表現することができる．

(証明終)

ー 定理 5.17 (二次の直交行列の形) の補足 ー

その 1 $\begin{pmatrix} x_1' \\ x_2' \end{pmatrix}=\begin{pmatrix} \cos\theta & -\sin\theta \\ \sin\theta & \cos\theta \end{pmatrix}\begin{pmatrix} x_1 \\ x_2 \end{pmatrix}$ とすると，$\boldsymbol{x}'=\begin{pmatrix} x_1' \\ x_2' \end{pmatrix}$ は，

$\boldsymbol{x}=\begin{pmatrix} x_1 \\ x_2 \end{pmatrix}$ を原点を中心に正の方向に θ だけ回転したものとなる．よって

$\begin{pmatrix} \cos\theta & -\sin\theta \\ \sin\theta & \cos\theta \end{pmatrix}$ は回転行列とも呼ばれる．

その 2 $\begin{pmatrix} x_1' \\ x_2' \end{pmatrix} = \begin{pmatrix} \cos\theta & \sin\theta \\ \sin\theta & -\cos\theta \end{pmatrix} \begin{pmatrix} x_1 \\ x_2 \end{pmatrix}$ とすれば,

$$\begin{pmatrix} \cos\theta & \sin\theta \\ \sin\theta & -\cos\theta \end{pmatrix} = \begin{pmatrix} \cos\theta & -\sin\theta \\ \sin\theta & \cos\theta \end{pmatrix} \begin{pmatrix} 1 & 0 \\ 0 & -1 \end{pmatrix}$$

と表せるため，$\boldsymbol{x}' = \begin{pmatrix} x_1' \\ x_2' \end{pmatrix}$ は，$\boldsymbol{x} = \begin{pmatrix} x_1 \\ x_2 \end{pmatrix}$ をまず X-軸に対し対称に変換した後，さらに正の方向に θ だけ回転させて得られる．よって，$\begin{pmatrix} \cos\theta & \sin\theta \\ \sin\theta & -\cos\theta \end{pmatrix}$ は，結局 $\boldsymbol{x}$ に対する回転（θ ではない）を表す変換行列となる．

(解説終)

5.5.2 対称変換

ここでは対称行列に関わる定義を与える．

定義 5.25. (対称行列・対称変換)

(1) n 次正方行列 $\mathbf{P}$ が次の関係をみたすとき，行列 $\mathbf{P}$ を**対称行列**と呼ぶ．

$$^{\mathrm{t}}\mathbf{P} = \mathbf{P}.$$

(2) 線形空間 V において，$\boldsymbol{x}, \boldsymbol{y} \in V$ に対し線形変換 f が

$$f(\boldsymbol{x}) \bullet \boldsymbol{y} = \boldsymbol{x} \bullet f(\boldsymbol{y})$$

を満たすとき，f を**対称変換**と呼ぶ．

対称変換について次の定理を与える．

定理 5.18. 線形空間 V の対称変換 f の適当な正規直交基底に対する表現行列を $\mathbf{A}$ とすれば，$\mathbf{A}$ は対称行列となる．

証明. $\boldsymbol{x}$, $\boldsymbol{y} \in V$ がある適当な正規直交基底 $[\boldsymbol{e}_1, \boldsymbol{e}_2, \cdots, \boldsymbol{e}_n]$ により次の様に表されたとする．

$$\boldsymbol{x} = \sum_{i=1}^{n} x_i \boldsymbol{e}_i, \quad \boldsymbol{y} = \sum_{j=1}^{n} y_j \boldsymbol{e}_j.$$

すると，

$$
\begin{aligned}
f(\boldsymbol{x}) &= f(x_1\boldsymbol{e}_1 + \cdots + x_n\boldsymbol{e}_n) \\
&= x_1 f(\boldsymbol{e}_1) + \cdots + x_n f(\boldsymbol{e}_n) = \big(f(\boldsymbol{e}_1), \cdots, f(\boldsymbol{e}_n)\big)\begin{pmatrix} x_1 \\ \vdots \\ x_n \end{pmatrix} \\
&= (\boldsymbol{e}_1, \cdots, \boldsymbol{e}_n)\mathbf{A}\begin{pmatrix} x_1 \\ \vdots \\ x_n \end{pmatrix}.
\end{aligned}
$$

同様に

$$
f(\boldsymbol{y}) = (\boldsymbol{e}_1, \cdots, \boldsymbol{e}_n)\mathbf{A}\begin{pmatrix} y_1 \\ \vdots \\ y_n \end{pmatrix}
$$

となる．ここで $f(\boldsymbol{x})\bullet\boldsymbol{y}$，$\boldsymbol{x}\bullet f(\boldsymbol{y})$ をそれぞれ計算すると，

$$
\begin{aligned}
f(\boldsymbol{x})\bullet\boldsymbol{y} &= {}^{\mathrm{t}}\big(f(\boldsymbol{x})\big)\boldsymbol{y} = (x_1, \cdots, x_n)\ {}^{\mathrm{t}}\mathbf{A}\ {}^{\mathrm{t}}(\boldsymbol{e}_1, \cdots, \boldsymbol{e}_n)(\boldsymbol{e}_1, \cdots, \boldsymbol{e}_n)\begin{pmatrix} y_1 \\ \vdots \\ y_n \end{pmatrix} \\
&= (x_1, \cdots, x_n)\ {}^{\mathrm{t}}\mathbf{A}\begin{pmatrix} y_1 \\ \vdots \\ y_n \end{pmatrix}. \\
\boldsymbol{x}\bullet f(\boldsymbol{y}) &= {}^{\mathrm{t}}\boldsymbol{x} f(\boldsymbol{y}) = (x_1, \cdots, x_n)\ {}^{\mathrm{t}}(\boldsymbol{e}_1, \cdots, \boldsymbol{e}_n)(\boldsymbol{e}_1, \cdots, \boldsymbol{e}_n)\mathbf{A}\begin{pmatrix} y_1 \\ \vdots \\ y_n \end{pmatrix} \\
&= (x_1, \cdots, x_n)\ \mathbf{A}\begin{pmatrix} y_1 \\ \vdots \\ y_n \end{pmatrix}.
\end{aligned}
$$

ここで，$f(\boldsymbol{x})\bullet\boldsymbol{y} = \boldsymbol{x}\bullet f(\boldsymbol{y})$ であるため，$\mathbf{A} = {}^{\mathrm{t}}\mathbf{A}$ となる．

(証明終)

第6章　行列の対角化

本章では，行列解析で重要な行列の対角化について解説する．

6.1　固有値・固有ベクトル

本節では，$f: V \to V$ における代表的な線形変換を取り上げ，固有値，固有ベクトルを定義する．そして行列の固有値・固有ベクトルを利用して行列を対角化させる手法を解説する．

定義 6.1. **(固有値・固有ベクトル)** 線形変換 $f: V \to V$ に対し，

$$f(\boldsymbol{u}) = \lambda \boldsymbol{u}, \quad \boldsymbol{u} \neq \mathbf{0} \tag{6.1}$$

を満たすスカラー λ（複素数を含む）を f の**固有値**といい，$\boldsymbol{u}$ を固有値 λ に対応する**固有ベクトル**と呼ぶ．また線形変換 f が $[n \times n]$ 型の行列 $\mathbf{A} = \{a_{ij}\}$ によって $f(\boldsymbol{u}) = \mathbf{A}\boldsymbol{u} = \lambda \boldsymbol{u}$ と表されるとき，λ を行列 $\mathbf{A}$ の固有値，$\boldsymbol{u}$ を λ に対応する固有ベクトルと呼ぶこともできる．

例題 6.1. **(固有値・固有ベクトルの例)** ここでは固有値・固有ベクトルの具体例を与える．例えば，$f: \mathbf{R}^2 \to \mathbf{R}^2$ を次の様な線形変換であるとする．

$$f\begin{pmatrix} x_1 \\ x_2 \end{pmatrix} = \begin{pmatrix} 3 & 7 \\ 2 & -2 \end{pmatrix}\begin{pmatrix} x_1 \\ x_2 \end{pmatrix}, \quad \mathbf{A} = \begin{pmatrix} 3 & 7 \\ 2 & -2 \end{pmatrix}. \tag{6.2}$$

ここで $\mathbf{R}^2$ の中から 2 つの線形独立なベクトル $\boldsymbol{u}_1 = {}^{\mathrm{t}}(1, -1)$, $\boldsymbol{u}_2 = {}^{\mathrm{t}}(7, 2)$ を選び，$f(\boldsymbol{u}_1)$，$f(\boldsymbol{u}_2)$ を計算すると，

$$\begin{aligned} f(\boldsymbol{u}_1) &= \begin{pmatrix} 3 & 7 \\ 2 & -2 \end{pmatrix}\begin{pmatrix} 1 \\ -1 \end{pmatrix} = \begin{pmatrix} -4 \\ 4 \end{pmatrix} = -4\begin{pmatrix} 1 \\ -1 \end{pmatrix}, \\ f(\boldsymbol{u}_2) &= \begin{pmatrix} 3 & 7 \\ 2 & -2 \end{pmatrix}\begin{pmatrix} 7 \\ 2 \end{pmatrix} = \begin{pmatrix} 35 \\ 10 \end{pmatrix} = 5\begin{pmatrix} 7 \\ 2 \end{pmatrix} \end{aligned}$$

となり，

$$\mathbf{A}\boldsymbol{u}_1 = -4\boldsymbol{u}_1, \quad \mathbf{A}\boldsymbol{u}_2 = 5\boldsymbol{u}_2 \tag{6.3}$$

という関係式が成立する．よって式 (6.3) より，行列 $\mathbf{A}$ の固有値が -4 と 5，$\boldsymbol{u}_1$, $\boldsymbol{u}_2$ がそれぞれの固有値に対応する固有ベクトルとなる．

以下，与えられた行列に対し，固有値・固有ベクトルを求める手法を解説する．

6.1.1 固有値・固有ベクトルの求め方

与えられた行列 $\mathbf{A}$ に対し，固有値を λ，固有ベクトルを $\boldsymbol{u}$ とおくと，$\mathbf{A}\boldsymbol{u} = \lambda\boldsymbol{u}$ という関係式が成立する．よって

$$\lambda\boldsymbol{u} - \mathbf{A}\boldsymbol{u} = \mathbf{0} \Longleftrightarrow (\lambda\mathbf{E} - \mathbf{A})\boldsymbol{u} = \mathbf{0}$$

であり，また $\boldsymbol{u} \neq 0$ である．ここでもし，$|\lambda\mathbf{E} - \mathbf{A}| \neq 0$ であれば，$(\lambda\mathbf{E} - \mathbf{A})$ の逆行列が存在することになり，$\boldsymbol{u} = \mathbf{0}$ 以外の解はもち得ない．よって $\boldsymbol{u} = \mathbf{0}$ 以外の解をもつには，$(\lambda\mathbf{E} - \mathbf{A})$ の逆行列が存在しない，即ち $|\lambda\mathbf{E} - \mathbf{A}| = 0$ を満足する λ を求めればよい．よって，固有値・固有ベクトルを求める手順は次の様になる．

方法 6.1. (固有値・固有ベクトルの求め方)

(1) $|\lambda\mathbf{E} - \mathbf{A}| = 0$ を満足する λ を求める．

(2) (1) で求めた λ に対応する固有ベクトルを求める．

定義 6.2. $\mathbf{A}$ を n 次正方行列とする．ここで，$\phi_{\mathrm{A}}(\lambda) = |\lambda\mathbf{E} - \mathbf{A}|$ とおくと，$\phi_{\mathrm{A}}(\lambda)$ は n 次多項式となる．この $\phi_{\mathrm{A}}(\lambda)$ を行列 $\mathbf{A}$ の**固有多項式**といい，$\phi_{\mathrm{A}}(\lambda) = 0$ を $\mathbf{A}$ の**固有方程式**という．

n 次正方行列である $\mathbf{A}$ の固有方程式は n 次方程式であり，複素数を含めた範囲で n 個の解をもつ．ここで固有方程式の解の重複度に関わる次の定義を与える．

定義 6.3. (固有値の重複度) $\mathbf{A}$ を n 次正方行列とする．$\mathbf{A}$ の固有多項式 $\phi_{\mathrm{A}}(\lambda)$ が次の様な一次式の因数の積，

$$\phi_{\mathrm{A}}(\lambda) = (\lambda - \lambda_1)^{m_1}(\lambda - \lambda_2)^{m_2} \cdots (\lambda - \lambda_k)^{m_k}, \quad \lambda_1 \neq \cdots \neq \lambda_k \tag{6.4}$$

に因数分解されたとき，m_i $(i = 1, 2, \cdots, k)$ を固有値 λ_i の**重複度**と呼ぶ．

ー 定義 6.3 (固有値の重複度) の補足 ー

その 1 定義 6.3 において，固有値が複素数の場合，対応する固有ベクトルは複素数を成分にもつ複素ベクトルとなる．ただし，本書では複素ベクトルの内容は扱わない．

(解説終)

例題 6.2. 行列 $\mathbf{A} = \begin{pmatrix} 3 & 7 \\ 2 & -2 \end{pmatrix}$ の固有値及びそれに対応する固有ベクトルを求めよ．

解答. 行列 $\mathbf{A}$ の固有方程式は，

$$\phi_{\mathrm{A}}(\lambda) = \begin{vmatrix} \lambda - 3 & -7 \\ -2 & \lambda + 2 \end{vmatrix} = 0 \text{ となる．} \tag{6.5}$$

よって，$\lambda^2 - \lambda - 20 = 0$ となり $(\lambda - 5)(\lambda + 4) = 0$. よって $\lambda = 5,\ -4$.

(i) $\lambda = -4$ のとき，対応する固有ベクトルを $\boldsymbol{u}_1 = \begin{pmatrix} x_1 \\ x_2 \end{pmatrix}$ とすると

$\mathbf{A}\boldsymbol{u}_1 = -4\boldsymbol{u}_1$. よって $(-4\mathbf{E} - \mathbf{A})\boldsymbol{u}_1 = \mathbf{0}$ となるため，x_1, x_2 は，式 (6.5) を参照して次の様な掃き出し法で求めることができる．

$$\left(\begin{array}{cc|c} -4-3 & -7 & 0 \\ -2 & -4+2 & 0 \end{array}\right) \to \left(\begin{array}{cc|c} -7 & -7 & 0 \\ -2 & -2 & 0 \end{array}\right) \to \cdots \to \left(\begin{array}{cc|c} 1 & 1 & 0 \\ 0 & 0 & 0 \end{array}\right).$$

よって $x_1 + x_2 = 0$ となるから $x_1 = s_1$ とおけば，$x_2 = -s_1$. したがって $\boldsymbol{u}_1 = s_1\begin{pmatrix} 1 \\ -1 \end{pmatrix}$. （[例題 6.2 の補足] 参照，P. 132）

(ii) $\lambda = 5$ のとき，対応する固有ベクトルを $\boldsymbol{u}_2 = \begin{pmatrix} y_1 \\ y_2 \end{pmatrix}$ とすると，$\mathbf{A}\boldsymbol{u}_2 = 5\boldsymbol{u}_2$.

よって，$(5\mathbf{E} - \mathbf{A})\boldsymbol{u}_2 = \mathbf{0}$ となるため，y_1, y_2 は，式 (6.5) を参照して次の様な掃き出し法で求めることができる．

$$\left(\begin{array}{cc|c} 5-3 & -7 & 0 \\ -2 & 5+2 & 0 \end{array}\right) \to \left(\begin{array}{cc|c} 2 & -7 & 0 \\ -2 & 7 & 0 \end{array}\right) \to \left(\begin{array}{cc|c} 2 & -7 & 0 \\ 0 & 0 & 0 \end{array}\right).$$

よって $2y_1 - 7y_2 = 0$ となるから $y_2 = 2s_2$ とおけば，$y_1 = 7s_2$. したがって $\boldsymbol{u}_2 = s_2\begin{pmatrix} 7 \\ 2 \end{pmatrix}$.

(i), (ii) より固有値は $-4,\ 5$．対応する固有ベクトルは，それぞれ

$$\boldsymbol{u}_1 = s_1\begin{pmatrix} 1 \\ -1 \end{pmatrix}, \quad \boldsymbol{u}_2 = s_2\begin{pmatrix} 7 \\ 2 \end{pmatrix}$$

となる．

(解答終)

ー 例題 6.2 の補足 ー

その 1 掃き出し法で使用する係数行列の成分は，式 (6.5) の行列式の中の成分と同じである．よって λ に具体的な値を代入すれば係数行列の成分が決定する．

その 2 (ii) において，$y_2 = 2s_2$ とおいたのは，y_1 の分数表現を避けるためである．

その 3 固有値に対応する固有ベクトルは，必ずスカラー倍の形で表現される（定理 6.1(1) 参照，P. 134）．

(解説終)

問題 6.1. 行列 $\mathbf{A} = \begin{pmatrix} 1 & -1 & 1 \\ 0 & 2 & 2 \\ 1 & 1 & 3 \end{pmatrix}$ の固有値，固有ベクトルを求めよ．

解答. 行列 $\mathbf{A}$ の固有方程式は，

$$\phi_{\mathrm{A}}(\lambda) = \begin{vmatrix} \lambda-1 & \boxed{1} & -1 \\ 0 & \lambda-2 & -2 \\ -1 & -1 & \lambda-3 \end{vmatrix} = \begin{vmatrix} \lambda-1 & 1 & 0 \\ 0 & \lambda-2 & \lambda-4 \\ -1 & -1 & \lambda-4 \end{vmatrix}$$

第 2 列 + 第 3 列　　　　第 3 列 $(\lambda-4)$ でくくる

$$= (\lambda-4)\begin{vmatrix} \lambda-1 & 1 & 0 \\ 0 & \lambda-2 & \boxed{1} \\ -1 & -1 & 1 \end{vmatrix} = (\lambda-4)\begin{vmatrix} \lambda-1 & 1 & 0 \\ 0 & \lambda-2 & 1 \\ -1 & 1-\lambda & 0 \end{vmatrix}$$

第 2 行 $\times\,(-1)$ + 第 3 行　　　　第 3 列の余因子展開

$$= -(\lambda-4)\begin{vmatrix} \lambda-1 & 1 \\ -1 & 1-\lambda \end{vmatrix} = \lambda(\lambda-2)(\lambda-4) = 0.$$

よって $\lambda = 0,\ 2,\ 4$.

(i) $\lambda = 0$ のとき，対応する固有ベクトルを $\boldsymbol{u}_1 = \begin{pmatrix} x_1 \\ x_2 \\ x_3 \end{pmatrix}$ とすると $\mathbf{A}\boldsymbol{u}_1 = 0\boldsymbol{u}_1$.

よって，$(0\mathbf{E} - \mathbf{A})\boldsymbol{u}_1 = \mathbf{0}$ となるため $x_1,\ x_2,\ x_3$ は次の様な掃き出し法で求めることができる．

$$\left(\begin{array}{ccc|c} \boxed{-1} & 1 & -1 & 0 \\ 0 & -2 & -2 & 0 \\ -1 & -1 & -3 & 0 \end{array}\right) \to \left(\begin{array}{ccc|c} -1 & 1 & -1 & 0 \\ 0 & -2 & -2 & 0 \\ 0 & -2 & -2 & 0 \end{array}\right) \to \left(\begin{array}{ccc|c} -1 & 1 & -1 & 0 \\ 0 & -2 & -2 & 0 \\ 0 & 0 & 0 & 0 \end{array}\right)$$

$$\to \left(\begin{array}{ccc|c} 1 & -1 & 1 & 0 \\ 0 & \boxed{1} & 1 & 0 \\ 0 & 0 & 0 & 0 \end{array}\right) \to \left(\begin{array}{ccc|c} 1 & 0 & 2 & 0 \\ 0 & 1 & 1 & 0 \\ 0 & 0 & 0 & 0 \end{array}\right).$$

よって $x_1 + 2x_3 = 0$，$x_2 + x_3 = 0$ となるから $x_3 = s_1$ とおけば，$x_1 = -2s_1$，$x_2 = -s_1$．したがって $\boldsymbol{u}_1 = s_1 \begin{pmatrix} -2 \\ -1 \\ 1 \end{pmatrix}$.

(ii) $\lambda = 2$ のとき，対応する固有ベクトルを $\boldsymbol{u}_2 = \begin{pmatrix} y_1 \\ y_2 \\ y_3 \end{pmatrix}$ とすると，$\mathbf{A}\boldsymbol{u}_2 = 2\boldsymbol{u}_2$.

よって，$(2\mathbf{E} - \mathbf{A})\boldsymbol{u}_2 = \mathbf{0}$ となるため，y_1，y_2，y_3 は次の様な掃き出し法で求めることができる．

$$\left(\begin{array}{ccc|c} \boxed{1} & 1 & -1 & 0 \\ 0 & 0 & -2 & 0 \\ -1 & -1 & -1 & 0 \end{array}\right) \to \left(\begin{array}{ccc|c} 1 & 1 & -1 & 0 \\ 0 & 0 & -2 & 0 \\ 0 & 0 & -2 & 0 \end{array}\right)$$

$$\to \left(\begin{array}{ccc|c} 1 & 1 & -1 & 0 \\ 0 & 0 & \boxed{1} & 0 \\ 0 & 0 & 1 & 0 \end{array}\right) \to \left(\begin{array}{ccc|c} 1 & 1 & 0 & 0 \\ 0 & 0 & 1 & 0 \\ 0 & 0 & 0 & 0 \end{array}\right).$$

よって $y_1 + y_2 = 0$，$y_3 = 0$ となるから $y_2 = s_2$ とおけば，$y_1 = -s_2$.

したがって $\boldsymbol{u}_2 = s_2 \begin{pmatrix} -1 \\ 1 \\ 0 \end{pmatrix}$.

(iii) $\lambda = 4$ のとき，対応する固有ベクトルを $\boldsymbol{u}_3 = \begin{pmatrix} z_1 \\ z_2 \\ z_3 \end{pmatrix}$ とすると，$\mathbf{A}\boldsymbol{u}_3 = 4\boldsymbol{u}_3$.

よって，$(4\mathbf{E} - \mathbf{A})\boldsymbol{u}_3 = \mathbf{0}$ となるため，z_1，z_2，z_3 は次の様な掃き出し法で求めることができる．

$$\left(\begin{array}{ccc|c} 3 & 1 & -1 & 0 \\ 0 & 2 & -2 & 0 \\ -1 & -1 & 1 & 0 \end{array}\right) \to \left(\begin{array}{ccc|c} 3 & 1 & -1 & 0 \\ 0 & \boxed{1} & -1 & 0 \\ -1 & -1 & 1 & 0 \end{array}\right) \to \left(\begin{array}{ccc|c} 3 & 0 & 0 & 0 \\ 0 & 1 & -1 & 0 \\ \boxed{-1} & 0 & 0 & 0 \end{array}\right)$$

$$\to \left(\begin{array}{ccc|c} 0 & 0 & 0 & 0 \\ 0 & 1 & -1 & 0 \\ -1 & 0 & 0 & 0 \end{array}\right) \to \left(\begin{array}{ccc|c} 1 & 0 & 0 & 0 \\ 0 & 1 & -1 & 0 \\ 0 & 0 & 0 & 0 \end{array}\right).$$

よって $z_1 = 0$，$z_2 - z_3 = 0$ となるから $z_3 = s_3$ とおけば，$z_2 = s_3$.

したがって $\boldsymbol{u}_3 = s_3\begin{pmatrix} 0 \\ 1 \\ 1 \end{pmatrix}$.

(i), (ii), (iii) より固有値は 0, 2, 4．対応する固有ベクトルは，それぞれ

$$\boldsymbol{u}_1 = s_1\begin{pmatrix} -2 \\ -1 \\ 1 \end{pmatrix},\quad \boldsymbol{u}_2 = s_2\begin{pmatrix} -1 \\ 1 \\ 0 \end{pmatrix},\quad \boldsymbol{u}_3 = s_3\begin{pmatrix} 0 \\ 1 \\ 1 \end{pmatrix}$$

となる．

(解答終)

定理 6.1. 行列 $\mathbf{A}$ の固有値を λ, 対応する固有ベクトルを $\boldsymbol{u}$ とおく．このとき 次のことが成立する．

(1) $k\boldsymbol{u}$ (k : スカラー) も固有値 λ の固有ベクトルとなる．

(2) $\mathbf{P}$ を n 次正則行列とする．このとき $\mathbf{A}$ の固有値と，$\mathbf{P}^{-1}\mathbf{AP}$ の固有値は等しい．

(3) ${}^t\mathbf{A}$ の固有値と $\mathbf{A}$ の固有値は等しい．

証明.

(1) $\mathbf{A}(k\boldsymbol{u}) = k\big(\mathbf{A}\boldsymbol{u}\big) = k(\lambda\boldsymbol{u}) = \lambda(k\boldsymbol{u})$．よって $k\boldsymbol{u}$ も固有値 λ の固有ベクトルとなる．

(2) $\mathbf{P}^{-1}\mathbf{AP}$ の固有多項式 $\phi_{\mathrm{P^{-1}AP}}(\lambda)$ は，

$$\begin{aligned} &\phi_{\mathrm{P^{-1}AP}}(\lambda) \\ &= |\lambda\mathbf{E} - \mathbf{P}^{-1}\mathbf{AP}| = |\lambda(\mathbf{P}^{-1}\mathbf{P}) - \mathbf{P}^{-1}\mathbf{AP}| \\ &= |\mathbf{P}^{-1}\big(\lambda\mathbf{P} - \mathbf{AP}\big)| = |\mathbf{P}^{-1}(\lambda\mathbf{E} - \mathbf{A})\mathbf{P}| = |\mathbf{P}^{-1}||\lambda\mathbf{E} - \mathbf{A}||\mathbf{P}| \\ &= |\lambda\mathbf{E} - \mathbf{A}| = \phi_{\mathrm{A}}(\lambda). \end{aligned}$$

よって，$\mathbf{A}$ の固有値と $\mathbf{P}^{-1}\mathbf{AP}$ の固有値は等しい．

(3) ${}^t(\lambda\mathbf{E} - \mathbf{A}) = {}^t(\lambda\mathbf{E}) - {}^t\mathbf{A} = \lambda\mathbf{E} - {}^t\mathbf{A}$ より，

$$\phi_{\,{}^t\mathrm{A}}(\lambda) = |\lambda\mathbf{E} - {}^t\mathbf{A}| = |{}^t(\lambda\mathbf{E} - \mathbf{A})| = |\lambda\mathbf{E} - \mathbf{A}| = \phi_{\mathrm{A}}(\lambda).$$

よって，${}^t\mathbf{A}$ と $\mathbf{A}$ の固有値は等しい．

(証明終)

6.1.2　固有空間

ここでは行列 $\mathbf{A}$ における固有値 λ の固有空間を定義する．

定義 6.4. (固有空間) 行列 $\mathbf{A}$ の固有値を λ とする．このとき，

$$V_\lambda = \{\boldsymbol{u} \in \mathbf{R^n} \mid (\lambda\mathbf{E} - \mathbf{A})\boldsymbol{u} = \mathbf{0}\} \tag{6.6}$$

は固有値 λ に対する固有ベクトル全体と零ベクトルからなる $\mathbf{R}^n$ の部分空間となる．これを行列 $\mathbf{A}$ の固有値 λ に対する**固有空間**と呼ぶ．

－ 定義 6.4 (固有空間) の補足 －

その 1 定義 6.4 の固有空間 V_λ が $\mathbf{R}^n$ の部分空間であることを示す．

(i) $V_\lambda \ni \boldsymbol{x}, \boldsymbol{y}$ に対し，

$$\begin{aligned}&(\lambda\mathbf{E} - A)(\boldsymbol{x} + \boldsymbol{y})\\ &= (\lambda\mathbf{E})\boldsymbol{x} + (\lambda\mathbf{E})\boldsymbol{y} - \mathbf{A}\boldsymbol{x} - \mathbf{A}\boldsymbol{y} = (\lambda\mathbf{E} - \mathbf{A})\boldsymbol{x} + (\lambda\mathbf{E} - \mathbf{A})\boldsymbol{y}\\ &= \mathbf{0} + \mathbf{0} = \mathbf{0}.\ \text{よって}\ \ \boldsymbol{x} + \boldsymbol{y} \in V_\lambda.\end{aligned}$$

(ii) $(\lambda\mathbf{E} - A)(k\boldsymbol{x}) = k\big((\lambda\mathbf{E} - A)\boldsymbol{x}\big) = k\mathbf{0} = \mathbf{0}$. よって　$k\boldsymbol{x} \in V_\lambda$.

よって，(i), (ii) より V_λ は $\mathbf{R}^n$ の部分空間となる．

その 2 $V_\lambda = \mathrm{Ker}\ (\lambda\mathbf{E} - \mathbf{A})$ と表現することができる．よって次元定理により，

$$n = \dim\big(\mathrm{Im}\ (\lambda\mathbf{E} - \mathbf{A})\big) + \dim\big(\mathrm{Ker}\ (\lambda\mathbf{E} - \mathbf{A})\big)$$

となる．

(解説終)

ここで極めて重要な次の定理を与える．

定理 6.2. n 次正方行列 $\mathbf{A}$ が相異なる固有値 $\lambda_1, \lambda_2, \cdots, \lambda_k$ $(1 \leq k \leq n)$ をもてば，それぞれの固有値に対応する固有ベクトル $\boldsymbol{u}_1, \boldsymbol{u}_2, \cdots, \boldsymbol{u}_k$ は線形独立となる．

証明. 数学的帰納法で証明する．仮定により $\mathbf{A}\boldsymbol{u}_k = \lambda_k\boldsymbol{u}_k$ $(1 \leq k \leq n)$ である．ここで $k = 1$ のとき，$\boldsymbol{u}_1 \neq \mathbf{0}$ であるため，$\boldsymbol{u}_1$ は線形独立である．今 $k = m$ $(1 \leq m \leq n-1)$ のとき，$\boldsymbol{u}_1$, $\cdots, \boldsymbol{u}_m$ が線形独立であると仮定し，$k = m+1$ のとき，即ち $\boldsymbol{u}_1$, $\cdots, \boldsymbol{u}_m, \boldsymbol{u}_{m+1}$ が線形独立であることを背理法を用いて証明する．

$\boldsymbol{u}_1, \cdots, \boldsymbol{u}_m, \boldsymbol{u}_{m+1}$ が線形従属であると仮定すると，$\boldsymbol{u}_{m+1}$ は少なくとも 1 つは 0 でないスカラーの組 $c_1, c_2, \cdots, c_m$ に対し，

$$\boldsymbol{u}_{m+1} = c_1\boldsymbol{u}_1 + c_2\boldsymbol{u}_2 + \cdots + c_m\boldsymbol{u}_m \tag{6.7}$$

と表すことができる．式 (6.7) の左から $\mathbf{A}$ をかけると，

$$\begin{aligned} \mathbf{A}\boldsymbol{u}_{m+1} &= \mathbf{A}(c_1\boldsymbol{u}_1 + c_2\boldsymbol{u}_2 + \cdots + c_m\boldsymbol{u}_m), \\ \lambda_{m+1}\boldsymbol{u}_{m+1} &= c_1\mathbf{A}\boldsymbol{u}_1 + c_2\mathbf{A}\boldsymbol{u}_2 + \cdots + c_m\mathbf{A}\boldsymbol{u}_m \\ &= c_1\lambda_1\boldsymbol{u}_1 + c_2\lambda_2\boldsymbol{u}_2 + \cdots + c_m\lambda_m\boldsymbol{u}_m. \end{aligned} \tag{6.8}$$

式 (6.7) を式 (6.8) に代入すると，

$$\lambda_{m+1}(c_1\boldsymbol{u}_1 + \cdots + c_m\boldsymbol{u}_m) = c_1\lambda_1\boldsymbol{u}_1 + \cdots + c_m\lambda_m\boldsymbol{u}_m.$$

よって，

$$c_1(\lambda_1 - \lambda_{m+1})\boldsymbol{u}_1 + \cdots + c_m(\lambda_m - \lambda_{m+1})\boldsymbol{u}_m = \mathbf{0}.$$

ここで，$\boldsymbol{u}_1, \cdots, \boldsymbol{u}_m$ は線形独立であるため，全ての i に対し

$$c_i(\lambda_i - \lambda_{m+1}) = 0, \quad 1 \leq i \leq m$$

となる．ところが，$c_1, c_2, \cdots, c_m$ の中で少なくとも 1 つは 0 でない $c_1, c_2, \cdots, c_m$ の組が存在するため，その 0 でないスカラーを $c_j(\neq 0)$ とすると $\lambda_j - \lambda_{m+1} = 0$ となり，$\lambda_j = \lambda_{m+1}$ となる．これは $\lambda_1, \cdots, \lambda_{m+1}$ が相異なることに矛盾する．よって，$\boldsymbol{u}_1, \cdots, \boldsymbol{u}_m, \boldsymbol{u}_{m+1}$ は線形独立となり，題意が証明された．

(証明終)

− 定理 6.2 の補足 −

その 1 定理 6.2 は，n 次元の線形空間を対象としているため，もし行列 $\mathbf{A}$ の固有値が 2 以上の重複度をもっていても 1 つの固有値としてカウントしている．もし重複度がない（全て相異なる）n 個の固有値が存在する場合について述べているのが次の系 6.1 である．また系 6.1 は，系 6.2 における固有空間の直和に繋げることができる．

(解説終)

定理 6.2 より，次の 2 つの系を与えることができる．

系 6.1. n 次正方行列 $\mathbf{A}$ の固有値が全て相異なる値 $\lambda_1, \lambda_2, \cdots, \lambda_n$ を持てば，対応する固有ベクトル $\boldsymbol{u}_1, \boldsymbol{u}_2, \cdots, \boldsymbol{u}_n$ は線形独立である．

系 6.2. 系 6.1 より，n 次正方行列 $\mathbf{A}$ の固有値が全て相異なる値を持てば，対応する固有ベクトル $\boldsymbol{u}_1, \boldsymbol{u}_2, \cdots, \boldsymbol{u}_n$ は線形独立となり $\mathbf{R}^n$ の基底 $[\boldsymbol{u}_1, \boldsymbol{u}_2, \cdots, \boldsymbol{u}_n]$ となり得る．したがって $\boldsymbol{x} \in \mathbf{R}^n$ は，各 $\boldsymbol{u}_i \in V_{\lambda_i}$ $(i = 1, 2, \cdots n)$ の線形結合で唯一に表すことができるため，$\mathbf{R}^n$ は，各 V_{λ_i} $(i = 1, 2, \cdots n)$ の直和として次の様に表現することができる．

$$\mathbf{R}^n = V_{\lambda_1} \oplus V_{\lambda_2} \oplus \cdots \oplus V_{\lambda_n}.$$

次に行列の対角化に必要な重要な定理を与える．

定理 6.3. 行列 $\mathbf{A}$ を n 次正方行列とし，$\lambda_1, \lambda_2, \cdots, \lambda_r$ $(1 \leq r \leq n)$ を相異なる固有値とする．今，すべての $i = 1, 2, \cdots, r$ において，m_i を固有値 λ_i の重複度とする．このとき，

$$\dim V_{\lambda_i} = m_i$$

ならば，$\mathbf{A}$ のすべての固有値に対応する n 個の固有ベクトルは線形独立となる．

証明. 固有値 λ_i に対応する固有空間 V_{λ_i} の基底を $[\boldsymbol{a}_1^{[i]}, \boldsymbol{a}_2^{[i]}, \cdots, \boldsymbol{a}_{m_i}^{[i]}]$ とする．このとき，各固有値 $\lambda_1, \lambda_2, \cdots, \lambda_r$ に対し，

$$\boldsymbol{a}_1^{[1]}, \cdots, \boldsymbol{a}_{m_1}^{[1]},\ \boldsymbol{a}_1^{[2]} \cdots \boldsymbol{a}_{m_2}^{[2]},\ \cdots,\ \boldsymbol{a}_1^{[r]}, \cdots, \boldsymbol{a}_{m_r}^{[r]}$$

が線形独立になることを示せばよい．そこで，$c_1^{[i]}, c_2^{[i]}, \cdots, c_{m_i}^{[i]}$ (m_iは固有値λ_iの重複度) をスカラーとして

$$c_1^{[1]}\boldsymbol{a}_1^{[1]} + \cdots + c_{m_1}^{[1]}\boldsymbol{a}_{m_1}^{[1]} + c_1^{[2]}\boldsymbol{a}_1^{[2]} + \cdots + c_{m_2}^{[2]}\boldsymbol{a}_{m_2}^{[2]} + \cdots + c_1^{[r]}\boldsymbol{a}_1^{[r]} + \cdots + c_{m_r}^{[r]}\boldsymbol{a}_{m_r}^{[r]} = \mathbf{0} \tag{6.9}$$

とおき，各スカラーがすべて 0 になることを示す．式 (6.9) の両辺の左から $\mathbf{A}$ をかけると，

$$\begin{aligned}(6.10)\qquad &\left(c_1^{[1]}\lambda_1\boldsymbol{a}_1^{[1]} + \cdots + c_{m_1}^{[1]}\lambda_1\boldsymbol{a}_{m_1}^{[1]}\right) + \left(c_1^{[2]}\lambda_2\boldsymbol{a}_1^{[2]} + \cdots + c_{m_2}^{[2]}\lambda_2\boldsymbol{a}_{m_2}^{[2]}\right) + \cdots \\ &\cdots + \left(c_1^{[r]}\lambda_r\boldsymbol{a}_1^{[r]} + c_{m_r}^{[r]}\lambda_r\boldsymbol{a}_{m_r}^{[r]}\right) = \mathbf{0}\end{aligned}$$

となる．よって式 (6.10) は，

$$\begin{aligned}(6.11)\qquad &\lambda_1\left(c_1^{[1]}\boldsymbol{a}_1^{[1]} + \cdots + c_{m_1}^{[1]}\boldsymbol{a}_{m_1}^{[1]}\right) + \lambda_2\left(c_1^{[2]}\boldsymbol{a}_1^{[2]} + \cdots + c_{m_2}^{[2]}\boldsymbol{a}_{m_2}^{[2]}\right) + \cdots \\ &\cdots + \lambda_r\left(c_1^{[r]}\boldsymbol{a}_1^{[r]} + c_{m_r}^{[r]}\boldsymbol{a}_{m_r}^{[r]}\right) = \mathbf{0}\end{aligned}$$

となり，$i=1,2,\cdots,r$ に対して

$$c_1^{[i]}\boldsymbol{a}_1^{[i]}+\cdots+c_{m_i}^{[i]}\boldsymbol{a}_{m_i}^{[i]}\in V(\lambda_i),\qquad \boldsymbol{a}_1^{[i]}\cdots,\boldsymbol{a}_{m_i}^{[i]}\text{ は線形独立}$$

となる．仮定より $\lambda_1\neq\lambda_2\neq\cdots\neq\lambda_r$ である．よって定理 6.2（P. 135）により，r 個のベクトル $(c_1^{[1]}\boldsymbol{a}_1^{[1]}+\cdots+c_{m_1}^{[1]}\boldsymbol{a}_{m_1}^{[1]}),(c_1^{[2]}\boldsymbol{a}_1^{[2]}+\cdots+c_{m_2}^{[2]}\boldsymbol{a}_{m_2}^{[2]}),\cdots,(c_1^{[r]}\boldsymbol{a}_1^{[r]}+c_{m_r}^{[r]}\boldsymbol{a}_{m_r}^{[r]})$ は線形独立となり，当然 $\lambda_1(c_1^{[1]}\boldsymbol{a}_1^{[1]}+\cdots+c_{m_1}^{[1]}\boldsymbol{a}_{m_1}^{[1]})$, $\lambda_2(c_1^{[2]}\boldsymbol{a}_1^{[2]}+\cdots+c_{m_2}^{[2]}\boldsymbol{a}_{m_2}^{[2]})$, $\cdots$, $\lambda_r(c_1^{[r]}\boldsymbol{a}_1^{[r]}+c_{m_r}^{[r]}\boldsymbol{a}_{m_r}^{[r]})$ は線形独立となる．そこで，もし $\lambda_1,\lambda_2,\cdots,\lambda_r\neq 0$ であるとすれば，式 (6.11) により，

$$c_1^{[i]}\boldsymbol{a}_1^{[i]}+\cdots+c_{m_i}^{[i]}\boldsymbol{a}_{m_i}^{[i]}=\mathbf{0}\ \ (i=1,2,\cdots,r)$$

となる（[定理 6.3 の補足:その 1] 参照）．ここで仮定より $\boldsymbol{a}_1^{[i]}$, $\boldsymbol{a}_2^{[i]},\cdots,\boldsymbol{a}_{m_i}^{[i]}$, $(1\leq i\leq r)$ は線形独立であるため，

$$c_1^{[i]}=c_2^{[i]}=\cdots=c_{m_i}^{[i]}=0\ \ (i=1,2,\cdots,r).$$

よって式 (6.9) のスカラーがすべて 0 となるため，

$$\boldsymbol{a}_1^{[1]},\cdots,\boldsymbol{a}_{m_1}^{[1]},\ \boldsymbol{a}_1^{[2]},\cdots,\boldsymbol{a}_{m_2}^{[2]},\cdots,\boldsymbol{a}_1^{[r]},\cdots,\boldsymbol{a}_{m_r}^{[r]}$$

は線形独立となる．また，もし $\lambda_j=0\ (1\leq j\leq r)$ とした場合，同様の手法により

$$c_1^{[i]}=c_2^{[i]}=\cdots=c_{m_i}^{[i]}=0\ \ (i=1,2,\cdots,j-1,j+1,\cdots,r)$$

となる．よってこれを式 (6.9) に代入すれば

$$c_1^{[j]}\boldsymbol{a}_1^{[j]}+\cdots+c_{m_j}^{[j]}\boldsymbol{a}_{m_j}^{[j]}=\mathbf{0}$$

であり，$\boldsymbol{a}_1^{[j]},\cdots,\boldsymbol{a}_{m_j}^{[j]}$ は線形独立である．よって，

$$c_1^{[j]}=c_2^{[j]}=\cdots=c_{m_j}^{[j]}=0.$$

以上により，題意は証明された．

(証明終)

― 定理 6.3 の補足 ―

その 1 線形空間 V の元 $\boldsymbol{w}_1, \boldsymbol{w}_2, \cdots, \boldsymbol{w}_m$ が線形独立であるとする．このとき，次の関係式が成立する．

$$\boldsymbol{w}_1 + \boldsymbol{w}_2 + \cdots + \boldsymbol{w}_m = \boldsymbol{0} \Longrightarrow \boldsymbol{w}_1 = \boldsymbol{w}_2 = \cdots = \boldsymbol{w}_m = \boldsymbol{0}.$$

証明. V の元 $\boldsymbol{w}_1, \boldsymbol{w}_2, \cdots, \boldsymbol{w}_m$ が線形独立より，各 $\boldsymbol{w}_i$ $(1 \leq i \leq m)$ を他の元の線形結合で表すことができない．そこで，$\boldsymbol{w}_1 + \boldsymbol{w}_2 + \cdots + \boldsymbol{w}_m = \boldsymbol{0}$ より，$\boldsymbol{w}_1 = -(\boldsymbol{w}_2 + \cdots + \boldsymbol{w}_m)$ とすると，$\boldsymbol{w}_1, \boldsymbol{w}_2, \cdots, \boldsymbol{w}_m$ は線形独立から，この様な等式を満たす $\boldsymbol{w}_1 \neq \boldsymbol{0}$ は存在しないため $\boldsymbol{0}$ となる．その結果 $\boldsymbol{w}_2 + \cdots + \boldsymbol{w}_m = \boldsymbol{0}$. ここで，$\boldsymbol{w}_2, \cdots, \boldsymbol{w}_m$ も線形独立であることから，同様の操作を行うことにより $\boldsymbol{w}_2 = \boldsymbol{0}$ が得られる．この操作を順次繰り返すことにより，$\boldsymbol{w}_1 = \boldsymbol{w}_2 = \cdots = \boldsymbol{w}_m = \boldsymbol{0}$ が導ける．

(解説終)

6.2　行列の対角化

行列 $\mathbf{A}$ を n 次正方行列とする．このとき，適当な正則行列 $\mathbf{P}$ を選べば，

$$\mathbf{P}^{-1}\mathbf{A}\mathbf{P} = \begin{pmatrix} a_1 & \cdots & 0 \\ \vdots & \ddots & \vdots \\ 0 & \cdots & a_n \end{pmatrix} \tag{6.12}$$

と，正方行列の対角成分のみ値をもち，その他の成分は 0 となる行列（**対角行列と呼ぶ**）に変形されるとき，行列 $\mathbf{A}$ は**対角化可能**，あるいは行列 $\mathbf{P}$ により**対角化されると**言う．

次の定理は行列 $\mathbf{P}$ の取り方について示した重要な定理である．

定理 6.4. (行列の対角化 I) n 次正方行列 $\mathbf{A}$ が n 個の相異なる固有値を持てば $\mathbf{A}$ は対角化可能であり，そのとき得られた対角行列の成分は，$\mathbf{A}$ の固有値 $\lambda_1, \lambda_2, \cdots, \lambda_n$ となる．

証明. $\mathbf{A}$ の相異なる固有値を $\lambda_1, \lambda_2, \cdots, \lambda_n$，対応する固有ベクトルをそれぞれ $\boldsymbol{u}_1$, $\boldsymbol{u}_2$, $\cdots$, $\boldsymbol{u}_n$ とする．このとき，それぞれの固有値に対応した固有ベクトルは線形独立であるため，これらのベクトルを並べた行列を

$$\mathbf{P} = (\boldsymbol{u}_1, \boldsymbol{u}_2, \cdots, \boldsymbol{u}_n)$$

とすれば，定理 6.2（P. 135）より $\mathbf{P}$ は n 次正則行列となる．ここで，

$$\begin{aligned}
&\mathbf{AP} \\
&= \mathbf{A}\big(\boldsymbol{u}_1, \boldsymbol{u}_2, \cdots, \boldsymbol{u}_n\big) = \big(\mathbf{A}\boldsymbol{u}_1, \mathbf{A}\boldsymbol{u}_2, \cdots, \mathbf{A}\boldsymbol{u}_n\big) = \big(\lambda_1\boldsymbol{u}_1, \lambda_2\boldsymbol{u}_2, \cdots, \lambda_n\boldsymbol{u}_n\big) \\
&= \big(\boldsymbol{u}_1, \boldsymbol{u}_2, \cdots, \boldsymbol{u}_n\big)\begin{pmatrix} \lambda_1 & 0 & \cdots & 0 \\ 0 & \lambda_2 & \cdots & 0 \\ \vdots & \vdots & \ddots & \vdots \\ 0 & 0 & \cdots & \lambda_n \end{pmatrix} = \mathbf{P}\begin{pmatrix} \lambda_1 & 0 & \cdots & 0 \\ 0 & \lambda_2 & \cdots & 0 \\ \vdots & \vdots & \ddots & \vdots \\ 0 & 0 & \cdots & \lambda_n \end{pmatrix}.
\end{aligned}$$

したがって，

$$\mathbf{P}^{-1}\mathbf{AP} = \begin{pmatrix} \lambda_1 & 0 & \cdots & 0 \\ 0 & \lambda_2 & \cdots & 0 \\ \vdots & \vdots & \ddots & \vdots \\ 0 & 0 & \cdots & \lambda_n \end{pmatrix}$$

となり，正則な行列 $\mathbf{P}$ により，$\mathbf{A}$ は対角化される．

(証明終)

定理 6.4（P.139）は，$\mathbf{A}$ が相異なる n 個の固有値を持つ場合の例であるが，定理 6.3（P. 137）が成り立てば，n 個の線形独立な固有ベクトルによる正則行列 $\mathbf{P}$ を生成することができる．よって次の系を与えることができる．

系 6.3. (行列の対角化 II) $\mathbf{A}$ を n 次正方行列とし，$\lambda_1, \lambda_2, \cdots, \lambda_k$ $(1 \leq k \leq n)$ をそれぞれ相異なる固有値とする．ここで，m_i $(i = 1, 2, \cdots, k)$ が固有値 λ_i の重複度であり，

$$\dim V_{\lambda_i} = m_i \quad (i = 1, 2, \cdots, k)$$

ならば，$\mathbf{A}$ は対角化可能である．

次の例は固有値が重複度 2 以上をもつ行列についての対角化の例である．

例題 6.3. 次の行列 $\mathbf{A}$ が対角化可能か判定し，対角化可能であれば対角化に必要な正則行列 $\mathbf{P}$ と $\mathbf{P}^{-1}\mathbf{AP}$ を求めよ．

(1) $\mathbf{A} = \begin{pmatrix} 4 & -1 & -2 \\ 9 & -2 & -7 \\ -3 & 1 & 3 \end{pmatrix}$.　　(2) $\mathbf{A} = \begin{pmatrix} 1 & 0 & 2 \\ 0 & 1 & 1 \\ 0 & 0 & 3 \end{pmatrix}$.

解答.

(1) 行列 $\mathbf{A}$ の固有方程式は，

$$\phi_{\mathrm{A}}(\lambda) = \begin{vmatrix} \lambda - 4 & 1 & 2 \\ -9 & \lambda + 2 & 7 \\ 3 & -1 & \lambda - 3 \end{vmatrix} = 0 \text{ となる．} \tag{6.13}$$

よって，

$$\begin{vmatrix} \lambda-4 & \boxed{1} & 2 \\ -9 & \lambda+2 & 7 \\ 3 & -1 & \lambda-3 \end{vmatrix} = \begin{vmatrix} \lambda-4 & 1 & 2 \\ -9 & \lambda+2 & 7 \\ \lambda-1 & 0 & \lambda-1 \end{vmatrix}$$

第 1 行 × 1 + 第 3 行　　　　　　$(\lambda-1)$ をくくる

$$= (\lambda-1)\begin{vmatrix} \lambda-4 & 1 & 2 \\ -9 & \lambda+2 & 7 \\ \boxed{1} & 0 & 1 \end{vmatrix} = (\lambda-1)\begin{vmatrix} \lambda-4 & 1 & 6-\lambda \\ -9 & \lambda+2 & 16 \\ 1 & 0 & 0 \end{vmatrix}$$

第 1 列 × (−1) + 第 3 列　　　　　　第 3 行の余因子展開

$$= (\lambda-1)\begin{vmatrix} 1 & 6-\lambda \\ \lambda+2 & 16 \end{vmatrix} = (\lambda-1)(\lambda-2)^2 = 0.$$

したがって，$\lambda = 2$ (二重解), 1 となる．

ここで $\lambda_1 = 2$ (二重解) とした場合の対応する固有ベクトルを $\boldsymbol{u}_1 = \begin{pmatrix} x_1 \\ x_2 \\ x_3 \end{pmatrix}$

とすると，$\mathbf{A}\boldsymbol{u}_1 = 2\boldsymbol{u}_1$．よって，$(2\mathbf{E}-\mathbf{A})\boldsymbol{u}_1 = \mathbf{0}$ となるため，x_1, x_2, x_3 は，式 (6.13) を参照して次の様な掃き出し法で求めることができる．

$$\left(\begin{array}{ccc|c} -2 & \boxed{1} & 2 & 0 \\ -9 & 4 & 7 & 0 \\ 3 & -1 & -1 & 0 \end{array}\right) \to \left(\begin{array}{ccc|c} -2 & 1 & 2 & 0 \\ -1 & 0 & -1 & 0 \\ \boxed{1} & 0 & 1 & 0 \end{array}\right)$$

第 1 行 × (−4) + 第 2 行　　　第 3 行 × 2 + 第 1 行
第 1 行 × 1 + 第 3 行　　　　第 3 行 × 1 + 第 2 行

$$\to \left(\begin{array}{ccc|c} 0 & 1 & 4 & 0 \\ 0 & 0 & 0 & 0 \\ 1 & 0 & 1 & 0 \end{array}\right) \to \left(\begin{array}{ccc|c} 1 & 0 & 1 & 0 \\ 0 & 1 & 4 & 0 \\ 0 & 0 & 0 & 0 \end{array}\right).$$

よって $x_1 + x_3 = 0$, $x_2 + 4x_3 = 0$ となるから $x_3 = s$ とおけば，$x_1 = -s$, $x_2 = -4s$．したがって $\boldsymbol{u}_1 = s\begin{pmatrix} -1 \\ -4 \\ 1 \end{pmatrix}$ となるため，$\dim V_{\lambda_1} = 1$．したがって固有値 $\lambda = 1$ の重複度 2 と一致しないから行列 $\mathbf{A}$ は対角化可能でない．

(2) 行列 $\mathbf{A}$ の固有方程式は，

$$\phi_{\mathrm{A}}(\lambda) = \begin{vmatrix} \lambda-1 & 0 & -2 \\ 0 & \lambda-1 & -1 \\ 0 & 0 & \lambda-3 \end{vmatrix} = 0 \text{ となる．} \tag{6.14}$$

よって，

$$\begin{vmatrix} \lambda-1 & 0 & -2 \\ 0 & \lambda-1 & -1 \\ 0 & 0 & \lambda-3 \end{vmatrix} = (\lambda-3)\underset{\text{第 3 行の余因子展開}}{\begin{vmatrix} \lambda-1 & 0 & -2 \\ 0 & \lambda-1 & -1 \\ 0 & 0 & 1 \end{vmatrix}}$$

$$= (\lambda-3)\begin{vmatrix} \lambda-1 & 0 \\ 0 & \lambda-1 \end{vmatrix} = (\lambda-1)^2(\lambda-3) = 0.$$

したがって $\lambda = 1$ (二重解), 3 となる．ここで，$\lambda_1 = 1$, $\lambda_2 = 3$ とおき，それぞれの固有値に対応する固有ベクトルを求める．

(i) $\lambda_1 = 1$ のとき，対応する固有ベクトルを $\boldsymbol{u}_1 = \begin{pmatrix} x_1 \\ x_2 \\ x_3 \end{pmatrix}$ とすると，

$\mathbf{A}\boldsymbol{u}_1 = \boldsymbol{u}_1$．よって，$(\mathbf{E}-\mathbf{A})\boldsymbol{u}_1 = \mathbf{0}$ となるため，x_1, x_2, x_3 は，式 (6.14) を参照して次の様な掃き出し法で求めることができる．

$$\left(\begin{array}{ccc|c} 0 & 0 & -2 & 0 \\ 0 & 0 & -1 & 0 \\ 0 & 0 & -2 & 0 \end{array}\right) \to \cdots \to \left(\begin{array}{ccc|c} 0 & 0 & 1 & 0 \\ 0 & 0 & 0 & 0 \\ 0 & 0 & 0 & 0 \end{array}\right).$$

よって $x_3 = 0$ となるから $x_1 = s$, $x_2 = t$ とおけば，

$$\boldsymbol{u}_1 = s\begin{pmatrix} 1 \\ 0 \\ 0 \end{pmatrix} + t\begin{pmatrix} 0 \\ 1 \\ 0 \end{pmatrix}.$$

したがって $\dim V_{\lambda_1} = 2$ となり λ_1 の重複度と一致する．

(ii) $\lambda_2 = 3$ のとき，対応する固有ベクトルを $\boldsymbol{u}_2 = \begin{pmatrix} y_1 \\ y_2 \\ y_3 \end{pmatrix}$ とすると

$\mathbf{A}\boldsymbol{u}_2 = 3\boldsymbol{u}_2$．よって (i) 同様，$y_1, y_2, y_3$ は次の様な掃き出し法で求めることができる．

$$\left(\begin{array}{ccc|c} 2 & 0 & -2 & 0 \\ 0 & 2 & -1 & 0 \\ 0 & 0 & 0 & 0 \end{array}\right) \to \left(\begin{array}{ccc|c} 1 & 0 & -1 & 0 \\ 0 & 2 & -1 & 0 \\ 0 & 0 & 0 & 0 \end{array}\right)$$

$$\to \underset{\text{第 2 行} \times 1 + \text{第 1 行}}{\left(\begin{array}{ccc|c} 1 & 0 & -1 & 0 \\ 0 & -2 & \boxed{1} & 0 \\ 0 & 0 & 0 & 0 \end{array}\right)} \to \left(\begin{array}{ccc|c} 1 & -2 & 0 & 0 \\ 0 & -2 & 1 & 0 \\ 0 & 0 & 0 & 0 \end{array}\right).$$

よって，$y_1 - 2y_2 = 0$, $-2y_2 + y_3 = 0$ となるから $y_2 = s$ とおけば，$y_1 = 2s$，$y_3 = 2s$．これにより

$$\boldsymbol{u}_2 = s\begin{pmatrix} 2 \\ 1 \\ 2 \end{pmatrix}.$$

したがって $\dim V_{\lambda_2} = 1$ となり λ_2 の重複度と一致する．

(i), (ii) より行列 $\mathbf{A}$ は対角化可能となり，$\mathbf{P} = \begin{pmatrix} 1 & 0 & 2 \\ 0 & 1 & 1 \\ 0 & 0 & 2 \end{pmatrix}$ とおけば，

$$\mathbf{P}^{-1}\mathbf{A}\mathbf{P} = \begin{pmatrix} 1 & 0 & 0 \\ 0 & 1 & 0 \\ 0 & 0 & 3 \end{pmatrix}$$

となる．

(解答終)

－ 例題 6.3(2) の補足 －

その 1 もし (i), (ii) で求めた固有値 λ_1，λ_2 に対応するそれぞれの固有ベクトルを並べる順序を逆にして，例えば，

$$\mathbf{P}' = \begin{pmatrix} 2 & 1 & 0 \\ 1 & 0 & 1 \\ 2 & 0 & 0 \end{pmatrix}, \text{ あるいは } \mathbf{P}'' = \begin{pmatrix} 2 & 0 & 1 \\ 1 & 1 & 0 \\ 2 & 0 & 0 \end{pmatrix}$$

とすれば，

$$\mathbf{P}'^{-1}\mathbf{A}\mathbf{P}' = \mathbf{P}''^{-1}\mathbf{A}\mathbf{P}'' = \begin{pmatrix} 3 & 0 & 0 \\ 0 & 1 & 0 \\ 0 & 0 & 1 \end{pmatrix}$$

となる．

(解説終)

6.2.1 対称行列の対角化

ここでは行列 $\mathbf{A}$ が対称行列であるとき，直交行列を用いて対角化できることを示す．まずはじめに対称行列の固有値に関する次の定理を与える．

定理 6.5. (対称行列の固有値) 行列 $\mathbf{A}$ を対称行列とする．このとき次の (1), (2) が成立する．

(1) 対称行列 $\mathbf{A}$ の固有値は全て実数である．

(2) 対称行列 $\mathbf{A}$ の相異なる固有値に対応する固有ベクトルは全て直交する．

証明.

(1) 行列 $\mathbf{A}$ の固有値を λ, 対応する固有ベクトルを $\boldsymbol{u}$ とする．このとき，λ の共役複素数を $\overline{\lambda}$，$\boldsymbol{u}$ の各成分を共役複素数で置き換えたベクトルを $\overline{\boldsymbol{u}}$ とする．$\mathbf{A}\boldsymbol{u} = \lambda\boldsymbol{u}$ より，$\overline{\mathbf{A}\boldsymbol{u}} = \overline{\lambda\boldsymbol{u}}$. 今 $\mathbf{A}$ は実対称行列なので，$\mathbf{A}\overline{\boldsymbol{u}} = \overline{\lambda}\overline{\boldsymbol{u}}$ が成立する．ここで，

$$\lambda\overline{{}^{\mathrm{t}}\boldsymbol{u}}\boldsymbol{u} = \overline{{}^{\mathrm{t}}\boldsymbol{u}}(\lambda\boldsymbol{u}) = \overline{{}^{\mathrm{t}}\boldsymbol{u}}(\mathbf{A}\boldsymbol{u}) = \overline{{}^{\mathrm{t}}\boldsymbol{u}}({}^{\mathrm{t}}\mathbf{A}\boldsymbol{u}) \\ = (\overline{{}^{\mathrm{t}}\boldsymbol{u}}\ {}^{\mathrm{t}}\mathbf{A})\boldsymbol{u} = {}^{\mathrm{t}}(\mathbf{A}\overline{\boldsymbol{u}})\boldsymbol{u} = {}^{\mathrm{t}}(\overline{\lambda}\overline{\boldsymbol{u}})\boldsymbol{u} = \overline{\lambda}\ \overline{{}^{\mathrm{t}}\boldsymbol{u}}\boldsymbol{u}. \tag{6.15}$$

式 (6.15) において，$\overline{{}^{\mathrm{t}}\boldsymbol{u}}\boldsymbol{u} > 0$ であるため，$\lambda = \overline{\lambda}$. よって対称行列の固有値は実数である．

(2) 対称行列 $\mathbf{A}$ の相異なる固有値をそれぞれ λ_1, λ_2 とし，対応する固有ベクトルをそれぞれ $\boldsymbol{u}_1$, $\boldsymbol{u}_2$ とする．このとき，

$$\lambda_1(\boldsymbol{u}_1 \bullet \boldsymbol{u}_2) = (\lambda_1\boldsymbol{u}_1) \bullet \boldsymbol{u}_2 = (\mathbf{A}\boldsymbol{u}_1) \bullet \boldsymbol{u}_2 = {}^{\mathrm{t}}(\mathbf{A}\boldsymbol{u}_1)\boldsymbol{u}_2 \\ = {}^{\mathrm{t}}\boldsymbol{u}_1{}^{\mathrm{t}}\mathbf{A}\boldsymbol{u}_2 = {}^{\mathrm{t}}\boldsymbol{u}_1(\mathbf{A}\boldsymbol{u}_2) = {}^{\mathrm{t}}\boldsymbol{u}_1(\lambda_2\boldsymbol{u}_2) = \lambda_2{}^{\mathrm{t}}\boldsymbol{u}_1\boldsymbol{u}_2 = \lambda_2(\boldsymbol{u}_1 \bullet \boldsymbol{u}_2).$$

ここで，$\lambda_1 \neq \lambda_2$ であるため，$\boldsymbol{u}_1 \bullet \boldsymbol{u}_2 = 0$ となる．したがって対称行列 $\mathbf{A}$ の相異なる固有値に対する固有ベクトルは互いに直交する．

(証明終)

ー 定理 6.5 (対称行列の固有値) の補足 ー

その 1 本書では，実ベクトル空間しか扱っていないため，(1) の内容は適用外である．しかし共役複素数の定義（$a = \alpha + i\beta$ とすれば，$\overline{a} = \alpha - i\beta$，ただし α, β はそれぞれスカラー）を基とした複素数の簡単な性質 $\overline{ab} = \overline{a}\overline{b}$，$\overline{a+b} = \overline{a} + \overline{b}$ を用いれば，容易に $\overline{\mathbf{A}\boldsymbol{u}} = \overline{\mathbf{A}}\overline{\boldsymbol{u}}$ が導けるため，本書でとりあげた．

(解説終)

定理 6.6. (対称行列の対角化) 行列 $\mathbf{A}$ を n 次対称行列とする．このとき，$\mathbf{A}$ は適当な直交行列 $\mathbf{P}$ を用いて，

$$\mathbf{P}^{-1}\mathbf{A}\mathbf{P} = \begin{pmatrix} \lambda_1 & 0 & \cdots & 0 \\ 0 & \lambda_2 & \cdots & 0 \\ \vdots & \vdots & \ddots & \vdots \\ 0 & 0 & \cdots & \lambda_n \end{pmatrix} \tag{6.16}$$

と対角化される．ここで，$\lambda_1, \lambda_2, \cdots, \lambda_n$ は $\mathbf{A}$ の固有値である．

証明. n に関する帰納法で説明する．$n=1$ のとき，$\mathbf{A}$ は対称行列であり，単位行列 $\mathbf{E}_1=(1)$ を $\mathbf{P}$ とすれば成立する．任意の $(n-1)$ 次対称行列に対して定理が成立すると仮定し，n 次対称行列に対して定理が成立することを示す．まず，λ_1 を $\mathbf{A}$ の固有値とし長さ 1 の固有ベクトルを $\boldsymbol{p}_1$ とする．このベクトル $\boldsymbol{p}_1$ に対し，適当な $(n-1)$ 個のベクトル $\boldsymbol{p}'_2,\boldsymbol{p}'_3,\cdots,\boldsymbol{p}'_n$ を付け加えて $\mathbf{R}^n$ の基底 $[\boldsymbol{p}_1,\boldsymbol{p}'_2,\cdots,\boldsymbol{p}'_n]$ を作ることができる．この基底に対しグラム・シュミットの直交化法を用いて $(n-1)$ 個のベクトル $\boldsymbol{p}_2,\boldsymbol{p}_3,\cdots,\boldsymbol{p}_n$ を生成し，$\mathbf{R}^n$ の新たな基底 $[\boldsymbol{p}_1,\boldsymbol{p}_2,\cdots,\boldsymbol{p}_n]$ を生成する．ここで行列 $\mathbf{P}_1=(\boldsymbol{p}_1,\boldsymbol{p}_2,\cdots,\boldsymbol{p}_n)$ とすれば，$\mathbf{P}_1$ は直交行列となる（定義 5.24 参照，P. 124）．よって $\mathbf{P}_1^{-1}={}^{\mathrm{t}}\mathbf{P}_1$ であり，$\mathbf{A}\boldsymbol{p}_1=\lambda_1\boldsymbol{p}_1$ から，

$$
\begin{aligned}
\mathbf{P}_1^{-1}\mathbf{A}\mathbf{P}_1 &= {}^{\mathrm{t}}\mathbf{P}_1(\mathbf{A}\mathbf{P}_1)={}^{\mathrm{t}}\mathbf{P}_1(\mathbf{A}\boldsymbol{p}_1,\mathbf{A}\boldsymbol{p}_2,\cdots,\mathbf{A}\boldsymbol{p}_n) \\
&= \begin{pmatrix} \boldsymbol{p}_1\bullet(\mathbf{A}\boldsymbol{p}_1) & \boldsymbol{p}_1\bullet(\mathbf{A}\boldsymbol{p}_2) & \cdots & \boldsymbol{p}_1\bullet(\mathbf{A}\boldsymbol{p}_n) \\ \boldsymbol{p}_2\bullet(\mathbf{A}\boldsymbol{p}_1) & \boldsymbol{p}_2\bullet(\mathbf{A}\boldsymbol{p}_2) & \cdots & \boldsymbol{p}_2\bullet(\mathbf{A}\boldsymbol{p}_n) \\ \vdots & \vdots & \ddots & \vdots \\ \boldsymbol{p}_n\bullet(\mathbf{A}\boldsymbol{p}_1) & \boldsymbol{p}_n\bullet(\mathbf{A}\boldsymbol{p}_2) & \cdots & \boldsymbol{p}_n\bullet(\mathbf{A}\boldsymbol{p}_n) \end{pmatrix} \\
&= \begin{pmatrix} \lambda_1(\boldsymbol{p}_1\bullet\boldsymbol{p}_1) & \boldsymbol{p}_1\bullet(\mathbf{A}\boldsymbol{p}_2) & \cdots & \boldsymbol{p}_1\bullet(\mathbf{A}\boldsymbol{p}_n) \\ \lambda_1(\boldsymbol{p}_2\bullet\boldsymbol{p}_1) & \boldsymbol{p}_2\bullet(\mathbf{A}\boldsymbol{p}_2) & \cdots & \boldsymbol{p}_2\bullet(\mathbf{A}\boldsymbol{p}_n) \\ \vdots & \vdots & \ddots & \vdots \\ \lambda_1(\boldsymbol{p}_n\bullet\boldsymbol{p}_1) & \boldsymbol{p}_n\bullet(\mathbf{A}\boldsymbol{p}_2) & \cdots & \boldsymbol{p}_n\bullet(\mathbf{A}\boldsymbol{p}_n) \end{pmatrix} \\
&= \begin{pmatrix} \lambda_1 & \boldsymbol{p}_1\bullet(\mathbf{A}\boldsymbol{p}_2) & \cdots & \boldsymbol{p}_1\bullet(\mathbf{A}\boldsymbol{p}_n) \\ 0 & \boldsymbol{p}_2\bullet(\mathbf{A}\boldsymbol{p}_2) & \cdots & \boldsymbol{p}_2\bullet(\mathbf{A}\boldsymbol{p}_n) \\ \vdots & \vdots & \ddots & \vdots \\ 0 & \boldsymbol{p}_n\bullet(\mathbf{A}\boldsymbol{p}_2) & \cdots & \boldsymbol{p}_n\bullet(\mathbf{A}\boldsymbol{p}_n) \end{pmatrix}
\end{aligned}
$$

(6.17), (6.18)

となる．ここで，式 (6.18) の第 1 行において，

$$
\begin{aligned}
\boldsymbol{p}_1\bullet(\mathbf{A}\boldsymbol{p}_i) &= {}^{\mathrm{t}}\boldsymbol{p}_1\mathbf{A}\boldsymbol{p}_i=({}^{\mathrm{t}}\boldsymbol{p}_1{}^{\mathrm{t}}\mathbf{A})\boldsymbol{p}_i \\
&= {}^{\mathrm{t}}(\mathbf{A}\boldsymbol{p}_1)\boldsymbol{p}_i=(\mathbf{A}\boldsymbol{p}_1)\bullet\boldsymbol{p}_i=0 \quad (i=2,3,\cdots n).
\end{aligned}
$$

よって，

$$
\mathbf{P}_1^{-1}\mathbf{A}\mathbf{P}_1=\begin{pmatrix} \lambda_1 & 0 & \cdots & 0 \\ 0 & \boldsymbol{p}_2\bullet(\mathbf{A}\boldsymbol{p}_2) & \cdots & \boldsymbol{p}_2\bullet(\mathbf{A}\boldsymbol{p}_n) \\ \vdots & \vdots & \ddots & \vdots \\ 0 & \boldsymbol{p}_n\bullet(\mathbf{A}\boldsymbol{p}_2) & \cdots & \boldsymbol{p}_n\bullet(\mathbf{A}\boldsymbol{p}_n) \end{pmatrix} \tag{6.19}
$$

と表される．また，式 (6.19) において，

$$\mathbf{A}' = \begin{pmatrix} \boldsymbol{p}_2 \bullet (\mathbf{A}\boldsymbol{p}_2) & \cdots & \boldsymbol{p}_2 \bullet (\mathbf{A}\boldsymbol{p}_n) \\ \vdots & \ddots & \vdots \\ \boldsymbol{p}_n \bullet (\mathbf{A}\boldsymbol{p}_2) & \cdots & \boldsymbol{p}_n \bullet (\mathbf{A}\boldsymbol{p}_n) \end{pmatrix}$$

とおくと，$\mathbf{A}'$ は $(n-1)$ 次対称行列となる．なぜならば，

$$\begin{aligned} \boldsymbol{p}_i \bullet (\mathbf{A}\boldsymbol{p}_j) &= {}^{\mathrm{t}}\boldsymbol{p}_i \mathbf{A}\boldsymbol{p}_j = {}^{\mathrm{t}}\boldsymbol{p}_i {}^{\mathrm{t}}\mathbf{A}\boldsymbol{p}_j \\ &= {}^{\mathrm{t}}(\mathbf{A}\boldsymbol{p}_i)\boldsymbol{p}_j = (\mathbf{A}\boldsymbol{p}_i) \bullet \boldsymbol{p}_j = \boldsymbol{p}_j \bullet (\mathbf{A}\boldsymbol{p}_i) \quad (i, j = 2, 3, \cdots, n). \end{aligned}$$

よって，帰納法の仮定により，ある $(n-1)$ 次直交行列 $\mathbf{Q}$ を用いて

$$\mathbf{Q}^{-1}\mathbf{A}'\mathbf{Q} = \begin{pmatrix} \lambda_2 & \cdots & 0 \\ \vdots & \ddots & \vdots \\ 0 & \cdots & \lambda_n \end{pmatrix}$$

と対角化させることができる．ここで，新たな行列 $\mathbf{P}_2$ を

$$\mathbf{P}_2 = \left(\begin{array}{c|ccc} 1 & 0 & \cdots & 0 \\ \hline 0 & & & \\ \vdots & & \mathbf{Q} & \\ 0 & & & \end{array}\right)$$

とおき，$\mathbf{P}=\mathbf{P}_1\mathbf{P}_2$ とおくと，$\mathbf{P}_2$, $\mathbf{P}$ は直交行列となる．なぜならば，

$$\begin{aligned} \mathbf{P}_2 {}^{\mathrm{t}}\mathbf{P}_2 &= \left(\begin{array}{c|ccc} 1 & 0 & \cdots & 0 \\ \hline 0 & & & \\ \vdots & & \mathbf{Q} & \\ 0 & & & \end{array}\right) \left(\begin{array}{c|ccc} 1 & 0 & \cdots & 0 \\ \hline 0 & & & \\ \vdots & & {}^{\mathrm{t}}\mathbf{Q} & \\ 0 & & & \end{array}\right) \\ &= \left(\begin{array}{c|ccc} 1 & 0 & \cdots & 0 \\ \hline 0 & & & \\ \vdots & & \mathbf{Q}{}^{\mathrm{t}}\mathbf{Q} & \\ 0 & & & \end{array}\right) = \mathbf{E}_n = {}^{\mathrm{t}}\mathbf{P}_2\mathbf{P}_2. \end{aligned}$$

$$\mathbf{P}\,{}^{\mathrm{t}}\mathbf{P} = (\mathbf{P}_1\mathbf{P}_2)\,{}^{\mathrm{t}}(\mathbf{P}_1\mathbf{P}_2) = \mathbf{P}_1(\mathbf{P}_2{}^{\mathrm{t}}\mathbf{P}_2){}^{\mathrm{t}}\mathbf{P}_1 = \mathbf{P}_1\mathbf{E}_n{}^{\mathrm{t}}\mathbf{P}_1 = \mathbf{P}_1{}^{\mathrm{t}}\mathbf{P}_1 = \mathbf{E}_n.$$

ここで，$\mathbf{P}^{-1}\mathbf{AP}$ を計算すると，

$$\begin{aligned}
\mathbf{P}^{-1}\mathbf{AP} &= (\mathbf{P}_1\mathbf{P}_2)^{-1}\mathbf{A}(\mathbf{P}_1\mathbf{P}_2) = \mathbf{P}_2^{-1}(\mathbf{P}_1^{-1}\mathbf{AP}_1)\mathbf{P}_2 \\
&= \mathbf{P}_2^{-1}\left(\begin{array}{c|ccc} \lambda_1 & 0 & \cdots & 0 \\ \hline 0 & & & \\ \vdots & & \mathbf{A}' & \\ 0 & & & \end{array}\right)\mathbf{P}_2 = {}^{\mathrm{t}}\mathbf{P}_2\left(\begin{array}{c|ccc} \lambda_1 & 0 & \cdots & 0 \\ \hline 0 & & & \\ \vdots & & \mathbf{A}' & \\ 0 & & & \end{array}\right)\mathbf{P}_2 \\
&= \left(\begin{array}{c|ccc} 1 & 0 & \cdots & 0 \\ \hline 0 & & & \\ \vdots & & {}^{\mathrm{t}}\mathbf{Q} & \\ 0 & & & \end{array}\right)\left(\begin{array}{c|ccc} \lambda_1 & 0 & \cdots & 0 \\ \hline 0 & & & \\ \vdots & & \mathbf{A}' & \\ 0 & & & \end{array}\right)\left(\begin{array}{c|ccc} 1 & 0 & \cdots & 0 \\ \hline 0 & & & \\ \vdots & & \mathbf{Q} & \\ 0 & & & \end{array}\right) \\
&= \left(\begin{array}{c|ccc} \lambda_1 & 0 & \cdots & 0 \\ \hline 0 & & & \\ \vdots & & {}^{\mathrm{t}}\mathbf{QA}'\mathbf{Q} & \\ 0 & & & \end{array}\right) = \left(\begin{array}{c|ccc} \lambda_1 & 0 & \cdots & 0 \\ \hline 0 & \lambda_2 & \cdots & 0 \\ \vdots & \vdots & \ddots & \vdots \\ 0 & 0 & \ldots & \lambda_n \end{array}\right)
\end{aligned}$$

と対角化される．$\mathbf{P}^{-1}\mathbf{AP}$ の固有値と $\mathbf{A}$ の固有値は等しいため，$\lambda_1, \lambda_2, \cdots, \lambda_n$ は $\mathbf{A}$ の固有値となる．

(証明終)

定理 6.6（P. 144）より，行列 $\mathbf{A}$ が対称行列であれば，適当な直交行列 $\mathbf{P}$ を見つけて $\mathbf{P}^{-1}\mathbf{AP}$ により行列 $\mathbf{A}$ を対角化できることが解った．よって対称行列 $\mathbf{A}$ の固有値 λ_i が単根であれば，対応する固有ベクトルを正規化したベクトルを $\boldsymbol{p}_i$ として直交行列 $\mathbf{P}$ の第 i 列とすれば良く，もし固有値 λ_j が重複度 m_j であれば，生成された m_j 個の固有ベクトルからグラム・シュミットの直交化法を用いて正規直交ベクトル $\boldsymbol{p}_{j_1}, \boldsymbol{p}_{j_2}, \cdots, \boldsymbol{p}_{j_{m_j}}$ を生成し，直交行列 $\mathbf{P}$ の m_j 個の列ベクトルとすればよい．この様な操作を行うことにより，対称行列 $\mathbf{A}$ の固有値 $\lambda_1,\lambda_2,\cdots,\lambda_n$ から n 個の正規直交ベクトル $\boldsymbol{p}_1, \boldsymbol{p}_2,\cdots,\boldsymbol{p}_n$ を並べた直交行列 $\mathbf{P} = (\boldsymbol{p}_1, \boldsymbol{p}_2, \cdots, \boldsymbol{p}_n)$ が生成され，

$$\mathbf{P}^{-1}\mathbf{AP} = {}^{\mathrm{t}}\mathbf{PAP} = \begin{pmatrix} \lambda_1 & 0 & \cdots & 0 \\ 0 & \lambda_2 & \cdots & 0 \\ \vdots & \vdots & \ddots & \vdots \\ 0 & 0 & \ldots & \lambda_n \end{pmatrix}$$

と対称行列 $\mathbf{A}$ は対角化されるのである．

問題 6.2. 次の行列 $\mathbf{A}$ を適当な直交行列 $\mathbf{P}$ を用いて対角化せよ．

(1) $\begin{pmatrix} 3 & -1 & 2 \\ -1 & 2 & 1 \\ 2 & 1 & 3 \end{pmatrix}$.　　(2) $\begin{pmatrix} 1 & 2 & 2 \\ 2 & 1 & 2 \\ 2 & 2 & 1 \end{pmatrix}$.

解答.

(1) 行列 $\mathbf{A}$ の固有方程式は,

$$\phi_{\mathrm{A}}(\lambda)=\begin{vmatrix}\lambda-3 & 1 & -2\\ 1 & \lambda-2 & -1\\ -2 & -1 & \lambda-3\end{vmatrix}=0 \text{ となる.} \tag{6.20}$$

よって,

$$\begin{vmatrix}\lambda-3 & \boxed{1} & -2\\ 1 & \lambda-2 & -1\\ -2 & -1 & \lambda-3\end{vmatrix}=\begin{vmatrix}\lambda-3 & 1 & -2\\ 1 & \lambda-2 & -1\\ \lambda-5 & 0 & \lambda-5\end{vmatrix}$$

第 1 行 + 第 3 行　　　第 3 行を $(\lambda-5)$ でくくる

$$=(\lambda-5)\begin{vmatrix}\lambda-3 & 1 & -2\\ 1 & \lambda-2 & -1\\ \boxed{1} & 0 & 1\end{vmatrix}=(\lambda-5)\begin{vmatrix}\lambda-3 & 1 & -\lambda+1\\ 1 & \lambda-2 & -2\\ 1 & 0 & 0\end{vmatrix}$$

第 1 列 × (−1) + 第 3 列　　　第 3 行の余因子展開

$$=\lambda(\lambda-3)(\lambda-5).$$

したがって $\lambda=0,\ 3,\ 5$ となる．そこで，それぞれの固有値に対応する固有ベクトルを求める.

(i) $\lambda=0$ のとき，対応する固有ベクトルを $\boldsymbol{v}_1={}^{\mathrm{t}}(x_1,x_2,x_3)$ とすると，$\mathbf{A}\boldsymbol{v}_1=0\boldsymbol{v}_1$. よって，$(\mathbf{0}-\mathbf{A})\boldsymbol{v}_1=\mathbf{0}$ となるため，x_1,x_2,x_3 は，式 (6.20) を参照して次の様な掃き出し法で求めることができる.

$$\left(\begin{array}{ccc|c}-3 & 1 & -2 & 0\\ \boxed{1} & -2 & -1 & 0\\ -2 & -1 & -3 & 0\end{array}\right)\to\left(\begin{array}{ccc|c}0 & -5 & -5 & 0\\ 1 & -2 & -1 & 0\\ 0 & -5 & -5 & 0\end{array}\right)$$

$$\to\left(\begin{array}{ccc|c}1 & -2 & -1 & 0\\ 0 & 1 & \boxed{1} & 0\\ 0 & 0 & 0 & 0\end{array}\right)\to\left(\begin{array}{ccc|c}1 & -1 & 0 & 0\\ 0 & 1 & 1 & 0\\ 0 & 0 & 0 & 0\end{array}\right).$$

よって $x_2=s$ とおくと，$x_1=s,\ x_3=-s$. ここで，$\boldsymbol{v}_1$ を正規化したベクトルを $\boldsymbol{p}_1$ として，$\boldsymbol{p}_1=\dfrac{1}{\sqrt{3}}\begin{pmatrix}1\\1\\-1\end{pmatrix}$ とする.

(ii) $\lambda=3$ のとき，対応する固有ベクトルを $\boldsymbol{v}_2={}^{\mathrm{t}}(y_1,y_2,y_3)$ とすると，$\mathbf{A}\boldsymbol{v}_2=3\boldsymbol{v}_2$. よって，$(3\mathbf{E}-\mathbf{A})\boldsymbol{v}_2=3\boldsymbol{v}_2$ となるため，y_1,y_2,y_3 は，式 (6.20) を参照して次の様な掃き出し法で求めることができる.

$$\left(\begin{array}{ccc|c} 0 & 1 & -2 & 0 \\ \boxed{1} & 1 & -1 & 0 \\ -2 & -1 & 0 & 0 \end{array}\right) \to \left(\begin{array}{ccc|c} 0 & \boxed{1} & -2 & 0 \\ 1 & 1 & -1 & 0 \\ 0 & 1 & -2 & 0 \end{array}\right)$$

$$\to \left(\begin{array}{ccc|c} 0 & 1 & -2 & 0 \\ 1 & 0 & 1 & 0 \\ 0 & 0 & 0 & 0 \end{array}\right) \to \left(\begin{array}{ccc|c} 1 & 0 & 1 & 0 \\ 0 & 1 & -2 & 0 \\ 0 & 0 & 0 & 0 \end{array}\right).$$

よって $x_3 = s$ とおくと，$x_1 = -s, x_2 = 2s$. ここで，$\boldsymbol{v}_2$ を正規化したベクトルを $\boldsymbol{p}_2$ として，$\boldsymbol{p}_2 = \dfrac{1}{\sqrt{6}}\begin{pmatrix} -1 \\ 2 \\ 1 \end{pmatrix}$ とする.

(iii) $\lambda = 5$ のとき，対応する固有ベクトルを $\boldsymbol{v}_3 = {}^{\mathrm{t}}(z_1, z_2, z_3)$ とすると，$\mathbf{A}\boldsymbol{v}_3 = 5\boldsymbol{v}_3$. よって，$(5\mathbf{E} - \mathbf{A})\boldsymbol{v}_3 = 5\boldsymbol{v}_3$ となるため，z_1, z_2, z_3 は，式 (6.20) を参照して次の様な掃き出し法で求めることができる.

$$\left(\begin{array}{ccc|c} 2 & 1 & -2 & 0 \\ \boxed{1} & 3 & -1 & 0 \\ -2 & -1 & 2 & 0 \end{array}\right) \to \left(\begin{array}{ccc|c} 0 & -5 & 0 & 0 \\ 1 & 3 & -1 & 0 \\ 0 & 5 & 0 & 0 \end{array}\right)$$

$$\to \left(\begin{array}{ccc|c} 1 & 3 & -1 & 0 \\ 0 & \boxed{1} & 0 & 0 \\ 0 & 0 & 0 & 0 \end{array}\right) \to \left(\begin{array}{ccc|c} 1 & 0 & -1 & 0 \\ 0 & 1 & 0 & 0 \\ 0 & 0 & 0 & 0 \end{array}\right).$$

よって $z_3 = s$ とおくと，$z_1 = s$, $z_2 = 0$. ここで，$\boldsymbol{v}_3$ を正規化したベクトルを $\boldsymbol{p}_3$ として，$\boldsymbol{p}_3 = \dfrac{1}{\sqrt{2}}\begin{pmatrix} 1 \\ 0 \\ 1 \end{pmatrix}$ とする.

したがって，(i), (ii), (iii) より，$\mathbf{P} = (\boldsymbol{p}_1, \boldsymbol{p}_2, \boldsymbol{p}_3) = \begin{pmatrix} \frac{1}{\sqrt{3}} & \frac{-1}{\sqrt{6}} & \frac{1}{\sqrt{2}} \\ \frac{1}{\sqrt{3}} & \frac{2}{\sqrt{6}} & 0 \\ \frac{-1}{\sqrt{3}} & \frac{1}{\sqrt{6}} & \frac{1}{\sqrt{2}} \end{pmatrix}$

とおけば，$\mathbf{P}$ は直交行列となり，$\mathbf{P}^{-1}\mathbf{A}\mathbf{P} = {}^{\mathrm{t}}\mathbf{P}\mathbf{A}\mathbf{P} = \begin{pmatrix} 0 & 0 & 0 \\ 0 & 3 & 0 \\ 0 & 0 & 5 \end{pmatrix}$ となる.

(2) 行列 $\mathbf{A}$ の固有方程式は，

$$\phi_{\mathrm{A}}(\lambda) = \begin{vmatrix} \lambda - 1 & -2 & -2 \\ -2 & \lambda - 1 & -2 \\ -2 & -2 & \lambda - 1 \end{vmatrix} = 0 \text{ となる.} \tag{6.21}$$

よって，

$$\begin{vmatrix} \lambda-1 & -2 & -2 \\ -2 & \lambda-1 & -2 \\ -2 & -2 & \lambda-1 \end{vmatrix} = \begin{vmatrix} \lambda-5 & -2 & -2 \\ \lambda-5 & \lambda-1 & -2 \\ \lambda-5 & -2 & \lambda-1 \end{vmatrix}$$

第 2, 3 列を第 1 列に加える

$$= (\lambda-5)\begin{vmatrix} \boxed{1} & -2 & -2 \\ 1 & \lambda-1 & -2 \\ 1 & -2 & \lambda-1 \end{vmatrix} = (\lambda-5)\begin{vmatrix} 1 & -2 & -2 \\ 0 & \lambda+1 & 0 \\ 0 & 0 & \lambda+1 \end{vmatrix}$$

第 1 列の余因子展開

$$= (\lambda-5)(\lambda+1)^2.$$

したがって $\lambda = 5,\ -1$（二重解）となる．そこで，それぞれの固有値に対応する固有ベクトルを求める．

(i) $\lambda = 5$ のとき, 対応する固有ベクトルを $\boldsymbol{v}_1 = {}^{\mathrm{t}}(x_1, x_2, x_3)$ とすると，$\mathbf{A}\boldsymbol{v}_1 = 5\boldsymbol{v}_1$．よって，$(5\mathbf{E}-\mathbf{A})\boldsymbol{v}_1 = 5\boldsymbol{v}_1$ となるため，x_1, x_2, x_3 は，式 (6.21) を参照して次の様な掃き出し法で求めることができる．

$$\left(\begin{array}{ccc|c} 4 & -2 & -2 & 0 \\ -2 & 4 & -2 & 0 \\ -2 & -2 & 4 & 0 \end{array}\right) \to \left(\begin{array}{ccc|c} 2 & -1 & -1 & 0 \\ \boxed{\text{-1}} & 2 & -1 & 0 \\ -1 & -1 & 2 & 0 \end{array}\right)$$

$$\to \left(\begin{array}{ccc|c} 0 & 3 & -3 & 0 \\ -1 & 2 & -1 & 0 \\ 0 & -3 & 3 & 0 \end{array}\right) \to \left(\begin{array}{ccc|c} 1 & -2 & 1 & 0 \\ 0 & \boxed{1} & -1 & 0 \\ 0 & 0 & 0 & 0 \end{array}\right) \to \left(\begin{array}{ccc|c} 1 & 0 & -1 & 0 \\ 0 & 1 & -1 & 0 \\ 0 & 0 & 0 & 0 \end{array}\right).$$

よって $x_3 = s$ とおくと, $x_1 = s,\ x_2 = s$. ここで，$\boldsymbol{v}_1$ を正規化したベクトルを $\boldsymbol{p}_1$ として，$\boldsymbol{p}_1 = \dfrac{1}{\sqrt{3}}\begin{pmatrix} 1 \\ 1 \\ 1 \end{pmatrix}$ とする．

(ii) $\lambda = -1$ のとき, 対応する固有ベクトルを $\boldsymbol{v}_2 = {}^{\mathrm{t}}(y_1, y_2, y_3)$ とすると，$\mathbf{A}\boldsymbol{v}_2 = -\boldsymbol{v}_2$．よって，$(-\mathbf{E}-\mathbf{A})\boldsymbol{v}_2 = -\boldsymbol{v}_2$ となるため，y_1, y_2, y_3 は，式 (6.21) を参照して次の様な掃き出し法で求めることができる．

$$\left(\begin{array}{ccc|c} \boxed{\text{-2}} & -2 & -2 & 0 \\ -2 & -2 & -2 & 0 \\ -2 & -2 & -2 & 0 \end{array}\right) \to \left(\begin{array}{ccc|c} -2 & -2 & -2 & 0 \\ 0 & 0 & 0 & 0 \\ 0 & 0 & 0 & 0 \end{array}\right) \to \left(\begin{array}{ccc|c} 1 & 1 & 1 & 0 \\ 0 & 0 & 0 & 0 \\ 0 & 0 & 0 & 0 \end{array}\right).$$

よって，$x_2 = s,\ x_3 = t$ とおくと，$x_1 = -s-t$．したがって，$\boldsymbol{v}_2$ は,

$$\boldsymbol{v}_2 = s\begin{pmatrix} -1 \\ 1 \\ 0 \end{pmatrix} + t\begin{pmatrix} -1 \\ 0 \\ 1 \end{pmatrix}$$

と表すことができる．この 2 つのベクトルに対し，グラム・シュミットの直交化法を用いて 2 つの正規直交ベクトル $\boldsymbol{p}_2$, $\boldsymbol{p}_3$ を生成すると，

$$\boldsymbol{p}_2 = \frac{1}{\sqrt{2}}\begin{pmatrix} -1 \\ 1 \\ 0 \end{pmatrix}, \quad \boldsymbol{p}_3 = \frac{1}{\sqrt{6}}\begin{pmatrix} 1 \\ 1 \\ -2 \end{pmatrix}$$

となる．

よって，(i), (ii) より $\mathbf{P} = (\boldsymbol{p}_1, \boldsymbol{p}_2, \boldsymbol{p}_3) = \begin{pmatrix} \frac{1}{\sqrt{3}} & \frac{-1}{\sqrt{2}} & \frac{1}{\sqrt{6}} \\ \frac{1}{\sqrt{3}} & \frac{1}{\sqrt{2}} & \frac{1}{\sqrt{6}} \\ \frac{1}{\sqrt{3}} & 0 & \frac{-2}{\sqrt{6}} \end{pmatrix}$

とおけば，$\mathbf{P}$ は直交行列となり，$\mathbf{P}^{-1}\mathbf{AP} = {}^t\mathbf{PAP} = \begin{pmatrix} 5 & 0 & 0 \\ 0 & -1 & 0 \\ 0 & 0 & -1 \end{pmatrix}$ となる．

(解答終)

6.2.2 行列の固有値・固有ベクトルの幾何的意味

ここでは例題 6.1（P. 129）で示した次の様な線形変換 f を用いて固有値，固有ベクトルの幾何的意味を解説する．

$$f\begin{pmatrix} x_1 \\ x_2 \end{pmatrix} = \begin{pmatrix} 3 & 7 \\ 2 & -2 \end{pmatrix}\begin{pmatrix} x_1 \\ x_2 \end{pmatrix}, \quad \mathbf{A} = \begin{pmatrix} 3 & 7 \\ 2 & -2 \end{pmatrix}.$$

$\mathbf{R}^2$ の標準基底 $[\boldsymbol{e}_1, \boldsymbol{e}_2]$ に関する表現行列は $\mathbf{A} = \begin{pmatrix} 3 & 7 \\ 2 & -2 \end{pmatrix}$ である．ここで $\mathbf{A}$ の固有値は $\lambda = -4,\ 5$ である．ここで，$\lambda_1 = -4$ として対応する固有ベクトルの 1 つを $\boldsymbol{u}_1 = {}^t(1, -1)$, $\lambda_2 = 5$ に対応する固有ベクトルの 1 つを $\boldsymbol{u}_2 = {}^t(7, 2)$ とすると，$\boldsymbol{u}_1$, $\boldsymbol{u}_2$ は，$\mathbf{R}^2$ の基底 $[\boldsymbol{u}_1,\ \boldsymbol{u}_2]$ となり得る．ここで $\boldsymbol{x} \in \mathbf{R}^2$ が，基底 $[\boldsymbol{u}_1,\ \boldsymbol{u}_2]$ を用いて $\boldsymbol{x} = a\boldsymbol{u}_1 + b\boldsymbol{u}_2$ で表せたとする．これは，$\boldsymbol{u}_1$ 方向への座標軸をもつ U と，$\boldsymbol{u}_2$ 方向への座標軸をもつ V を考えれば，O − UV 座標系でのベクトルとして図 6.1 の様に表すことができる．すると，

$$\begin{aligned} A(a\boldsymbol{u}_1 + b\boldsymbol{u}_2) &= a(\mathbf{A}\boldsymbol{u}_1) + b(\mathbf{A}\boldsymbol{u}_2) = a(\lambda_1\boldsymbol{u}_1) + b(\lambda_2\boldsymbol{u}_2) \\ &= \lambda_1(a\boldsymbol{u}_1) + \lambda_2(b\boldsymbol{u}_2) \end{aligned}$$

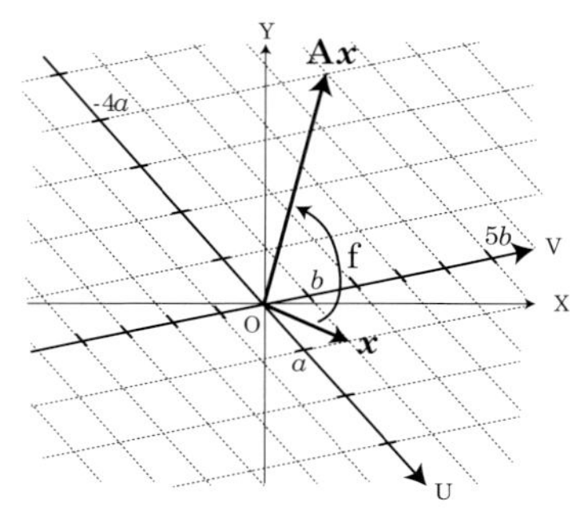

図 6.1: 固有値・固有ベクトルの幾何的意味.

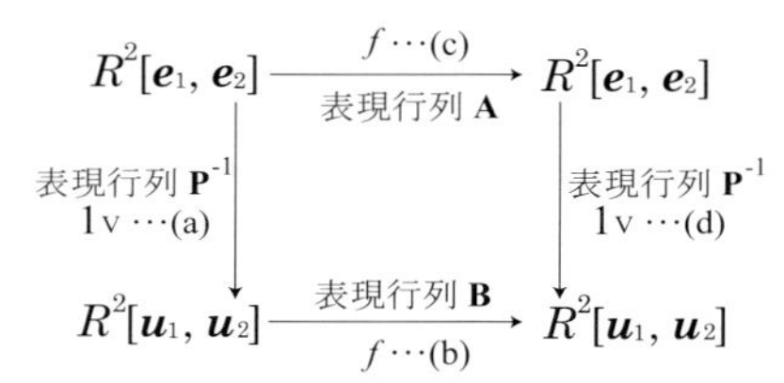

図 6.2: 基底変換に伴う線形変換の流れ.

となる．これは，$\boldsymbol{x} \in \mathbf{R}^2$ の f による像 $\mathbf{A}\boldsymbol{x}$ が，U 方向に λ_1 倍，V 方向に λ_2 倍されていることを表す（図 6.1 参照）．この様に基底 $[\boldsymbol{e}_1, \boldsymbol{e}_2]$ に関する f の表現行列 **A** を固有値，固有ベクトルを用いて対角化させることにより，表現行列 **A** の線形変換の特性を導出することができるのである．

次に，定理 5.15（P.122）の基底変換に伴う線形変換の流れに対応して，固有値，固有ベクトル及び，表現行列の関係を整理する．図 6.2 はこれらの固有値・固有ベクトルに関わる関係を図示したものである．

変換 f の基底 $[\boldsymbol{e}_1, \boldsymbol{e}_2]$ に関わる表現行列は **A** であるから，

$$f(\boldsymbol{e}_1, \boldsymbol{e}_2) = \big(f(\boldsymbol{e}_1), f(\boldsymbol{e}_2)\big) = (\boldsymbol{e}_1, \boldsymbol{e}_2)\mathbf{A}.$$

ここで行列 $\mathbf{P} = (\boldsymbol{u}_1, \boldsymbol{u}_2)$ であり，(a) の恒等変換 1_V は，

$$1_V(\boldsymbol{e}_1, \boldsymbol{e}_2) = (\boldsymbol{e}_1, \boldsymbol{e}_2) = (\boldsymbol{u}_1, \boldsymbol{u}_2)\mathbf{P}^{-1}$$

と表すことができる．よって，恒等変換 1_V の表現行列は $\mathbf{P}^{-1}$ となる．同様に (d)

の恒等変換の表現行列も $\mathbf{P}^{-1}$ である．一方，$\boldsymbol{u}_1$, $\boldsymbol{u}_2$ と f の関係より，

$$\begin{aligned} f(\boldsymbol{u}_1) &= \begin{pmatrix} 3 & 7 \\ 2 & -2 \end{pmatrix}\begin{pmatrix} 1 \\ -1 \end{pmatrix} = -4\begin{pmatrix} 1 \\ -1 \end{pmatrix}, \\ f(\boldsymbol{u}_2) &= \begin{pmatrix} 3 & 7 \\ 2 & -2 \end{pmatrix}\begin{pmatrix} 7 \\ 2 \end{pmatrix} = 5\begin{pmatrix} 7 \\ 2 \end{pmatrix} \end{aligned}$$

となり，

$$\mathbf{A}\boldsymbol{u}_1 = -4\boldsymbol{u}_1, \quad \mathbf{A}\boldsymbol{u}_2 = 5\boldsymbol{u}_2 \tag{6.22}$$

という関係式が成立する．よって，基底 $[\boldsymbol{u}_1, \boldsymbol{u}_2]$ に関する表現行列を $\mathbf{B}$ とすると，

$$\big(f(\boldsymbol{u}_1), f(\boldsymbol{u}_2)\big) = (-4\boldsymbol{u}_1, 5\boldsymbol{u}_2) = (\boldsymbol{u}_1, \boldsymbol{u}_2)\begin{pmatrix} -4 & 0 \\ 0 & 5 \end{pmatrix}$$

となり，線形変換 f の表現行列 $\mathbf{B} = \begin{pmatrix} -4 & 0 \\ 0 & 5 \end{pmatrix}$ となる．ここで，図 6.2 の (c) の経路による表現行列 $\mathbf{A}$ と，(a)→(b)→(d) の経路による表現行列は等しくなる．(a)→(b)→(d) の経路を示す線形変換は，$1_V^{-1} \circ f \circ 1_V$ で表せるため，

$$\begin{aligned} &1_V^{-1} \circ f \circ 1_V(\boldsymbol{e}_1, \boldsymbol{e}_2) = 1_V^{-1} \circ f \circ \big(1_V(\boldsymbol{e}_1, \boldsymbol{e}_2)\big) \\ &\quad= 1_V^{-1} \circ f\big((\boldsymbol{u}_1, \boldsymbol{u}_2)\mathbf{P}^{-1}\big) = 1_V^{-1} \circ f\big((\boldsymbol{u}_1, \boldsymbol{u}_2)\big)\mathbf{P}^{-1} \\ &\quad= 1_V^{-1}\big(f(\boldsymbol{u}_1), f(\boldsymbol{u}_2)\big)\mathbf{P}^{-1} = 1_V^{-1}\big((\boldsymbol{u}_1, \boldsymbol{u}_2)\mathbf{B}\big)\mathbf{P}^{-1} \\ &\quad= 1_V^{-1}(\boldsymbol{u}_1, \boldsymbol{u}_2)\mathbf{B}\mathbf{P}^{-1} = (\boldsymbol{e}_1, \boldsymbol{e}_2)\mathbf{P}\mathbf{B}\mathbf{P}^{-1}. \end{aligned}$$

よって，$\mathbf{A} = \mathbf{P}\mathbf{B}\mathbf{P}^{-1}$，あるいは $\mathbf{B} = \mathbf{P}^{-1}\mathbf{A}\mathbf{P}$ という関係式が成立する．

6.3　二次形式

$x^2 + y^2 = 4$ を満足する点 (x, y) は，$\mathrm{O}-\mathrm{XY}$ 座標系で，原点中心，半径 2 の円の周上の点を表すが，左辺の $x^2 + y^2$ のような二次式を二次形式と呼ぶ．例えば，$x^2 + 4xy + 2y^2$ や xy も二次形式となる．ここで二次形式の定義を与える．

定義 6.5. (二次形式) n 個の実変数 $x_1, x_2, \cdots, x_n$ において，次の様な実係数の二次多項式，

$$f(x_1, x_2, \cdots, x_n) = \sum_{i=1}^{n} a_{ii}x_i^2 + 2\sum_{i,j=1, i\neq j}^{n} a_{ij}x_ix_j \quad (a_{ij} = a_{ji}) \tag{6.23}$$

を二次形式という．

ここで，

$$(6.24) \qquad \mathbf{A} = \begin{pmatrix} a_{11} & a_{12} & \cdots & a_{1n} \\ a_{21} & a_{22} & \cdots & a_{2n} \\ \vdots & \vdots & \ddots & \vdots \\ a_{n1} & a_{n2} & \cdots & a_{nn} \end{pmatrix}, \text{ ただし，} a_{ij} = a_{ji}. \quad \boldsymbol{x} = \begin{pmatrix} x_1 \\ x_2 \\ \vdots \\ x_n \end{pmatrix}$$

とすれば，二次形式 $f(x_1, x_2, \cdots, x_n)$ は，

$$\begin{aligned} f(x_1, x_2, \cdots, x_n) &= (x_1, x_2, \cdots, x_n)\begin{pmatrix} a_{11} & a_{12} & \cdots & a_{1n} \\ a_{21} & a_{22} & \cdots & a_{2n} \\ \vdots & \vdots & \ddots & \vdots \\ a_{n1} & a_{n2} & \cdots & a_{nn} \end{pmatrix}\begin{pmatrix} x_1 \\ x_2 \\ \vdots \\ x_n \end{pmatrix} \\ &= {}^{\mathrm{t}}\boldsymbol{x}\mathbf{A}\boldsymbol{x} \end{aligned}$$

と表すことができる.

― 定義 6.5 (二次形式) の補足 ―

その 1 式 (6.24) の行列 $\mathbf{A}$ を二次形式 f の**係数行列**と呼ぶ.

その 2 二次形式 $f(x_1, x_2, \cdots, x_n)$ は，

$$f(x_1, x_2, \cdots, x_n) = {}^{\mathrm{t}}\boldsymbol{x}\mathbf{A}\boldsymbol{x} = \boldsymbol{x} \bullet (\mathbf{A}\boldsymbol{x})$$

と，内積を用いて表現することができる.

その 3 二次形式 $f(x_1, x_2, \cdots, x_n)$ の係数行列 $\mathbf{A}$ は対称行列となる（問題 6.3 参照）.

(解説終)

問題 6.3. 二次形式 $f(x, y, z) = 4x^2 + 2y^2 + z^2 + 2xy + 4yz - 2xz$ の係数行列を求めよ.

解答. 二次形式 $f(x, y, z)$ は次の様に表すことができる.

$$f(x, y, z) = (x, y, z)\begin{pmatrix} 4 & 1 & -1 \\ 1 & 2 & 2 \\ -1 & 2 & 1 \end{pmatrix}\begin{pmatrix} x \\ y \\ z \end{pmatrix}.$$

よって，二次形式 $f(x, y, z)$ の係数行列は $\begin{pmatrix} 4 & 1 & -1 \\ 1 & 2 & 2 \\ -1 & 2 & 1 \end{pmatrix}$ となる.

(解答終)

二次形式 $f(x_1, x_2, \cdots, x_n)$ の係数行列は対称行列である．よって次の定理を与えることができる．

定理 6.7. 二次形式 $f(x_1, x_2, \cdots, x_n) = {}^{\mathrm{t}}\boldsymbol{x}\mathbf{A}\boldsymbol{x}$ は，ある適当な直交変換 $\boldsymbol{x} = \mathbf{P}\boldsymbol{y}$ により次の様に変形することができる．

$$g(y_1, y_2, \cdots, y_n) = \lambda_1 y_1^2 + \lambda_2 y_2^2 + \cdots + \lambda_n y_n^2,$$

ただし,$\lambda_1, \lambda_2, \cdots, \lambda_n$ は，係数行列 $\mathbf{A}$ の固有値.

証明. 二次形式 $f(x_1, x_2, \cdots, x_n) = {}^{\mathrm{t}}\boldsymbol{x}\mathbf{A}\boldsymbol{x}$ の係数行列 $\mathbf{A}$ は対称行列であるため，定理 6.6 より，ある直交行列 $\mathbf{P}$ を用いて

$$\mathbf{P}^{-1}\mathbf{A}\mathbf{P} = \begin{pmatrix} \lambda_1 & 0 & \cdots & 0 \\ 0 & \lambda_2 & \cdots & 0 \\ \vdots & \vdots & \ddots & \vdots \\ 0 & 0 & \cdots & \lambda_n \end{pmatrix}$$

と対角化することができる．ここで直交行列 $\mathbf{P}$ による変換として，$\boldsymbol{x} = \mathbf{P}\boldsymbol{y}$ とすれば,

$$\begin{aligned} f(x_1, x_2, \cdots, x_n) &= {}^{\mathrm{t}}\boldsymbol{x}\mathbf{A}\boldsymbol{x} = {}^{\mathrm{t}}(\mathbf{P}\boldsymbol{y})\mathbf{A}(\mathbf{P}\boldsymbol{y}) \\ &= {}^{\mathrm{t}}\boldsymbol{y}\ ({}^{\mathrm{t}}\mathbf{P}\mathbf{A}\mathbf{P})\boldsymbol{y} = {}^{\mathrm{t}}\boldsymbol{y}\ (\mathbf{P}^{-1}\mathbf{A}\mathbf{P})\boldsymbol{y} \\ &= \lambda_1 y_1^2 + \lambda_2 y_2^2 + \cdots + \lambda_n y_n^2. \end{aligned}$$

(証明終)

ここで次の定義及び定理を与える．

定義 6.6. 二次形式 $f(x_1, x_2, \cdots, x_n) = {}^{\mathrm{t}}\boldsymbol{x}\mathbf{A}\boldsymbol{x}$ が任意の $\boldsymbol{x} \neq \mathbf{0}$ に対し，常に

$$f(x_1, x_2, \cdots, x_n) > 0$$

ならば**正定値**と呼ぶ．このとき，二次形式で使用する対称行列 $\mathbf{A}$ を**正定値行列**と呼ぶ．

定理 6.8. 二次形式 $f(x_1, x_2, \cdots, x_n) = {}^{\mathrm{t}}\boldsymbol{x}\mathbf{A}\boldsymbol{x}$ において，次のことが言える．

(1) $\mathbf{A}$ が正定値行列ならば，固有値は全て正の実数である．

(2) $\mathbf{A}$ の固有値の中で，最大の固有値を M, 最小の固有値を m とすると，次の関係式が成立する．

$$m\,(\boldsymbol{x} \bullet \boldsymbol{x}) \leq \boldsymbol{x} \bullet \mathbf{A}\boldsymbol{x} \leq M\,(\boldsymbol{x} \bullet \boldsymbol{x})\,. \tag{6.25}$$

証明.

(1) $\mathbf{A}$ は対称行列より，固有値は全て実数である．また $\mathbf{A}$ は正定値行列より固有値を λ, 対応する固有ベクトルを $\boldsymbol{x}$ とすると，

$$\boldsymbol{x} \bullet \mathbf{A}\boldsymbol{x} = \boldsymbol{x} \bullet (\lambda \boldsymbol{x}) = \lambda(\boldsymbol{x} \bullet \boldsymbol{x}) = \lambda||\boldsymbol{x}||^2 > 0.$$

よって，$\lambda > 0$ となり，λ は正の実数となる．

(2) $\mathbf{A}$ は対称行列よりある直交行列 $\mathbf{P}$ を用いて $\boldsymbol{x} = \mathbf{P}\boldsymbol{y}$ とすることにより

$$f(x_1, x_2, \cdots, x_n) = {}^{\mathrm{t}}\boldsymbol{x}\mathbf{A}\boldsymbol{x} = \lambda_1 y_1^2 + \lambda_2 y_2^2 + \cdots + \lambda_n y_n^2$$

とすることができる．また，M, m の仮定により

$$m(y_1^2 + y_2^2 + \cdots + y_n^2) \leq \boldsymbol{x} \bullet \mathbf{A}\boldsymbol{x} \leq M(y_1^2 + y_2^2 + \cdots + y_n^2) \tag{6.26}$$

となる．ここで，

$$x_1^2 + \cdots + x_n^2 = \boldsymbol{x} \bullet \boldsymbol{x} = (\mathbf{P}\boldsymbol{y}) \bullet (\mathbf{P}\boldsymbol{y}) = {}^{\mathrm{t}}\boldsymbol{y}{}^{\mathrm{t}}\mathbf{P}\mathbf{P}\boldsymbol{y} = {}^{\mathrm{t}}\boldsymbol{y}\boldsymbol{y} = \boldsymbol{y} \bullet \boldsymbol{y} = y_1^2 + \cdots + y_n^2.$$

よって，式 (6.26) より，

$$m\,(\boldsymbol{x} \bullet \boldsymbol{x}) \leq \boldsymbol{x} \bullet \mathbf{A}\boldsymbol{x} \leq M\,(\boldsymbol{x} \bullet \boldsymbol{x})\,.$$

(証明終)

定理 6.8(2) より次の系を与えることができる．

系 6.4. 定理 6.8 において，もし $||\boldsymbol{x}|| = 1$ であるならば，$f(x_1, x_2, \cdots, x_n) = {}^{\mathrm{t}}\boldsymbol{x}\mathbf{A}\boldsymbol{x}$ の最大値は最大の固有値 M と一致し，最小値は，最小の固有値 m と一致する．

証明.

式 (6.25) を $||\boldsymbol{x}||^2$ でわると，

$$\frac{m(\boldsymbol{x} \bullet \boldsymbol{x})}{||\boldsymbol{x}||^2} \leq \frac{\boldsymbol{x} \bullet \mathbf{A}\boldsymbol{x}}{||\boldsymbol{x}||^2} \leq \frac{M(\boldsymbol{x} \bullet \boldsymbol{x})}{||\boldsymbol{x}||^2} \tag{6.27}$$

となる．内積の性質により式 (6.27) は次の様に変形される．

$$m \leq \frac{\boldsymbol{x}}{||\boldsymbol{x}||} \bullet \mathbf{A} \frac{\boldsymbol{x}}{||\boldsymbol{x}||} \leq M. \tag{6.28}$$

ここで $\boldsymbol{x}$ を正規化したベクトルを $\tilde{\boldsymbol{x}} = \frac{\boldsymbol{x}}{||\boldsymbol{x}||}$ とおくと，式 (6.28) は $m \leq \tilde{\boldsymbol{x}} \bullet \mathbf{A}\tilde{\boldsymbol{x}} \leq M$ となり題意が証明された．

(証明終)

－ 系 6.4 の補足 －

その 1 $f(x_1, x_2, \cdots, x_n) = {}^{\mathrm{t}}\boldsymbol{x}\mathbf{A}\boldsymbol{x}$ で，$||\boldsymbol{x}|| = 1$ であり，$\mathbf{A}$ の固有値を $\lambda_1, \lambda_2, \cdots, \lambda_n$，ただし $\lambda_1 \leq \lambda_2 \leq \cdots \leq \lambda_n$ とする．このとき，適当な直交行列 $\mathbf{P}$ をとり，$\boldsymbol{x} = \mathbf{P}\boldsymbol{y}$ とすれば，$||\boldsymbol{x}|| = ||\mathbf{P}\boldsymbol{y}|| = ||\boldsymbol{y}|| = 1$ であり，

$$f(x_1, x_2, \cdots, x_n) = {}^{\mathrm{t}}\boldsymbol{x}\mathbf{A}\boldsymbol{x} = \lambda_1 y_1^2 + \lambda_2 y_2^2 + \cdots + \lambda_n y_n^2$$

となる．ここで，

$$\begin{aligned} {}^{\mathrm{t}}\boldsymbol{x}\mathbf{A}\boldsymbol{x} - \lambda_1 &= \lambda_1 y_1^2 + \lambda_2 y_2^2 + \cdots + \lambda_n y_n^2 - \lambda_1(y_1^2 + y_2^2 + \cdots + y_n^2) \\ &= (\lambda_1 - \lambda_1)y_1^2 + (\lambda_2 - \lambda_1)y_2^2 + \cdots + (\lambda_n - \lambda_1)^2 y_n^2 \geq 0. \end{aligned}$$

よって，${}^{\mathrm{t}}\boldsymbol{x}\mathbf{A}\boldsymbol{x} \geq \lambda_1$ となり，等号成立は $y_1 = 1, y_2 = y_3 = \cdots = y_n = 0$ のとき（$\boldsymbol{y} = \boldsymbol{e}_1$）となる．そのときの $\boldsymbol{x} = \mathbf{P}\boldsymbol{e}_1$ となり，$\boldsymbol{x}$ は，固有値 λ_1 に対応した大きさ 1 の固有ベクトルとなる．同様に，

$$\begin{aligned} {}^{\mathrm{t}}\boldsymbol{x}\mathbf{A}\boldsymbol{x} - \lambda_n &= \lambda_1 y_1^2 + \lambda_2 y_2^2 + \cdots + \lambda_n y_n^2 - \lambda_n(y_1^2 + y_2^2 + \cdots + y_n^2) \\ &= (\lambda_1 - \lambda_n)y_1^2 + (\lambda_2 - \lambda_n)y_2^2 + \cdots + (\lambda_n - \lambda_n)^2 y_n^2 \leq 0. \end{aligned}$$

よって，${}^{\mathrm{t}}\boldsymbol{x}\mathbf{A}\boldsymbol{x} \leq \lambda_n$ となり，等号成立は，$y_1 = y_2 = \cdots = y_{n-1} = 0, y_n = 1$ のとき（$\boldsymbol{y} = \boldsymbol{e}_n$）となる．そのときの $\boldsymbol{x} = \mathbf{P}\boldsymbol{e}_n$ となり，$\boldsymbol{x}$ は，固有値 λ_n に対応した大きさ 1 の固有ベクトルとなる．

(解説終)

問題 6.4. $x^2 + y^2 = 1$ を満足する (x, y) で $5x^2 + 4xy + 5y^2$ の最大値，最小値を求めよ．

解答. $f(x, y) = 5x^2 + 4xy + 5y^2$ とおくと $\boldsymbol{x} = {}^{\mathrm{t}}(x, y)$ に対し

$$f(x, y) = {}^{\mathrm{t}}\boldsymbol{x}\mathbf{A}\boldsymbol{x}, \quad \mathbf{A} = \begin{pmatrix} 5 & 2 \\ 2 & 5 \end{pmatrix}$$

となる．$\mathbf{A}$ は対称行列よりある直交行列 $\mathbf{P}$ を用いて対角化することができる．実際に行列 $\mathbf{A}$ の固有値 λ_1，λ_2 及びそれに対応する固有ベクトル $\boldsymbol{p}_1, \boldsymbol{p}_2$ は，

$$\lambda_1 = 7 \cdots \boldsymbol{p}_1 = t_1 \begin{pmatrix} 1 \\ 1 \end{pmatrix}, \quad \lambda_2 = 3 \cdots \boldsymbol{p}_2 = t_2 \begin{pmatrix} -1 \\ 1 \end{pmatrix}$$

となる．ここで $\boldsymbol{p}_1$，$\boldsymbol{p}_2$ を正規化すると $t_1 = t_2 = \pm\frac{1}{\sqrt{2}}$ となるため，求める解は

最大値 7　$\cdots$　$(x, y) = (\pm\frac{1}{\sqrt{2}}, \pm\frac{1}{\sqrt{2}})$ (複号同順),

最小値 3　$\cdots$　$(x, y) = (\pm\frac{1}{\sqrt{2}}, \mp\frac{1}{\sqrt{2}})$ (複号同順)

となる．

(解答終)

次の例では二次形式を行列の固有値問題に帰着させ，対角化の幾何的意味を与える．

例題 6.4. $5x^2 + 4xy + 5y^2 = 21$ で表される陰関数のグラフの概略を描け．

解答. 問題 6.4 により，$f(x, y) = 5x^2 + 4xy + 5y^2$ とおくと

$$f(x, y) = {}^{\mathrm{t}}\boldsymbol{x}\mathbf{A}\boldsymbol{x}, \quad \mathbf{A} = \begin{pmatrix} 5 & 2 \\ 2 & 5 \end{pmatrix}$$

となり，$\lambda_1 = 7$, $\lambda_2 = 3$. またその固有値に対応する大きさ 1 のそれぞれの固有ベクトル（の 1 つ）を $\boldsymbol{p}_1, \boldsymbol{p}_2$ とすれば,

$$\lambda_1 = 7 \cdots \boldsymbol{p}_1 = \frac{1}{\sqrt{2}} \begin{pmatrix} 1 \\ 1 \end{pmatrix}, \quad \lambda_2 = 3 \cdots \boldsymbol{p}_2 = \frac{1}{\sqrt{2}} \begin{pmatrix} -1 \\ 1 \end{pmatrix}$$

となる．ここで,

$$\mathbf{P} = (\boldsymbol{p}_1, \boldsymbol{p}_2) = \frac{1}{\sqrt{2}} \begin{pmatrix} 1 & -1 \\ 1 & 1 \end{pmatrix}, \quad \boldsymbol{x} = \mathbf{P}\boldsymbol{y}, \quad \boldsymbol{y} = {}^{\mathrm{t}}(x', y')$$

とおくことにより，二次形式 $f(x, y)$ は，x', y' を用いた新たな二次形式 $g(x', y')$ を用いて

$$g(x', y') = {}^{\mathrm{t}}\boldsymbol{y} \begin{pmatrix} 7 & 0 \\ 0 & 3 \end{pmatrix} \boldsymbol{y} = 7{x'}^2 + 3{y'}^2 \tag{6.29}$$

と置き換えることができる．よって，与えられた陰関数は式 (6.29) により
$7{x'}^2 + 3{y'}^2 = 21$ となり,

$$\frac{1}{(\sqrt{3})^2}{x'}^2 + \frac{1}{(\sqrt{7})^2}{y'}^2 = 1$$

と変形できる．これにより $7x'^2+3y'^2=21$ は，座標系 $\mathrm{O}-\mathrm{X'Y'}$ において，長軸の長さが $2\sqrt{7}$，短軸の長さが $2\sqrt{3}$ の楕円の概形を示すことになる．$\boldsymbol{x}=\mathbf{P}\boldsymbol{y}$ より，新しい座標系 $\mathrm{O}-\mathrm{X'Y'}$ は，$\mathrm{O}-\mathrm{XY}$ 座標系を正の方向に $45°$ 回転することにより得られるため（[例題 6.4 の補足] 参照），求める陰関数のグラフの概形は次の様になる．

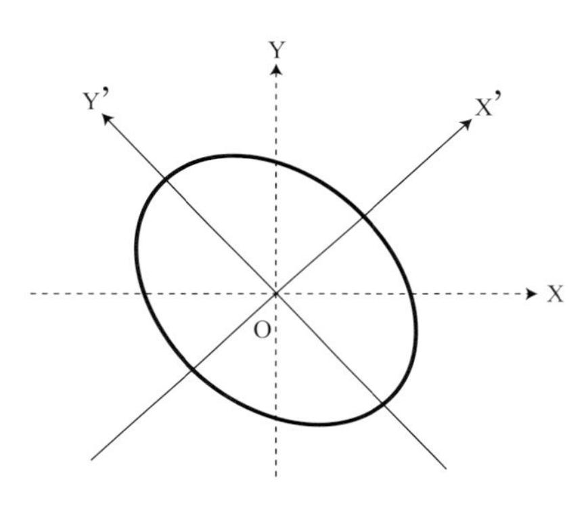

(解答終)

― 例題 6.4 の補足 ―

その 1 例題 6.4 の解説で $\boldsymbol{x}=\mathbf{P}\boldsymbol{y}$ による回転移動が述べられている．この意味は，直交変換の特性に基づいている．行列 $\mathbf{P}$ は直交行列より，これを用いた変換は内積の性質を保持する．即ち，変換する前の 2 つのベクトルの大きさと角度は変換後の 2 つのベクトル間でも保持するというものである．次に $\boldsymbol{x}=\mathbf{P}\boldsymbol{y}$ の持つ幾何的意味について説明する．

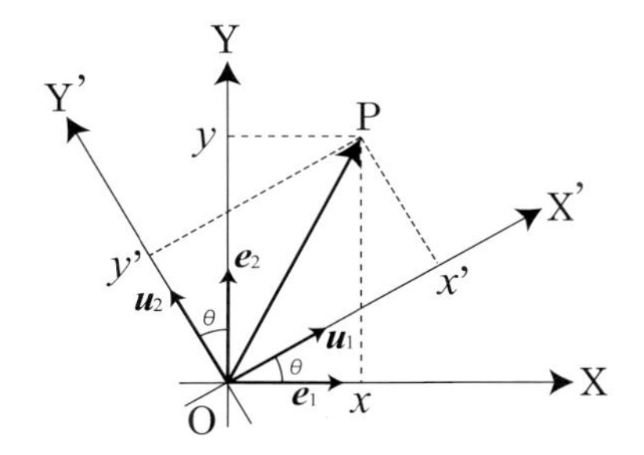

$\mathrm{O}-\mathrm{XY}$ 座標系の基底を標準基底 $[\boldsymbol{e}_1,\boldsymbol{e}_2]$ ($\boldsymbol{e}_1={}^{\mathrm{t}}(1,0)$, $\boldsymbol{e}_2={}^{\mathrm{t}}(0,1)$) とし，$\mathrm{O}-\mathrm{X'Y'}$ 座標系の基底を $[\boldsymbol{u}_1,\boldsymbol{u}_2]$ とすると，$\overrightarrow{\mathrm{OP}}$ は点 $\mathbf{P}$ の座標を $\mathrm{O}-\mathrm{XY}$ 座標系で $\mathrm{P}(x,y)$, $\mathrm{O}-\mathrm{X'Y'}$ 座標系で $\mathrm{P}(x',y')$ として次の様に表すことができる．

$$\overrightarrow{\mathrm{OP}} = x\boldsymbol{e}_1 + y\boldsymbol{e}_2 = x'\boldsymbol{u}_1 + y'\boldsymbol{u}_2. \tag{6.30}$$

また，$\boldsymbol{u}_1, \boldsymbol{u}_2$ が $\boldsymbol{e}_1, \boldsymbol{e}_2$ で次の様に表されたとする．

$$\boldsymbol{u}_1 = \alpha_1\boldsymbol{e}_1 + \alpha_2\boldsymbol{e}_2, \quad \boldsymbol{u}_2 = \beta_1\boldsymbol{e}_1 + \beta_2\boldsymbol{e}_2.$$

これを式 (6.30) に代入すると，

$$\begin{aligned} \overrightarrow{\mathrm{OP}} &= x'(\alpha_1\boldsymbol{e}_1 + \alpha_2\boldsymbol{e}_2) + y'(\beta_1\boldsymbol{e}_1 + \beta_2\boldsymbol{e}_2) \\ &= (x'\alpha_1 + y'\beta_1)\boldsymbol{e}_1 + (x'\alpha_2 + y'\beta_2)\boldsymbol{e}_2. \end{aligned}$$

よって，$x = x'\alpha_1 + y'\beta_1, \quad y = x'\alpha_2 + y'\beta_2$ となり，

$\begin{pmatrix} x \\ y \end{pmatrix} = \begin{pmatrix} \alpha_1 & \beta_1 \\ \alpha_2 & \beta_2 \end{pmatrix}\begin{pmatrix} x' \\ y' \end{pmatrix}$ となる．ここで $\mathbf{P} = \begin{pmatrix} \alpha_1 & \beta_1 \\ \alpha_2 & \beta_2 \end{pmatrix}$ とすれば，

$\boldsymbol{x} = \mathbf{P}\boldsymbol{y}$ を得る．即ち，$\mathrm{O-X'Y'}$ 座標系は，基底 $\boldsymbol{u}_1$ の方向と，$\boldsymbol{u}_2$ の方向によって決定されることになるのである．

例題 6.4 の場合，$\mathrm{O-XY}$ 座標系を原点を中心に θ だけ正の方向に回転させた座標系 $\mathrm{O-X'Y'}$ を考えている．ここで $\boldsymbol{e}_1$ を θ だけ回転させたベクトルを $\boldsymbol{u}_1$ とすれば，$\boldsymbol{u}_1 = {}^{\mathrm{t}}(\cos\theta, \sin\theta)$ となり，$\boldsymbol{e}_2$ を θ だけ回転させたベクトルを $\boldsymbol{u}_2$ とすれば，$\boldsymbol{u}_2 = {}^{\mathrm{t}}(-\sin\theta, \cos\theta)$ となる．よって，$\alpha_1 = \cos\theta, \alpha_2 = \sin\theta, \beta_1 = -\sin\theta, \beta_2 = \cos\theta$ となり，

$$\begin{pmatrix} x \\ y \end{pmatrix} = \begin{pmatrix} \cos\theta & -\sin\theta \\ \sin\theta & \cos\theta \end{pmatrix}\begin{pmatrix} x' \\ y' \end{pmatrix}$$

となる．例題 6.4 での $\mathbf{P}$ は，

$$\mathbf{P} = \frac{1}{\sqrt{2}}\begin{pmatrix} 1 & -1 \\ 1 & 1 \end{pmatrix} = \begin{pmatrix} \cos 45^\circ & -\sin 45^\circ \\ \sin 45^\circ & \cos 45^\circ \end{pmatrix}$$

と表せるため，求める曲線の概形は，$\mathrm{O-XY}$ 座標系を原点を中心に正の方向に 45° だけ回転させた $\mathrm{O-X'Y'}$ 座標系上で楕円を描いた図形となるのである．

(解説終)

保福　一郎（ほふく　いちろう）

1988年　東京理科大学理工学部数学科卒業
1990年　東京理科大学大学院理工学研究科修士課程数学専攻修了
現　職　東京都立産業技術高等専門学校ものづくり工学科（数学）教授，博士（理学）
（兼務）東京都立産業技術高等専門学校専攻科創造工学専攻情報工学コース

こういうことだったのか
線形代数学
— 線形代数学の基礎理論のイメージがしっかり持てる —

2015年11月25日　初版発行

著　者　保 福 一 郎
発行者　中 田 典 昭
発行所　東京図書出版
発売元　株式会社 リフレ出版
〒113-0021　東京都文京区本駒込 3-10-4
電話 (03)3823-9171　FAX 0120-41-8080
印　刷　株式会社 ブレイン

ISBN978-4-86223-908-2 C3041
Printed in Japan 2015
落丁・乱丁はお取替えいたします。

ご意見、ご感想をお寄せ下さい。

［宛先］〒113-0021　東京都文京区本駒込 3-10-4
東京図書出版